LA NATURE
CONSIDÉRÉE
SOUS SES DIFFÉRENS ASPECTS;
OU
JOURNAL DES TROIS REGNES
DE LA NATURE,
CONTENANT:

Tout ce qui a rapport à la Science Physique de l'Homme, à l'Art Vétérinaire, à l'Histoire des différens Animaux ;

Au regne Végétal, à la connoissance des Plantes, à l'Agriculture, au Jardinage, aux Arts ;

Au regne minéral, à l'exploitation des Mines, aux Singularités & à l'usage des différens fossiles.

Par M. BUC'HOZ, Médecin de MONSIEUR.

PREMIERE ÉPOQUE.
TOME PREMIER.

A PARIS,

Chez L'AUTEUR, rue de la Harpe, près celle de Richelieu-Sorbonne.

Et chez SAUGRAIN & LAMY, Libraires, quai des Augustins, au coin de la rue Pavée.

M. DCC. LXXX.
Avec Approbation, & Privilege du Roi.

ANECDOTES de ce Journal, en forme de Préface ou d'Avertissement.

LE JOURNAL que nous publions est divisé en deux époques: la premiere a commencé au 15 Août 1768, & a fini au 30 Décembre 1779 ; La seconde époque commence au 15 Janvier 1780, & durera autant que les événemens divins & humains le permettront à l'Auteur.

Le commencement de la premiere époque a paru d'abord sous le titre de *Lettres sur la Méthode de s'enrichir promptement & de conserver sa santé par la Culture des Végétaux*, & sous format in 8°. Il y en a eu cinq volumes ; le premier est composé de vingt feuilles, & se distribuoit réguliérement tous les huit jours par feuilles détachées chez *Durand neveu*, *Didot le jeune*, *Debure l'aîné & Lacombe*, *Libraires à Paris*, & a été imprimé à nos frais. Ce premier volume a été réimprimé presqu'aussi-tôt qu'il a paru ; le second & le troisieme ont paru en 1769 ; le quatrieme & le cinquieme en 1770, & ont été imprimés aux frais de Durand neveu. Les feuilles s'en distribuoient aussi réguliérement chaque huit jours. Ces cinq volumes ont été traduits en Allemand, en Anglois, & donnés par extrait dans les Journaux Italiens. Il s'agit dans ces Lettres de plusieurs découvertes intéressantes concernant les pro-

priétés médicinales de quelques plantes peu connues, ou du moins très-négligées, & de quelques inftructions importantes fur l'Agriculture.

En 1769, nous avons publié, auffi périodiquement, chaque huit jours, de nouvelles Lettres fur les Animaux, que nous avons intitu-
lées : *Lettres Périodiques, curieufes, utiles &*
intéreffantes fur les avantages qu'on peut reti-
rer de la connoiffance des Animaux. Ces Lettres
ont formé 4 vol. in-8°., & ont été imprimées
par parties égales à nos frais & à ceux de Durand neveu. Le premier & le fecond ont paru
en 1769; le troifieme & le quatrieme en 1770.
Nous y avons ajouté un petit Supplément, qui
comprend différentes obfervations du Docteur
Marquet fur fon Electuaire anti-vénérien, &
qui a été imprimé à nos frais. Il eft queftiou
dans ces quatre volumes de Lettres de l'hiftoire naturelle de plufieurs animaux, des avantages qu'on en peut retirer pour la Médecine,
les Arts & l'Economie champêtre, & de quelques détails fur les différentes maladies qui attaquent le corps humain, entr'autres fur les
maladies de poitrine.

En 1770, nous avons encore publié heb-
domadairement d'autres Lettres fur les Minéraux, fous format in 8°, & fous le titre de *Let-*
tres hebdomadaires fur l'utilité des Minéraux
dans la Société civile, pour fervir de fuite aux
Lettres fur les Animaux & les Végétaux. Il
en a paru dans cette année deux volumes. Nous
traitions dans ce Lettres de ce qui peut avoir
rapport à la Minéralogie & à l'Hydrologie, &
des avantages qui réfultent de l'une & de l'autre de ces Sciences. Le titre de l'Ouvrage

l'indique affez. Nous avons fait les frais de cette édition ; enfuite nous l'avons recédée en fon entier à Durand neveu, de même que notre part dans les Lettres fur les Animaux ; de forte que le fond de ces trois Ouvrages périodiques eft refté entre les mains de Durand neveu, rue Galande, excepté le fupplément que nous avons donné aux Lettres fur les Animaux, & dont nous avons recédé l'édition à *Edme, Libraire, rue Saint-Jean-de-Beauvais*. Ce commencement de notre Journal renferme donc 12 volumes in-8°., cinq fur les Végétaux, quatre fur les Animaux, avec un Supplément, & deux fur les Minéraux.

En 1771, ces trois Ouvrages périodiques ont changé de format & de titre, & ont paru in-12, réunis enfemble fous le titre de *La Nature confidérée fous fes différens afpects, ou de Lettres fur les Animaux, les Végétaux & les Minéraux, contenant des Obfervations intéreffantes fur l'Hiftoire Naturelle, les Mœurs, le caractere des Animaux, fur la Minéralogie, la Botanique, &c., & un détail de leurs différens ufages dans l'économie domeftique & rurale*. Coftard, Libraire, a fait les frais de l'édition pour cette année feulement ; & comme il en avoit tiré un trop grand nombre, & plus qu'il ne fe trouvoit de Soufcripteurs, il a fait reparoître en 1775 cette édition fous le nouveau titre de *Correfpondance d'Hiftoire Naturelle fur les Animaux, les Végétaux & les Minéraux*, & l'a accompagnée d'un Avertiffement, pour lequel nous avons tout lieu de nous plaindre de fa façon d'agir. *Voyez* ce que nous en difons dans le premier volume de notre

Histoire générale & économique des trois Regnes, p. XXVI, seconde colonne. Le Journal de cette année renferme huit volumes in-12, & paroiſſoit périodiquement les 10, 20 & 30 de chaque mois, excepté les mois de Mars, Juin, Septembre & Décembre, où il paroiſſoit quatre fois. Chaque livraiſon étoit compoſée de deux feuilles d'impreſſion, caractere de cicero, & les Avis étoient en petit romain.

En 1772, cet Ouvrage a paſſé entre les mains de Fétil, auſſi Libraire à Paris, qui a fait les frais de l'édition. Il n'en a paru que trois volumes dans le courant de cette année; la diſtribution s'en faiſoit le 15 de chaque mois, par cahier de trois feuilles chacun, & le quatrieme mois, on en diſtribuoit deux; la ſeconde diſtribution s'en faiſoit le 30. Nous avons ajouté à cette année, par forme de Supplément, deux volumes, que nous avons fait imprimer à nos frais, & que nous avons intitulés: *Veni-mecum de Botanique, Ouvrage utile aux Etudians en Médecine, en Chirurgie, en Pharmacie, contenant la deſcription & les propriétés des Plantes uſuelles, la maniere de les employer utilement en Médecine, avec les formules, par M. Marquet, Doyen du College Royal des Médecins de Nancy.* Nous avons recédé ces deux volumes à Boudet, Libraire & Imprimeur, & ils ont par conſéquent paſſé dans ſon fonds.

En 1773, nous avons fait imprimer ce Journal de *la Nature conſidérée* à nos frais, & il a été diſtribué chez Lacombe, Libraire. Il en parut cette année 24 cahiers de trois feuilles chacun, qui formoient cinq volumes pour l'année entiere, & qui ſe diſtribuoient deux fois par mois. Nous avons cédé le reſte de l'édition à Boudet, Libraire & Imprimeur, qui a réuni ces cinq volumes en trois, & les a fait paroître fous le titre de *Lettres curieufes & utiles fur les Animaux, Végétaux & Minéraux, & leurs propriétés en Médecine ;* & a placé à la tête une nouvelle Préface, que nous avons bien voulu lui rédiger.

En 1774, *la Nature confidérée fous fes différens afpects* a encore changé de forme, & n'a commencé, à proprement parler, que de cette année, à prendre la confiftance de Journal ; auffi lui avons-nous pour lors donné le titre alternatif de *Nature confidérée fous fes différens afpects ; ou de Journal des trois Regnes de la Nature, contenant tout ce qui a rapport à la Science phyfique de l'homme, à l'Art Vétérinaire, à l'hiftoire des différens Animaux, au Regne végétal, à la connoiffance des Plantes, à l'Agriculture, au Jardinage, aux Arts, au Regne minéral, à l'exploitation des Mines, aux fingularités & à l'ufage des différens Foffiles.* Lacombe, Libraire, s'eft chargé des frais de l'édition pour cette année ; & comme il avoit rétrocédé à Panckoucke, auffi Libraire, fon Journal de l'Avant-Coureur, qui paroiffoit par feuilles in-8°. toutes les femaines, il voulut lui fubftituer celui-ci, & lui donner un format in-8° ; la premiere feuille a même été imprimée & diftribuée ainfi : mais le Libraire Panckoucke, très-courroucé de cette fubftitution, a obtenu que ce Journal ne paroîtroit que fous format in-12, & ne feroit diftribué que chaque quinze jours ; il répandit même plus de vingt mille feuilles volantes, & imprimées, contre le fieur Lacombe & ce Journal, ce qui fit pour lors beaucoup de tort à cet Ouvrage périodique. Nous avions toutes les raisons de nous plaindre de ces procédés, puisque le privilege nous en appartenoit, que nous le distribuions auparavant même, trois fois par semaine, & sous format in-8°. Mais comme notre caractere est plutôt de céder que de faire valoir des droits contre des entreprenans, nous avons préféré de laisser Lacombe se batailler avec Panckoucke, qui remporta la victoire sur celui-là; en conséquence, ce Journal ne parut que tous les quinze jours, excepté dans Juin & Décembre, où la distribution s'en faisoit tous les dix jours. Ce plan de distribution a toujours continué jusqu'à présent.

En 1775, 1776, 1777, Lacombe a fait l'édition de ce Journal à ses frais & sur le même plan.

En 1778, il a reçu la souscription, & en a fait imprimer les quatre premiers mois. Mais comme en Mai il fit faillite, nous fûmes obligés de reprendre à nos frais l'impression de ce Journal, & de fournir *gratis* aux Souscripteurs les huit autres mois de l'année, si nous ne voulions pas laisser tomber ce Journal. Cette année nous a été par conséquent très-fâcheuse.

En 1779, nous l'avons pareillement fait imprimer à nos frais, de même que nous le faisons dans la présente année, & pour pouvoir y insérer plus de matiere, nous avons pris le parti de le faire imprimer en petit romain, sans néanmoins en augmenter le prix, quoique les frais d'impression en soient bien plus considérables.

A la fin de l'année 1779, nous avons fait réimprimer par Supplément deux petites Brochures, devenues très-rares, dont l'une est un *Traité de l'Origine des Macreuses*, & l'autre de l'*Adianton*.

Nous avons formé deux époques de ce Journal : nous avons daté la premiere époque de l'année où il a commencé, & nous l'avons finie au dernier numéro de l'année derniere ; la seconde époque a commencé au 15 de Janvier de la présente année, & finira dès qu'il plaira à la Providence, qui dispose de tous les événemens.

Par l'exposé que nous venons de faire, il est évident que les diverses variations que ce Journal a essuyées consécutivement, & les différens Libraires chez lesquels il a passé, n'ont pas peu contribué à en rendre les collections très-rares. On nous en demande de toute part, & nous ne pouvons contenter le goût des Amateurs ; c'est ce qui nous decide à faire réimprimer cette premiere époque. Nous en retrancherons tous les faits qui n'avoient rapport qu'au temps, & qui ne sont pas authentiques ; conséquemment cette édition sera très-intéressante, & méritera plutôt le nom de Répertoire des Sciences & de Livre de Bibliotheque, que de Journal : c'est même dans cette vue que nous publions cette nouvelle édition, qui ne renfermera que des choses utiles aux Sciences & aux Arts ; & pour en faciliter l'acquisition aux Curieux, nous ne la publierons que consécutivement, sous même format, même caractere, même livraison & même jour que les cahiers de la seconde époque. Nous la laisserons aussi au même prix, & nous la ferons parvenir, franche de port par toute la France, jusqu'aux frontieres.

A v.

LISTE Chronologique des Ouvrages publiés par M. Buc'hoz, & dont on pourra voir les Notices au commencement de l'Histoire Générale & Economique des trois Regnes, par le même Auteur, page 27 & suivantes.

Année 1762.

1°. Traité historique des Plantes qui croissent dans la Lorraine & les Trois-Evêchés, contenant leur description, leur figure, l'endroit où elles croissent, leur culture, leur analyse & leurs propriétés, tant pour la Médecine que pour les Arts & Métiers, en 10 volumes, petit in-8°, orné de 200 planches ; à Nancy, chez Lamort, Imprimeur-Libraire ; & à Paris, chez Durand neveu, Libraire, rue Saint-Jacques. L'édition est épuisée.

1767.

2°. Tournefortius Lotharingiæ, ou Catalogue des Plantes qui croissent dans la Lorraine & les Trois-Evêchés, rangées suivant le Système de Tournefort, avec les endroits où on les trouve le plus communément, petit in-8° ; à Nancy, chez Lamort, Imprimeur-Libraire ; & à Paris, chez Durand neveu, Libraire, rue Saint-Jacques. L'édition est épuisée. Ce volume étoit dédié aux différens Mécenes de l'Ouvrage précédent.

1768.

3°. *Médecine Rurale & Pratique, tirée uniquement des Plantes ufuelles de la France, appliquées aux différentes maladies qui regnent dans les Campagnes ; ou Pharmacopée végétale & indigene, contenant les formules tirées du Regne Végétal, enfemble l'explication fommaire des vertus de chaque plante, & les définitions fymptómatiques des maladies ;* 1 vol. in-12 ; à Paris, chez Lacombe, Libraire, quai de Conti. L'édition eft épuifée ; il y en a eu une contrefaçon à Yverdun. L'Auteur avoit dédié cet Ouvrage à une Dame vertueufe & charitable de la Lorraine, qui n'a pas voulu étre nommée de fon vivant, mais que par reconnoiffance on fe croit obligé de faire connoître, *Madame la Comteffe de Nevron* : elle a fubi le fort du genre humain ; les Pauvres de la Lorraine la regrettent journellement.

4°. *Nouvelle méthode facile & curieufe pour connoître le Pouls par la Mufique, par feu M. François-Nicolas Marquet, deuxieme édition, augmentée de plufieurs Obfervations & Réflexions critiques, & d'une Differtation en forme de Thefe fur cette Méthode ; d'un Mémoire fur la maniere de guérir la Mélancolie par la Mufique, & de l'Éloge hiftorique de M. Marquet,* 1 vol. in-12 ; à Paris, chez Didot le jeune, quai des Auguftins.

5°. *Traité fur la Phthyfie pulmonaire,* 1 vol. in-8° ; à Paris, chez Humblot, Libraire, rue Saint Jacques. Cet Ouvrage a été traduit en Allemand.

6°. *Vallerius Lotharingiæ, ou Catalogue des*

Mines, Terres, Fossiles, Sables & Cailloux qu'on trouve dans la Lorraine & les Trois-Evêchés, ensemble leurs propriétés dans la Médecine & les Arts, petit in-8°; à Nancy, chez Lamort, Imprimeur-Libraire. Cet Ouvrage est dédié à l'Hôtel-de-Ville de Metz, Patrie de l'Auteur.

7°. *Secrets de la Nature & de l'Art développés pour les alimens, la Médecine, l'Art Vétérinaire & les Arts & Métiers, auxquels on a joint un Traité sur les Plantes qui peuvent servir à la Teinture & à la Peinture*, 4 vol. in-12; chez Durand.

1770.

8°. *Manuel médical & usuel des Plantes, tant exotiques qu'indigenes, auquel on a joint un Catalogue raisonné des Plantes rangées par famille, des observations pratiques sur l'usage qu'on en peut faire dans la plupart des Maladies, & différens Discours sur la Botanique*, 2 vol. in-12; à Paris, chez Humblot..

9°. *Traité-Pratique de l'Hydropisie & de la Jaunisse, développé par l'expérience, auquel on a joint quelques Observations anatomiques & pratiques de quelques Médecins sur d'autres Maladies*, par M. Marquet, & revu par M. Buc'hoz son gendre, 1 vol. in-8°; à Paris, chez Humblot, Libraire.

10°. *Dictionnaire raisonné universel des Plantes, Arbres & Arbustes de la France, contenant la description des Végétaux du Royaume, considérée relativement à l'Agriculture, au Jardinage, aux Arts & Métiers, à l'économie domestique & champêtre, & à la Médecine des Hommes & des Animaux, auquel on a joint un*

Flora Gallica, 4 vol. in-8°, dédié à *Monseigneur le Dauphin (actuellement Roi)*, chez Costard, Libraire. L'édition de Paris est épuisée; il a été contrefait à Liege.

11°. *Traité de l'Apoplexie, Paralysie & autres affections soporeuses*, développé par l'expérience, auquel on a joint deux Discours Latins, dont l'un roule sur le premier Aphorisme d'Hippocrate, & l'autre sur le vingt-troisieme de la seconde section du même Auteur, 1 vol. in-12; à Paris, chez Costard.

12°. *Dictionnaire Vétérinaire & des Animaux domestiques, contenant leurs mœurs, leurs caractères, leurs descriptions anatomiques, la maniere de les gouverner, les alimens qui leur sont propres, les maladies auxquelles ils sont sujets, & leurs propriétés, tant pour la Médecine, que pour les différens usages de la Société civile*, auquel on a joint un *Fauna Gallicus*, dédié à *Monseigneur le Comte de Provence (actuellement Monsieur)*, & orné de 60 planches, 6 vol. pet. in-8°; à Paris, chez Costard & Brunet, Libraires. Les deux premiers volumes ont été réimprimés.

1771.

13°. *Aldrovandus Lotharingiæ, ou Catalogue des Animaux Quadrupedes, Reptiles, Oiseaux, Insectes, Vermisseaux, Coquillages qui habitent la Lorraine & les Trois-Evéchés*, 1 vol. in-12; à Paris, chez Fétil. L'édition est épuisée.

14°. *Toilette de Flore, ou Essai sur les Plantes & Fleurs qui peuvent servir d'ornement aux Dames, contenant les différentes manieres de préparer les Essences, les Pommades, Rouges, Poudres, Fards, Eaux de senteur*, in-12; à

Paris, chez Valade; Ouvrage que nous avons défavoué, à caufe des différentes altérations qu'il a fubies de la part de ceux qui l'ont fait imprimer.

15°. *Manuel de Médecine-pratique, Royale & Bourgeoife, ou Pharmacopée tirée des Trois Regnes, appliquée aux Maladies des Habitans des Villes*, petit in-8°; à Paris, chez Coftard.

16°. *Manuel alimentaire des Plantes, tant indigenes qu'exotiques, qui peuvent fervir de nourriture aux différens Peuples de la terre, contenant leurs noms triviaux, François & Botaniques, les endroits où on les trouve quand elles font de la famille des exotiques, les avantages qu'on en peut retirer pour la vie animale, & les différentes manieres de les préparer pour la cuifine, l'office, la diftillation, & pour les différens ufages économiques*, petit in-8°. de près de 700 pages; à Paris, chez Coftard.

17°. *Hiftoire générale des Infectes des environs de Surinam & de toute l'Europe, avec la defcription des Plantes dont ils fe nourriffent*, par Mademoifelle Marie-Sybile de Mériaw, divifée en deux parties, auxquelles on a joint une troifieme, contenant quelques détails fur les plantes bulbeufes, liliacées, caryophillées, 3 vol. in-fol., forme d'Atlas, nouvelle édition revue par M. Buc'hoz; à Paris, chez Defnos.

1772.

18°. *Dictionnaire Minéralogique & Hydrologique de la France, contenant*, 1°. la defcription des *Mines, Foffiles, Fluors, Cryftaux, Terres, Sables & Cailloux qui s'y trouvent*,

l'art d'exploiter les Mines, la fonte & la purification des Métaux, leurs différentes préparations chymiques, & les divers usages pour lesquels on peut les employer dans la Médecine,
l'Art Vétérinaire & les Arts & Métiers ;
2°. l'Histoire Naturelle de toutes les Fontaines
Minérales du Royaume, leur analyse chymique, une notice des maladies pour lesquelles
elles peuvent convenir, avec quelques observa-
tions-pratiques, auquel on a joint un Gneumon
Gallicus, 1 vol. in-8°. dédié à Monseigneur le
Comte d'Artois. L'édition des deux premiers
volumes est épuisée, & on ne sait ce qu'est
devenue l'édition du troisieme ; le quatrieme
volume se trouve chez Brunet, Libraire, rue
des Ecrivains.

19°. Laboratoire de Flore, ou Chymie champêtre, végétale, contenant la maniere de faire,
avec les Plantes, les Ratafiats, les Essences,
les Huiles, les Eaux cosmétiques & officinales ;
à Paris, chez Fétil, Libraire, rue des Cor-
deliers.

20°. Etrennes de Minerve aux Artistes, En-
cyclopédie économique, ou Alexis moderne, contenant différens secrets sur l'Agriculture & les
Arts & Métiers, où l'on a rassemblé tout ce
qui se trouve de plus important, extrait de près
de neuf cents Auteurs, Ouvrage de la plus
grande utilité pour les Arts, in-32, 8 parties ;
à Paris, chez Desnos, Libraire Géographe.
Dans cet Ouvrage, il n'appartient à M.
Buc'hoz que le titre ; MM. Gauché, Lauthier,
Descolien, &c. y ont travaillé successivement.

21°. Histoire Universelle du Regne Végétal,
ou nouveau Dictionnaire Physique & Economique de toutes les Plantes qui croissent sur

la surface du globe ; contenant leurs noms botaniques & triviaux dans toutes les langues, leurs classes, leurs familles, leurs genres & leurs especes, les endroits où on les trouve le plus communément, leur culture, les animaux auxquels elles peuvent servir de nourriture, leurs analyses chymiques, la maniere de les employer pour nos alimens, tant solides que liquides ; leurs propriétés, non-seulement pour la Médecine des hommes, mais encore pour celle des animaux ; les doses & la maniere de les formuler, & les différens usages pour lesquels on peut s'en servir dans les Arts & Métiers, &c. ; Ouvrage orné de douze cents planches gravées en taille-douce par les meilleurs Maitres, & dessinées d'après nature, en 30 vol. in-fol., dont 18 de Discours & 12 de planches. Les volumes de Planches paroissent, de même que les 13 premiers volumes de Discours : c'est uniquement du Libraire qu'il dépend pour faire paroître le 14ᵉ & suivans.

1773.

22°. *Dictionnaire portatif des Herboristes, ou Manuel de Botanique à l'usage des Etudians en Medecine, en Chirurgie, en Histoire Naturelle & des Amateurs,* 2 vol. petit in-8° ; à Paris, chez Didot l'aîné, Imprimeur-Libraire, rue Pavée. C'est précisément le Dictionnaire des Plantes de la Lorraine du Docteur Marquet.

23°. *Histoire générale & raisonnée des différens Oiseaux qui habitent le Globe, contenant leurs noms en différentes langues de l'Europe, leurs descriptions, les couleurs de leurs plumages, leurs dimensions, le temps de leur ponte,* la structure de leurs nids, la grosseur de leurs œufs, leur caractere, & enfin tous les usages pour lesquels on peut les employer, tant pour la Médecine que pour l'Economie domestique, traduite du Latin de Jonston, considérablement augmentée, & mise à la portée d'un chacun, laquelle on a fait précéder de l'Histoire particuliere des Oiseaux de la Ménagerie du Roi, peints d'après nature par le célebre Robert, & gravés par lui-même ; le tout orné de 85 planches, qui renferment près de 900 especes différentes, & divisé en deux parties, dont la premiere traite des Oiseaux de la Ménagerie du Roi, la seconde est l'Ouvrage même de Jonston ; à Paris, chez Desnos, 2 vol. grand in-fol. forme d'Atlas. M. Gauché a fait la traduction de Jonston.

1774.

24°. *Les Amusemens innocens*, contenant le Traité des Oiseaux de Voliere, ou le Parfait Oiseleur, Ouvrage dans lequel on trouve la description de quarante Oiseaux de chant, la construction de leurs nids, la couleur de leurs œufs, la durée & le temps de leur ponte, leurs caracteres, leurs mœurs, la maniere de les élever, la nourriture qui leur convient, les différentes ruses qu'on emploie pour les prendre, la façon de faire les filets, la pipée; la maniere de les apprivoiser, & la cure de leurs différentes maladies, traduit de l'Ouvrage Italien d'Olina, & mis en ordre d'après les avis des plus célebres Oiseleurs; à Paris, chez Didot le jeune, Libraire, 1 vol. in-12.

1775.

25°. *Traité Economique & Physique des Oiseaux de basse-cour, contenant la description de ces Oiseaux, la manière de les élever, de les multiplier, de les nourrir, de les traiter dans leurs maladies, & d'en tirer profit, tant pour nos alimens que pour nos médicamens, & les différens Arts & Métiers;* à Paris, chez Lacombe, Libraire, rue Christine, 1 vol. in-12. Cet Ouvrage a été contrefait à Liege, & traduit en Allemand. L'édition de Paris est épuisée.

26°. *Centuries de Planches enluminées & non enluminées, représentant au naturel ce qui se trouve de plus intéressant & de plus curieux parmi les Animaux, les Végétaux & les Minéraux, pour servir d'intelligence à l'Histoire générale & économique des Trois-Regnes,* 1 vol. grand in-fol. Cette Collection se distribue par Cahiers; elle en renferme actuellement dix-sept, qui ont mérité l'approbation des Curieux; le premier, le quatrieme, le septieme, le dixieme de la premiere centurie, & le premier, le quatrieme & le septieme de la seconde représentent des animaux; le second, le cinquieme & le huitieme de la premiere centurie, de même que le second & le cinquieme de la seconde des végétaux; & le troisieme, le sixieme & le neuvieme de la premiere centurie, le troisieme & le sixieme de la seconde des minéraux. Dans le cahier des animaux, on y entremêle des quadrupedes, des oiseaux, des œufs, des insectes, des poissons, des serpens, des coquillages, des madrepores. Les cahiers destinés aux végétaux ne

repréfentent que les plantes botaniques & médicinales de la Chine ; les cahiers des minéraux offrent tour-à-tour des mines & des foffiles ; chaque cahier comprend vingt-deux feuilles, dont une de titre, une d'explication, dix
enluminées, & dix qui ne le font pas, toutes
tirées fur papier au nom de Jéfus, & brochées
en papier bleu ; le prix de chaque cahier eft de
30 liv. Cet Ouvrage fe diftribue par partie,
pour en faciliter l'acquifition aux Amateurs :
on peut très-bien le qualifier de glanures
d'Hiftoire Naturelle.

1776.

27°. *Collection enluminée & précieufe des
Fleurs les plus rares & les plus curieufes qui
fe cultivent dans les Jardins de la Chine &
ceux de l'Europe : Ouvrage utile aux Amateurs,
aux Fleuriftes, aux Peintres, aux Deffinateurs,
aux Directeurs de Manufacture en Faïance,
Tapifferie, Etoffes en Laine, en Soie, &c.*

Cet Ouvrage, un des plus précieux qui paroiffent en ce fiecle, réunit en même temps
tout le mérite de la nouveauté ; il peut être de
la p'us grande utilité aux Naturaliftes, aux
Fleuriftes, aux Peintres, aux Deffinateurs, aux
Directeurs de Manufactures en porcelaine, en
faïance, en étoffes de foie, de laine, de coton,
en papiers peints, & aux autres Artiftes. La
plupart des fleurs de la Chine, dont on a publié
jufqu'à préfent les deffins peints, étoient fup-
pofées : celles-ci ont l'avantage d'être peintes
d'après nature, & font entiérement conformes à
celles qu'on cultive dans les Jardins de Pekin :
on en peut même juger par quelques plantes

qui se trouvent dans ce Recueil, & qu'on est parvenu à naturaliser depuis quelque temps en France. Cet Ouvrage se distribue par cahiers; chaque cahier est de dix feuilles, excepté le 1er & le 11e, qui en ont onze, à cause des titres, & est tiré en papier d'Hollande. On n'a négligé ni les soins, ni les dépenses pour colorier les fleurs. La premiere partie de ce Recueil & les six premiers cahiers du second paroissent actuellement au nombre de seize; le prix de chaque cahier est de 24 liv.

28°. *Médecine moderne, ou Remedes nouvellement découverts & renouvellés,* tant par *M. Buc'hoz, Médecin de MONSIEUR,* que par *M. Marquet son beau-pere, avec pl.,* 1 *vol. in-8°;* à Paris, chez Lacombe, Libraire, rue de Tournon. Cet Ouvrage a été traduit en Allemand; l'édition Françoise est actuellement épuisée.

1777.

29°. *Histoire Naturelle de la France, représentée en gravures, & rangée suivant le Systême de M. le Chevalier de Linnée, divisée par parties, pour servir à l'Histoire générale & économique des Trois Regnes de la Nature.* Depuis près de vingt-cinq ans, M. Buc'hoz travaille à l'Histoire Naturelle du Royaume, quoi qu'en puissent dire les sieurs Née & Masquelier, qui, tous Graveurs qu'ils sont, osent avancer, dans un Prospectus, qu'ils sont les premiers qui en ont même conçu l'idée. Les différens Ouvrages annoncés dans cette Liste sont plus que suffisans pour faire voir la fausseté de leurs assertions. Quoi qu'il en soit, M. Buc'hoz a, pour cet effet, parcouru laborieusement la plus grande partie des Provinces de la France, pour en connoître les différentes productions. Ce sont ces productions qui se trouvent gravées dans ce Recueil ; les planches y doivent être rangées suivant le systême de M. le Chevalier de Linnée, & sont divisées en plusieurs parties, & précédées de planches introductives, qui représentent les dix principaux Costumes François, qui se vendent chez Lepere & l'Avaulez, Marchands d'Estampes, rue Saint-Jacques. La première partie contiendra 50 planches, dont une sert de titre, & l'autre indiquera l'arrangement de chacune de ces planches, qui sont toutes destinées aux quadrupedes de la France ; la seconde partie représentera les oiseaux du Royaume ; la troisieme, les poissons ; la quatrieme, les amphibies ; la cinquieme, les insectes ; la sixieme, les vermisseaux & les coquillages ; la septieme, les plantes, dont le premier cahier paroîtra incessamment, & ainsi de suite de Regne en Regne. Les planches sont format in-fol, dont les deux tiers offrent les différens objets dont il s'agit, & dans l'autre tiers se trouve gravée l'explication. Cette Collection sera suivie de différentes cartes de chaque Province, pour pouvoir déterminer les lieux où se trouvent les différentes substances qui sont représentées dans cette collection. Les trois premiers cahiers paroissent actuellement ; ils renferment trente planches, y compris le titre. Le prix de chaque cahier est de 10 liv.

30°. *Traité Physique & Economique du gros & menu Bétail*, 2 vol. *in-12* ; à Paris, chez Lacombe, Libraire, rue de Tournon,

1778.

31°. *Hiſtoire générale des Trois Regnes, repréſentés en gravures, & rangés ſuivant le Syſtême de M. le Chevalier de Linnée, pour ſervir à l'intelligence de l'Hiſtoire générale & économique des ces Regnes.* Cet Ouvrage formera une collection complette en gravures des différentes ſubſtances, qui forment l'Hiſtoire Naturelle. On commence par le Regne animal : on fait précéder les coſtumes de l'Européen, de l'Aſiatique, de l'Africain & de l'Américain : on paſſe de-là aux quadrupedes étrangers à la France ; après quoi, aux oiſeaux, & ainſi de ſuite de Regne en Regne. Le 1.er cahier concernant les plantes, paroîtra inceſſamment ; les trois premiers cahiers du Regne animal ſont actuellement au jour ; le prix de chaque cahier, qui renferme dix planches, eſt de 10 livres. On ſuit pour l'arrangement le ſyſtême de M. le Chevalier de Linnée. A la fin de chaque claſſe ſe trouvera une explication gravée.

32.ª. *Hiſtoire générale & économique des Trois Regnes de la nature, contenant :* 1°. *la deſcription anatomique & phyſique de l'homme, ſes maladies, les remedes qu'on peut y apporter, les alimens qui lui conviennent en état de ſanté, & l'utilité qu'on peut tirer des différentes parties de ſon corps, tant pendant ſa vie qu'après ſa mort.* 2°. *L'anatomie comparée des animaux : conjointement avec leurs deſcriptions, leurs mœurs, leur caractere, la maniere de les nourrir, de les élever & de les gouverner, les alimens qui leur ſont propres, les maladies aux-*

quelles ils font fujets, l'art de les traiter, fi ces animaux font de la claffe des domeftiques ; & s'ils font de la claffe des fauvages, la maniere de les fubjuguer à l'empire de l'homme par les rufes, la chaffe, la pêche, &c. ; les avantages qu'on peut tirer de ces différens animaux, tant pour la Médecine & la nourriture de l'homme, que pour les différens ufages de la Société civile. 3°. Les noms botaniques & triviaux des plantes dans toutes les langues de l'Europe; leurs defcriptions, leurs claffes, leurs familles, leurs genres & leurs efpeces ; les endroits où on les trouve le plus communément, leur culture, les animaux auxquels elles peuvent fervir de nourriture; leur analyfe chymique, la façon de les employer pour nos alimens, tant folides que liquides, & leurs différens ufages économiques. 4°. La defcription des mines, foffiles, fluors, cryftaux, terres, fables & cailloux qu'on rencontre fur la furface du globe & dans les entrailles de la terre, l'art d'exploiter les mines ; la fonte & la purification des métaux, leurs différentes préparations chymiques, & la maniere de les employer dans la Médecine, l'Art Vétérinaire, les Arts & Métiers, &c. 5°. L'hiftoire naturelle de toutes les fontaines minérales connues, leur analyfe chymique, une notice des maladies pour lefquelles elles peuvent convenir, & la manere d'en faire ufage, plufieurs vol. in-fol. & in-8°; à Paris, chez l'Auteur.

Rien n'eft plus intéreffant à l'homme que de connoître les productions de la nature ; mais à quoi peut lui fervir cette connoiffance, s'il ignore les avantages qu'il en peut retirer pour fes befoins ? Les Naturaliftes, les Botaniftes nous donnent journellement des nomenclatures, des defcriptions, des fyftêmes, & il ne s'en trouve presque aucun qui traite des différens êtres qui nous environnent. Connoître un minéral, une plante, un animal, ne fuffit pas; il faut encore en approfondir les propriétés : c'eft ce qui a engagé l'Auteur à traiter dans cet Ouvrage l'Hiftoire Naturelle d'une façon économique. Il la divife en trois parties, qui répondent au regne animal, au végétal & au minéral.

La premiere partie eft fubdivifée en deux traités : le premier eft deftiné à l'homme. On l'y confidere dans l'état de fanté & dans celui de maladie; on y donne fuccintement fa defcription anatomique, on y explique l'ufage phyfique de fes fonctions, le méchanifme des différentes parties qui le conftituent, lorfqu'il eft en fanté; on fait enfuite un expofé très-détaillé des alimens qui lui font les plus favorables: on paffe de-là au dérangement de cet individu fi admirable; on traite en conféquence de toutes les différentes maladies humaines; on en donne les caufes, les fymptômes, les diagnoftics, les prognoftics & les différens traitemens; on joint à chaque maladie plufieurs obfer·vations de pratique; on termine enfin ce premier traité par l'indication des remedes qu'on peut tirer de l'homme, tant avant qu'après fa mort, pour la guérifon de fes femblables.

Le fecond traité comprend les animaux. Il traite des quadrupedes, des oifeaux, des amphibies, des poiffons, des infectes, des vermiffeaux. Dans chaque article on commence par donner une defcription générique & anatomique de chaque animal; on en décrit enfuite les efpeces; on en rapporte les différens noms, tant triviaux que fcientifiques; on indique les alimens qui leur conviennent; on fait connoître leurs mœurs, leurs ca-

racteres,

racteres, la méthode de les élever, de les traiter dans leurs maladies, lorsqu'ils sont de la nature des animaux domestiques; & quand ils sont sauvages, les différentes façons de les attraper: on fait aussi mention des animaux qui leur sont ennemis & de la maniere dont ils se défendent les uns contre les autres; on expose en outre les différens avantages que chacun d'eux peut nous procurer, soit pour les alimens, les médicamens, soit pour les arts & l'économie champêtre; enfin on y fait mention des différentes chasses & pêches pratiquées chez les divers Peuples de la Terre.

La seconde partie concerne les végétaux. On y donne l'énumération de toutes les plantes, rangées suivant le systême de M. le Chevalier de Linné. On n'y traitera que de ce qui se trouvera omis dans l'*Histoire Universelle du Regne Végétal*, qui se publie actuellement, & dont le treizieme volume de discours paroît, avec douze cents planches gravées. Cette seconde partie en fera en quelque façon le supplément; on y rectifiera les erreurs dans lesquelles on aura pu tomber.

La troisieme partie a pour objet les minéraux: elle est subdivisée, de même que la premiere, en deux traités, dont le premier comprend uniquement les minéraux. On y donne la description de chaque mine, fossile, fluor, crystallisation, sable, terre, caillou. On en rapporte l'analyse chymique; on y expose la maniere d'exploiter les mines, la pratique la plus accréditée dans la fonte des minéraux; on explique leur usage dans la Matiere Médicale, dans les Arts, & pour la Société civile; on indique en outre les différens endroits de la Terre où on les trouve.

Le second traité est destiné à l'Hydrologie ou à

la recherche des fontaines minérales. On en examine la nature, les endroits où elles se trouvent,
leurs principes chymiques, leurs propriétés dans
la Médecine, la maniere d'en faire usage comme
médicamens. L'Auteur étend ses recherches à toutes les sources connues de l'Univers.

Par cet exposé on peut se convaincre que cette
Histoire Générale & Économique des trois Regnes
sera la plus complette & la plus étendue qui ait jamais paru. On y trouvera rassemblé par ordre &
par choix tout ce qui se trouve épars dans les différens Ouvrages de M. Buc'hoz, avec des addi-
tions infinies. Les différentes planches que M.
Buc'hoz publie depuis très-long-temps, pourront concourir à l'ornement & à l'intelligence de
cet Ouvrage, sans néanmoins en être une dépen-
dance nécessaire.

On ne peut déterminer le nombre de volumes
que renfermera cette Histoire Naturelle & Économique. On la distribue par cahiers de 20 feuilles
chacun, soit *in-folio*, soit *in-8°.*, à la volonté
des Souscripteurs. Il faut 200 feuilles pour former le premier volume *in-folio*, & pareille quantité pour les cinq premiers volumes *in-8°*. Le prix
pour la souscription du volume *in-folio* ou des
cinq volumes *in-8°.*, est de 48 l. franc de port à
Paris & par toute la France, qu'on paie en rece-
vant les cinq premiers cahiers qui paroissent
actuellement. Le dernier volume *in-folio* ne se
paiera que 24 liv., ainsi & de même que les cinq
derniers volumes *in-8°.*, aussi francs de port.
On ne délivrera de ces cahiers qu'aux seuls Souscripteurs. Ceux qui n'auront pas souscrit, ne
pourront acquérir l'Ouvrage qu'après qu'il sera
fini, & à un plus haut prix.

Dans le premier Cahier, il se trouve six Épîtres dédicatoires, ou, pour mieux dire, six Inscriptions. Quelques mauvais plaisans ont voulu jetter une espece de ridicule sur ces Inscriptions; mais s'ils vouloient tant soit peu réfléchir sur eux-mêmes, ils s'appercevroient que l'Auteur ne s'est écarté en rien de ce que son état de Créature, de Chrétien, d'Auteur, d'Habitant du Globe, de Compatriote & de Médecin exigeoit de lui. Chaque Inscription est analogue à chacun de ses états. Comme Créature, il doit ses hommages au Créateur; comme Chrétien, il est redevable à Jésus-Christ, qui a donné sa vie pour sa rédemption; comme Auteur, il doit tout attendre des lumieres de l'Esprit-Saint; comme Habitant du Globe, il doit intéresser les Souverains & les Grands de la terre pour lui faciliter des secours dans une entreprise aussi considérable; comme Compatriote, il doit toute reconnoissance à sa Patrie; & enfin, comme Médecin, il doit toute sorte d'égards à ses Confreres. Voici actuellement les six fameuses Inscriptions qui ont donné aux ennemis de l'Auteur tant d'occasions de jetter sur lui une espece de ridicule, & dont néanmoins il se fera toujours honneur.

I.

Moventi primo,
Enti Entium,
custodi Rectorique universi,
Mundani hujus Operis Domino & Artifici,

Numini æterno , immenso , omniscio , omnipotenti ,

sempiterno ,

sine quo nihil est ,

quod totum hoc fundavit & condidit ,

quodque oculos nostros & implet & effugit ,

cogitatione tantùm visendum est ;

cujus majestas tanta in sanctiore secessu delituit ,

ut nulli det aditum nisi animo ,

cujus tamen totus est sensus , totus visus , totus auditus ,

totus animæ , totus animi , totus sui ;

ex quo nata sunt omnia ,

& cujus consilio & Providentiâ

mundus actus suos explicat.

In æternum sui tam interni quàm externi

erga Divinitatem cultûs

memoriam ,

V. D. C.

Petrus-Josephus Buc'hoz ,

hujus Historiæ trium Naturæ Regnorum

Auctor.

I I.

Bono Pastori

Dei vivi Unigenito ,

Homini facto ,

Attritoque propter scelera nostra ,

Luci veræ , sapientiæ æternæ ,

Doctorum Magistro ,

potentiſſimorum Regi Regum,
atque Deo;
In æternam erga Divinitatem cultûs memoriam,
V. D. C.
Petrus-Joſephus Buc'hoz,
hujus Naturalis & Æconomicæ Animalium Hiſtoriæ
Auctor.

I I I.

Divo Paracleto,
Spiritui Sancto, Dei altiſſimi dono,
Fonti vivo, Divinæ Charitati, igni ſempiterno;
Sapientium Inſpiratori,
optimo & excellentiſſimo Duci,
munerum Datori,
cordium Lumini,
in lacrymis Solatio,
Sine quo nihil eſt in homine, niſi obſcurum,
& cujus lucis radiis omnes mentis tenebræ evaneſcunt,
omniumque datur linguarum notitia;
atque tam Divinarum quàm Humanarúm Scientiarum
capax redditur,
in æternam erga Divinitatem cultûs memoriam,
V. D. C.
Petrus-Joſephus Buc'hoz,
hujus Naturalis Hominis Hiſtoriæ
Auctor.

IV.

Universo orbi,
Imperatoribus , Regibus ,
Principibus , Magnatibus , Senatoribus ;
Conscriptis Patribus ,
Patriæ & Humanitatis Amicis,
Amœnæ Cultoribus Naturæ,
ejusque arcanorum Studiosis ,
omni Populo atque Mundi Theatrum intraturo,
in æternam sui erga hujus Mundi Cohabitatores
amoris memoriam ;
V. D. C.
Petrus-Josephus Buc'hoz,
hujus Æconomicæ & Physicæ Historiæ
Auctor.

V.

Urbi Metensi ,
inexpugnabili ,
suis Regibus devotissimæ ,
hostium terrori,
Austrasiæ olim Principi ,
tuto nunc Franciæ munimento ,
honoratissimo Prætori ,
præstantissimis Ædilibus ,
perennis erga Patriam amoris,
gratique animi monumentum,
V. D. C.

Petrus-Josephus Buc'hoz,
Doctor Medicus Mediomatricus,
hujus Æconomicæ Animalium Historiæ
Auctor.

V I.

Reipublicæ Medicæ,
Doctoribus, atque Doctissimis,
Archiatris, Protomedicis & Physicis,
omnibus Medicinæ Facultatibus & Collegiis,
quorum studio & cura morbi sanantur & expulsantur ;
In æternam erga Confratres amoris, gratique animi
memoriam,
V. D. C.
Petrus-Josephus Buc'hoz,
Medicinæ Doctor,
hujus Naturalis Hominis Historiæ
Auctor.

1779.

33°. *Plantes nouvellement découvertes, récem*
ment dénommées & classées, représentées en gra
vures, avec leurs descriptions, pour servir d'in
telligence à l'Histoire Générale & Économique des
trois Règnes. Cette Collection est tout-à-fait
nouvelle & parfaitement gravée, accompagnée
d'une description qui se trouve vis-à-vis de chaque
plante : on n'y a représenté que des plantes récemment découvertes ou peu connues. Ce Recueil renferme déjà deux cahiers ; le prix est de
15 livres par cahier.

34°. *Les Dons merveilleux & diversement coloriés de la Nature dans le Regne végétal, avec Discours, pour servir d'intelligence à l'Histoire Générale & Économique des trois Regnes.* Ce nouveau Recueil renferme indistinctement toutes sortes de plantes, avec les détails de chacune d'elles, pour en faire connoître les caracteres botaniques; elles sont parfaitement enluminées. Il en paroît actuellement deux cahiers: le prix de chaque cahier est de 24 livres.

1780.

35°. *La Nature considérée sous ses différens aspects, ou Journal des Trois Regnes de la Nature, contenant tout ce qui a rapport à la Science Physique de l'Homme, à l'Art Vétérinaire, à l'Histoire des différens Animaux; au Regne Végétal, à la connoissance des Plantes, à l'Agriculture, au Jardinage, aux Arts; au Regne minéral, à l'exploitation des Mines, aux singularités & à l'usage des différens fossiles.* C'est précisément l'Ouvrage dont nous publions actuellement la premiere & la seconde époque: on le distingue de la plupart des autres Ouvrages périodiques par l'utilité qui en résulte pour la Société humaine, puisqu'on y traite de tout ce qui concerne les productions de la Nature, & de leurs usages économiques: on y considere l'homme physiquement & médicalement: on y donne l'histoire naturelle des différens animaux; on y traite de leurs maladies & de leurs propriétés: on y fait une analyse exacte & détaillée des plantes les plus curieuses & les plus usuelles; le jardinage, la matiere alimentaire & médicale y sont traités de la maniere la plus claire & la plus intelligible: on entre dans de très-grands détails sur les mines, les fossiles, les fluors, les eaux minérales; enfin, rien n'est négligé de la part du Rédacteur pour conserver à cet Ouvrage l'intérêt qu'on y a trouvé jusqu'à présent. On n'y donne aucune analyse, mais simplement une notice de tous les Livres nouveaux qui traitent de l'Histoire Naturelle, de la Médecine, de la Botanique, de l'Economie Champêtre, de la Physique, de l'Agriculture & des Arts. On ne suit dans ce Journal d'autres regles ni arrangemens que ceux qu'exigent les différens objets nouveaux qui s'y présentent successivement pour y être traités: on a même soin d'y varier les matieres autant qu'il est possible : on y annonce toutes les découvertes concernant la Médecine, l'Agriculture & les Arts, les Programmes & Prix d'Académies, & généralement tout ce qui peut avoir rapport aux Sciences Physiques, Naturelles & économiques. Ceux qui veulent y faire insérer quelques articles relatifs aux objets détaillés ci-dessus, sont priés de les envoyer, francs de port, à M. Buc'hoz, Rédacteur de cet Ouvrage. On souscrit à tel temps & à tel mois que l'on veut, pour la seconde époque ; mais pour la premiere, il faut souscrire dès le commencement. Ce Journal est composé de 52 feuilles par an ; le prix pour Paris & la Province est de 12 liv.

36°. *Traité Physique & Economique des Animaux qu'on éleve dans les grandes Villes, & qui servent d'amusement à l'homme, contenant la description du Singe, du Chien, du Chat, de l'Ecureuil, du Perroquet, du Merle, de l'Etourneau, du Serin de Canarie, du Rossignol, de la Linotte, du Chardonneret & du*

Bouvreuil, la maniere d'élever ces animaux ; de les nourrir, de les traiter dans les maladies, & d'en tirer tout-à-la-fois du profit & de l'amusement, 1 vol. in-12. Il est actuellement sous presse. Nous omettons ici les autres Ouvrages que nous sommes sur le point d'imprimer, tels que la *Médecine des Animaux*, le *Traité Physique & Economique des Insectes*, tant utiles que nuisibles ; le *Traité des Poissons de riviere & d'étang* ; la *Médecine humaine, moderne, pratique & appuyée sur l'observation, & tirée pour la plupart de remedes indigenes* ; le *Manuel économique des Plantes* ; le *Manuel usuel des Fleurs qui se cultivent dans les Jardins*, &c.

Les nos. 26, 27, 29, 31, 32, 33, 34, 35 & 36 se trouvent chez l'Auteur, rue de la Harpe, presque vis-à-vis la Sorbonne, auquel on pourra s'adresser pour pouvoir se les procurer.

Nota. On sera peut-être surpris de la quantité d'Ouvrages que M. Buc'hoz a mis au jour ; mais quand on réfléchira que c'est le fruit des travaux de son pere, de son beau-pere & des siens, c'est-à-dire, le résultat de plus de cent vingt ans d'étude, on ne sera plus étonné de la fécondité de ses productions. Au surplus, lorsqu'on renonce à tous les plaisirs de la vie, comme a fait M. Buc'hoz, & quand on s'occupe continuellement & sans relâche, on est capable de surpasser même le vraisemblable.

ANECDOTES concernant la Naissance & la Vie de l'Auteur de cet Ouvrage, jusqu'en 1768 inclusivement, temps où il a commencé à être distribué périodiquement.

ON ne rapportera ces Anecdotes que par extrait, d'autant qu'elles se trouvent insérées tout au long dans l'*Histoire générale & Economique des Trois Regnes*, tom. 1, pag. LVIII & suivantes.

Le 29 Janvier 1731 est né dans la Ville de Metz, sur la Paroisse Sainte-Croix, Pierre-Joseph Buc'hoz, fils de Pierre Buc'hoz & de Jeanne Guerlange ses pere & mere, issus l'un & l'autre d'ancienne famille Bourgeoise de cette Ville.

Le 11 Novembre 1741, ledit Pierre-Joseph Buc'hoz a commencé ses Etudes dans le College des Jésuites de Metz, & les a finies le 21 Juillet 1747 ; le 24 Juillet 1749, il a pris ses grades de licence dans la Faculté de Droit de l'Université de Pont-à-Mousson.

Le 16 Février 1750, il a été reçu Avocat au Parlement de Metz ; le 2 Mai de la même année, il s'est rendu à Paris, dans l'intention d'y fréquenter le Barreau : mais comme il n'avoit aucun goût pour cet état, au lieu de suivre les Audiences, il parcourut l'Orléanois, la Touraine, la Bretagne & l'Alençonnois. Il paſſa environ deux mois dans ce voyage. A ſon retour dans ſa Patrie, il ſuivit aſſiduement les Audiences du Parlement de Metz juſqu'au mois de Mai 1754. Il entreprit pour lors un nouveau voyage ; & paſſionné pour l'étude de la Nature, principalement de la France, il parcourut l'Alſace, la Franche-Comté, la Breſſe, le Lyonnois, le Dauphiné & la Bourgogne. Il employa environ quatre mois pour examiner ces Provinces.

Le 9 Janvier 1755, il ſe maria à Nancy avec Demoiſelle Françoiſe Marquet, filie du ſieur Marquet, Doyen du College Royal des Médecins de Nancy, & de dame Anne-Marie Gouſſel, dont il n'eut d'enfans qu'après cinq ans de mariage, & qui moururent tous, au nombre de ſix, preſqu'auſſi-tôt leur naiſſance.

Le 18 Juin 1756, il quitta le Barreau pour changer d'état & prendre celui de Médecin ; en conſéquence, il alla fixer ſon ſéjour à Pont-à-Mouſſon ; & le 8 Janvier 1759, il y fut reçu Docteur en Médecine.

Après ſon Doctorat, il ſuivit pendant trois ans les Hôpitaux de Nancy, de Metz & de Straſbourg, & fut reçu Agrégé au College Royal des Médecins de Nancy, le 3 Mars 1762.

Le 1er. Janvier 1763, le Roi de Pologne l'honora d'un Brevet de ſon Médecin ordinaire, & lui accorda en même temps une gratification. Il employa cette année à parcourir à pied toute la Lorraine, pour pouvoir en publier l'Hiſtoire Naturelle.

Le 15 Mars 1764, il fut reçu Aſſocié de l'Adémie Electorale de Mayence.

Le 9 Juillet de la même année, il fut nommé Démonstrateur de Botanique au College Royal des Médecins de Nancy.

Au mois de Novembre de la même année, il fut admis Correspondant de l'Académie de Rouen.

Dans le même temps, l'Hôtel-de-Ville de Nancy lui accorda une gratification pour avoir soigné les Pauvres de la Ville, & avoir traité ceux de la Renfermerie, dont il étoit chargé : cela lui procura de la jalousie de la part de ses Confreres. Ils publierent alors, dans plusieurs Papiers publics, sa mort ; ils distribuerent son épitaphe, & ils le chargerent de tout le ridicule dont une jalousie vile & basse est capable.

Le 10 Mai 1765, il a fait un Cours d'herborisation aux environs de Nancy ; & après avoir fini ce Cours, il a passé le reste de la belle saison à faire des herborisations dans la Champagne, le Soissonnois & la Normandie.

Le 29 Janvier 1766, l'Académie de Châlonssur-Marne le reçut en qualité d'Associé externe.

Au mois de Février de la même année, il traversa à pied les hautes montagnes qui séparent l'Alsace de la Lorraine, pour y aller herboriser des mousses.

Le 15 de ce mois, il fut reçu Associé étranger à l'Académie d'Angers.

Pendant le mois d'Avril, il parcourut à pied la Bourgogne, l'Auxerrois & le Sénonois ; & après avoir été près d'un mois dans cette course laborieuse, il se rendit à Paris.

Le 25 du même mois d'Avril, il fut reçu Associé Correspondant de l'Académie de Dijon.

Le 15 Mai, il fut admis à la Correspondance de celle de Toulouse.

Le 20 du même mois, il fut reçu Associé de l'Académie de Beziers ; & à peu-près dans le même temps, Associé de celle de Bordeaux.

Le 23 Mai, il a commencé un Cours d'herborisation aux environs de Nancy, qui a duré un mois ; & le 25 Juin suivant, il a fait un Cours de Botanique au Jardin Royal des Plantes de la même Ville, qui a aussi duré un mois.

Le mois d'Août suivant, il a été herboriser dans le Pays de Luxembourg, les Ardennes & les Pays-Bas Autrichiens, la Flandre Françoise, le Cambresis, la Picardie & le Beauvoisis, & après ces herborisations pédestres, il s'est rendu à Paris. Il employa un mois à ces herborisations.

Le 27 Novembre, il fut reçu Associé de l'Académie de Caen.

Le 16 Février 1767, il fit un Cours de Matiere Médicale, qui est le premier qui ait jamais été fait à Nancy.

Au mois de Mai de la même année, il a été herboriser aux environs de Reïms, de Soissons, de Troyes & de Provins. Il a employé deux mois pour cette herborisation.

Le 9 Juin, il fut élu Médecin Consultant des Pauvres au College Royal des Médecins de Nancy.

Au mois de Juillet, il fit, aux environs de cette Capitale, un nouveau Cours d'Herborisation, qui consistoit en huit herborisations ; & au mois d'Août suivant, il recommença un Cours de Botanique dans le Jardin Royal des Plantes de Nancy , qui dura un mois, après quoi il alla à Paris & à Rouen à pied.

Le 16 Avril 1768 , il entreprit à pied un voyage de la Suisse. Après avoir traversé une partie des Vosges & de l'Alsace , il alla à Basle , à Soleure , à Berne , à Neufchâtel , & de-là , il se rendit à Besançon , & ensuite à Dijon, après quoi à Paris , toujours pédestrement. Ce fut pour lors qu'il se décida à fixer son séjour dans cette Capitale du Royaume. Il retourna en Lorraine pour y déterminer son épouse ; & après avoir reçu des témoignages d'amitié , tant des Magistrats de Nancy que de ses Confreres , il en partit le 15 Juin pour se rendre à son nouveau domicile. Aussi-tôt son arrivée , il commença à s'y faire connoître par des Lettres Périodiques , qu'il publia sur les Végétaux. La premiere de ces Lettres parut le 15 Août de cette année. Ce sont ces Lettres dont on se propose de donner ici une nouvelle édition.

On continuera à donner au commencement de chaque année tout ce qui peut concerner les Anecdotes de l'Auteur de cet Ouvrage Périodique.

Attestations données au Sieur Buc'hoz , lors de son départ de Nancy.

Cejourd'hui 14 Mars 1768 , sur ce qui nous a été représenté par M. Buc'hoz, un de nos Agrégés, qu'étant sur le point de quitter la Ville de Nancy, pour aller travailler à Paris à la continuation de l'*Histoire des Plantes de la Lorraine* & autres Ouvrages , il nous prie de lui conserver son titre d'Agrégé audit College , avec le même rang qu'il a sur le Tableau actuel ; à quoi voulant bien condescendre , le College lui conferve le titre & rang, en dérogeant à l'article XV des Statuts & Réglemens dudit College, pour cette fois, & fans tirer à conféquence. Fait à Nancy les an & jour fufdits, & nous Préfident & Secrétaire perpétuel dudit College, avons figné & appofé le grand Sceau dudit College. *Signés* BAGARD, Préfident du College Royal; PLATEL, Docteur Agrégé & Secrétaire perpétuel du College Royal des Médecins de Nancy.

NOUS Préfident du College Royal des Médecins de Nancy, Médecin des Hôpitaux du Roi, Chevalier de fon Ordre, Directeur du Jardin Royal des Plantes, &c., certifions que M. Buc'hoz, notre Confrere, Démonftrateur en Botanique, a fait pendant trois années des Cours d'Herborifations & de Botanique audit Jardin, fuivant le Syftême de M. le Chevalier de Linnée, avec l'applaudiffement des Membres du College Royal & des Amateurs de Botanique qui ont affifté auxdits Cours: en foi de quoi nous lui avons donné la préfente atteftation, munie du petit fceau dudit College, & du cachet de nos armes. A Nancy, ce 20 Mars 1768. *Signé* BAGARD.

NOUS Confeiller du Roi, Lieutenant Général de Police, Confeiller & Gens tenans la Chambre de Ville & de Police de Nancy, Capitale du Duché de Lorraine, falut: Savoir faifons que le fieur Pierre-Jofeph Buc'hoz, Agrégé au College Royal de Nancy, a exercé pendant plufieurs années la Médecine en cette Ville, & prêté gratuitement & avec beaucoup de zele fon miniftere aux Pauvres, ce qui lui a mérité des gratifications de la part de l'Hôtel-de-Ville. Fait à Nancy en la Chambre de Ville & Police, le 16 Mars 1766. *Signés* DURIVAL, BRETON, GUILLON, J. CHAPUIS, PUISEUR, JORANT, J. N. BRULLAND, CHAPUIS, Procureur-Syndic. Par la Chambre, RAMBOIS.

LETTRES
SUR LA MÉTHODE
DE
S'ENRICHIR PROMPTEMENT,
ET DE CONSERVER SA SANTÉ;

Par M. Buc'hoz, Médecin Botaniste & de quartier de Monsieur, ancien Médecin de Monseigneur le Comte d'Artois, & de feu Sa Majesté le Roi de Pologne, Duc de Lorraine & de Bar, Docteur agrégé au Collège Royal & de la Faculté de Médecine de Nancy; ancien Démonstrateur de Botanique au Jardin Royal des Plantes de la même Ville; Avocat au Parlement de Metz; Associé des Académies de Mayence, de Châlons, d'Angers, de Dijon, de Beziers, de Caen, de Bordeaux, de Metz, de Rouen & de Toulouse, de la Société Royale d'Agriculture de Rouen.

TROISIEME ÉDITION.

A PARIS,

Chez L'Auteur, rue de la Harpe, vis-à-vis celle de Richelieu-Sorbonne.
Et chez Saugrain & Lamy, Libraires, quai des Augustins, au coin de la rue Pavée.

M. DCC. LXXX.

Avec Approbation, & Privilege du Roi.

LETTRES

SUR LA MÉTHODE

DE

S'ENRICHIR PROMPTEMENT,

ET DE CONSERVER SA SANTÉ

PAR LA CULTURE DES VÉGÉTAUX.

LETTRE PREMIERE,

Servant d'Introduction.

Vous me demandez, Monsieur, des éclaircissemens sur la culture des végétaux, & sur les avantages qu'en peut retirer la Société, tant pour l'économie champêtre, que pour la médecine des hommes & des animaux. La chose n'est peut-être pas aussi facile que vous le pensez ; je ferai néanmoins de mon mieux pour pouvoir vous satisfaire. L'étude particuliere de cette partie de l'histoire naturelle à laquelle je me suis adonné par préférence ; les observations que j'ai faites depuis un nombre d'années sur les vertus médicinales des plantes, & qui ont été suivies d'un succès constant; les expériences que j'ai vu pratiquer dans la maison paternelle, que j'ai moi-même renouvellées, & que plusieurs habiles Agronomes m'ont communiquées sur leur culture; les usages différens & les propriétés infinies que j'ai eu occasion de remarquer dans les végétaux, non-seulement pour l'embellissement des jardins, mais encore pour les Arts & Métiers, me fourniront des moyens pour pouvoir entrer dans des détails circonstanciés sur ces objets: d'ailleurs, vous n'ignorez pas, Monsieur, les peines & les fatigues que j'ai essuyées depuis sept à huit ans pour la connoissance du Regne Végétal de la France. J'ai parcouru pour cet effet toutes les Provinces de la façon la plus laborieuse, ou, pour mieux m'exprimer, en Botaniste; j'ai affronté les plus grands dangers, & n'ai pas craint de gravir les rochers les plus escarpés, & les montagnes dont les sommets se perdent dans les nues; enfin, les rencontres fâcheuses où je me suis souvent trouvé, & les obstacles qu'il m'a fallu vaincre, même de la part de ceux qui auroient dû être les premiers à m'encourager, n'ont pu ralentir en moi le feu dont je me sens encore actuellement embrasé, fondé sur l'unique espérance de pouvoir un jour me rendre utile à mes semblables. Si je ne suis pas assez heureux d'y pouvoir parvenir, du moins me saura-t-on gré (*c'est ce dont j'ose me flatter*) des efforts que j'aurai pu faire. Ce motif est seul capable de m'animer, & la vraie récompense que j'ambitionne. Je ne desire pas les grandes richesses. Combien de fois, Mr., n'avez-vous pas été à même de vous en convaincre? J'aime mieux sacrifier

ma petite fortune à apprendre aux autres les
moyens d'améliorer la leur, & à leur procurer
du soulagement dans leurs maladies, qu'à employer un temps qui est si cher pour l'usage
que j'en puis faire, à amasser des biens passa-
gers, que je regarde d'un œil de mépris, &
en Philosophe peut-être déja trop orgueil-
leux & bien différent de nos Encyclopé-
distes.

Après neuf mille lieues de voyages pédestres dans les différens circuits de la France &
pays adjacens, j'ai enfin fixé, Monsieur, mon
séjour dans cette Capitale, d'où j'entretiendrai
avec vous un commerce épistolaire, en vous
instruisant en même temps de toutes les découvertes que j'ai pu faire sur les végétaux. Je
ne suivrai aucun ordre ; je parlerai des plantes selon le rang qu'elles occupent dans mon
porte-feuille ; chaque Lettre deviendra une espece de Traité sur l'objet qu'elle renfermera ;
je n'annoncerai rien que je n'en sois assuré
par l'expérience. Je rejetterai donc la plupart
des systêmes de ces Cultivateurs de cabinet,
qui savent mieux conseiller qu'opérer ; le plus
souvent ils ignorent ce qu'on entend par le
soc de la charrue, & ils veulent en être les
réformateurs. Dans mes courses & voyages,
j'ai évité de pareils gens. Je profitois beaucoup plus avec un Laboureur, un Vigneron,
un Berger, un Artisan, un Bucheron : aussi
c'étoit avec ces sortes d'hommes que j'avois
coutume de m'entretenir ; ils me disoient vraiment ce qu'ils pensoient & savoient ; j'y joi-
gnois de temps en temps mes observations ; &
quand je me trouvois seul, combien de sujet
n'avois-je pas pour lors à méditer ? Quand j'a-

vois l'avantage de m'entretenir avec eux, soit dans un bois, soit dans la plus chétive des cabanes, il me sembloit y voir couler les jours fortunés des siecles d'or, dont les Anciens font un éloge si pompeux. Ces Paysans étoient-ils malades, j'accourois à leur secours; & ne pensez pas, Monsieur, que c'étoit avec des remedes exotiques & des compositions chymiques que je les traitois dans leurs maladies; je n'employois que les plantes que je trouvois sous la main aux environs de leurs habitations. Avois-je le bonheur de les guérir, quelles fêtes, quelles caresses ne me faisoient-ils pas alors! de quelles bénédictions ne me combloient-ils pas! C'étoit là réellement les beaux jours de ma vie. Il faut s'y être trouvé pour en pouvoir sentir le bonheur. Mais, Monsieur, je dois vous donner ici le plan de mes Lettres, & je ne m'apperçois pas que je m'égare. Deux objets font le but que je me propose; le premier est de passer en revue la plupart des plantes, & de vous en faire connoître la culture, afin d'améliorer par-là vos domaines; le second est de vous développer les avantages qui peuvent vous en résulter, tant comme alimens que comme médicamens, pour vous & pour vos bestiaux, & l'utilité que l'économie champêtre & les Arts en peuvent tirer.

J'aurai en outre grand soin de vous donner connoissance dans ces Lettres de nouvelles découvertes qui se feront journellement, & d'y joindre l'extrait des livres, tant anciens que modernes, qui en traiteront. Les Lettres Périodiques que je vous adresserai, Monsieur, seront les fastes des végétaux.

Vous apprendrez en les lisant que ls seron

les moyens convenables pour multiplier les
revenus de vos domaines, & de quelle plante
vous devez faire usage pour la conservation
de votre santé.

Ne vous attendez pas, Monsieur, que je profite
de cette occasion pour vous faire l'apologie des
végétaux ; ils ont toujours été en honneur chez
tous les Peuples. Les Généraux Romains n'é-
toient pas plutôt de retour de leurs campagnes
triomphantes, qu'ils reprenoient bien vîte le
soc de la charrue ; & quand les grands Rois
ont voulu mériter de leurs Sujets, ce n'est
que par la protection qu'ils ont accordée à l'A-
griculture & au Commerce. Je m'empresse,
Monsieur, d'entrer en matiere ; & si le Courier
n'étoit prêt à partir, je commencerois dès cette
Lettre à vous entretenir de quelques plantes.
Je suis très-parfaitement,

Monsieur,

Votre, &c. Buc'hoz.

A Paris, ce 16 Août 1768.

LETTRE II.

Sur le Cochene, connu plus communément sous le nom de Sorbier des Oiseleurs.

JE passai, Monsieur, une partie de l'automne dernier à Limoges ; j'y vis dans ses environs une des belles plantations qui puisse se présenter à la vue : ce sont des allées de cochene, que M. de Tourny, Intendant de la Province, y a fait planter. Ces cochenes se trouvoient pour lors chargés d'une quantité de fruits couleur d'écarlate, qui offroient dans le lointain le spectacle le plus agréable. Si vous aviez vu, Monsieur, ces allées, vous vous y seriez sûrement mépris ; vous auriez cru qu'elles étoient toutes en feu, tant les arbres qui les bordoient paroissoient brillans & comme étincelans par les couleurs vives de leurs fruits. Cet aspect m'enchanta. Il est inutile de vous cacher ma surprise. Les fleurs de ces arbres, me dit alors un Naturel du Pays, qui m'observoit, mériteroient encore plus votre admiration, si vous vous trouviez ici dans les premiers jours de Mai ; ce sont des ombelles blanches qui attirent les regards des Amateurs. Les Citoyens de cette Ville se trouvent très-flattés d'avoir dans leurs environs des allées d'arbres aussi belles que celles que forment ces cochenes. Considérez, Monsieur, continue ce Bourgeois, comme le tronc de ces arbres est droit,

&

& quelle belle forme ils prennent : leur feuillage eſt tout-à-la-fois beau & précoce ; leurs
fleurs ſont charmantes, & leurs fruits, qui ſont
d'un rouge incarnat, y demeurent attachés tout
l'hiver, & leur ſervent d'ornement. Tandis que
dans cette triſte ſaiſon tous les arbres ſe trouvent dépouillés de leurs plus beaux ornemens,
c'eſt préciſément le temps où ceux ci ſont les
plus éclatans. De pareils raiſonnemens ne firent,
Monſieur, que confirmer de plus en plus les
hautes idées que j'avois conçues de cet arbre :
je ne puis donc différer plus long - temps
à vous les faire connoître, & à vous expoſer
quelques détails ſur ſes propriétés. Ce ſorbier
des Oiſeleurs eſt tout-à-la-fois agréable & utile ;
ſon bois eſt dur, d'un grain fin, & ſuſceptible
du plus beau poli. On en fait des regles, des
outils de Menuiſerie, des chevilles de moulins :
il eſt excellent pour la conſtruction des machines ſujettes au frottement ; on s'en ſert pour
des vis ou des écrous ; & je puis, Monſieur,
vous aſſurer que ces ſortes de vis & d'écrous ne
le cedent en aucune façon à celles qu'on fait
avec le ſorbier commun. Les Tourneurs, les
Menuiſiers, & même les Ebéniſtes, recherchent
beaucoup le bois de cet arbre.

Les grives, ſi eſtimées par les gourmets pour
la délicateſſe de leur chair, ſont fort friandes
des fruits de cochene. Quand vous ne plante-
riez, Monſieur, ces arbres dans vos Terres que
pour y attirer ces oiſeaux, ne ſeriez-vous pas
amplement dédommagé des frais de plantation
par la quantité de grives que vous pourriez
prendre ? Ces oiſeaux ne ſe trouvent ſi communément en Lorraine, dans le Pays Meſſin, les
montagnes d'Alſace, que par rapport au grand

nombre de cochenes qui croiſſent naturellement dans les bois de ces Provinces. Je vous invite donc, Monſieur, à garnir les endroits voiſins de vos baſſe-cours de ces arbres ; à en planter à l'entrée de vos bois ; à en former de petits quinconces dans vos jardins, de petites allées dans vos boſquets, & à en border les avenues de votre Château. Vous jouirez par-là du double avantage de la vue & du profit. C'eſt ainſi que vous donnerez encore une retraite & une nourriture aux habitans de l'air, qui ne ſerviront pas peu à embellir votre ſéjour, tant par la variété de leurs plumages, que par les ſons mélodieux de leurs voix.

Si les fruits ou baies de cochene ſervent d'aliment aux oiſeaux, ils ne ſont pas moins propres pour la nourriture de l'homme ; on en fait du pain : on ſeche pour lors ces fruits, & on les pulvériſe. Les habitans de la Suede trouvent encore dans ces mêmes fruits une boiſſon qui ſupplée pour eux au vin : ils en font une eſpece de cidre, & de ce cidre ils en tirent, par le moyen de la diſtillation, une excellente eau-de-vie.

La Médecine, qui ſait tirer parti de tout pour les maladies, emploie encore les fruits de cet arbre, cueillis avant leur maturité ; ils ſont pour lors aſtringens, & conviennent dans les diarrhées.

Je vais actuellement, Monſieur, vous caractériſer toutes les parties du cochene, & vous en donner la culture. Cet arbre a différens noms ſelon les différentes Provinces ; on le nomme ſorbier ſauvage, brouſſis, cormier, herbaſſier, ſourbié. Il eſt connu en Botanique ſous le nom de ſorbus ſylveſtris, foliis domeſticæ ſimilis. Pin. 4:

ſes racines ſont tout-à-fait horizontales, & produiſent beaucoup de ramifications. Dans quelques terroirs elles ſont rougeâtres, & en d'autres preſque auſſi jaunes que celles du mûrier blanc. Pour s'en ſervir, il faut qu'on les coupe : elles ſont blanches ou couleur de chair.

Cet arbre vient fort haut ; l'écorce de ſon tronc eſt généralement polie & luiſante ; l'épiderme des jeunes branches eſt très-mince, & couvre une couche aſſez épaiſſe de tiſſu cellulaire : la couleur de cette écorce, lorſque l'arbre eſt encore jeune, diffère ſelon le terroir où il ſe trouve. S'il croît dans une terre un peu forte, cette écorce eſt rouge, & au contraire verte, ſi c'eſt dans des terres moyennes, des ſables griſâtres & des terreaux de ſubſtance végétale : ſon bois eſt fort ſerré ; il eſt même plus dur que celui du pommier : ſes boutons ſont placés alternativement ſur les branches, à la diſtance d'un pouce & demi ; ils repoſent ſur une conſolde fort ſaillante & anguleuſe ; ils ſont oblongs : on les diſtingue facilement par leur port des boutons des autres arbres ; car, au lieu d'être collés près de la branche, ils s'en écartent par leur bout, qui eſt très-pointu, & courbé en forme de faucille. Ces boutons ſont recouverts d'une enveloppe fort mince de couleur rougeâtre, & quelquefois bleuâtre. Cette enveloppe renferme un duvet très-fin, dans lequel repoſe le germe de la branche à venir.

Les feuilles ſont de longues ſtipules ou filets, le long deſquels regne un certain nombre de folioles oblongues, cannelées, d'un verd un peu bleuâtre, & terminées par une impaire. C'eſt ce que les Botaniſtes nomment *feuilles conjuguées* ou *aîlées*. Les fleurs ſont en paraſol &

en rofe ; elles fe changent en des baies qui prennent en mûriffant une couleur d'écarlate. En difféquant ces baies , on y découvre une pulpe jaune qui entoure une enveloppe fphérique. Cette enveloppe fphérique eft divifée en quatre loges , & chaque loge renferme un pepin femblable à celui d'une poire , mais plus petit.

J'ai trouvé, Monfieur, de ces arbres dans les forêts de la Bourgogne & de la Lorraine. Quant à leur culture , il me fuffit de vous rapporter ici la converfation que j'ai eue à ce fujet avec un habile Cultivateur du Pays Meffin , connu par fon Traité fur les arbres réfineux ; vous y trouverez des obfervations neuves qui méritent toute l'attention d'un Amateur.

A mon retour du Limoufin , je me rendis à Metz : j'eus occafion de voir M. le Baron de Tfchoudy. Je lui fis part du plaifir que j'avois reffenti à la vue des allées de cochenes des environs de Limoges. Je lui demandai s'il n'avoit pas connoiffance d'un auffi bel arbre : il me répondit que depuis long-temps il le cultivoit dans fes Terres ; qu'il en avoit même une pépiniere affez confidérable. Je lui repliquai que j'en étois fi amoureux , qu'un jour je voulois auffi le cultiver , & qu'il me rendroit un fervice fignalé , s'il vouloit bien m'inftruire de la maniere dont il falloit s'y prendre : il répondit, Monfieur, à mes defirs , avec toute l'honnêteté que vous lui connoiffez. Le cochene, me dit-il, s'éleve de femences ; mais gardez-vous bien d'en femer la baie entiere , comme on le pratique ordinairement pour la plupart des fruits charnus. Vous me paroiffez, Monfieur, lui repartis-je, contraire en fait avec M. Duhamel. Sans doute, dit-il, & avec raifon : vous en pourrez être le juge, quand j'aurai déduit mon raisonnement ; d'ailleurs, j'ai l'expérience pour moi. Il est hors de doute qu'on pourroit semer entieres les baies de putier & autres semblables ; elles n'ont pour l'ordinaire qu'un seul noyau ou deux, & au plus trois, durs & assez gros, renfermés sous peu de chair : celle-ci se pourrit aussi-tôt, & par l'humidité qu'elle communique au noyau ou à la semence, elle dispose les voies de la germination : mais il n'en est pas de même de la baie du cochene ; sous beaucoup de chair on trouve une enveloppe assez dure, & sous cette enveloppe il n'y a que des pepins fort petits & fort tendres. Si on plantoit cette baie en son entier, qu'arriveroit-il ? 1°. Les pepins pourriroient en moins de temps que la chair : 2°. les pepins se trouveroient trop enfermés en terre, eu égard à leur peu de grosseur ; car on conçoit facilement que la baie de cochene étant aussi grosse qu'elle est, pour être couverte de terre, doit être enterrée plus profondément que de petites semences, qui ne demandent même, suivant M. Duhamel, que d'être placées à la superficie de la terre : les semences de cochene se rangent naturellement dans la classe des semences fines. Voilà des raisonnemens, continua notre Observateur ; mais je puis encore appuyer ce que j'avance par la pratique. J'ai semé, pendant deux années de suite, des baies entieres de cochene, sans pouvoir avoir un seul jet, tandis qu'en dégageant les pepins avant de les semer, j'ai eu le plaisir de les voir tous lever.

Qu'entendez-vous, lui dis-je, par dégager ces pepins ? Ce terme est nouveau pour moi. Rien de plus simple, me répondit-il. Je fais tremper ces baies dans de l'eau pendant huit jours ; je renouvelle plufieurs fois cette eau. Quand je m'apperçois qu'une partie de la pulpe eft féparée, je les étends fur des feuilles de papier dans un lieu fec : je les laiffe ainfi pendant plufieurs jours, jufqu'à ce que toute l'humidité en foit évaporée, même à ficcité ; je les vanne pour lors à la main, & la partie hétérogene des pepins fe diffipe au vent. Si je voulois les femer auffi-tôt leur fortie de l'eau, rien n'empêche : cette feconde opération n'eft que fubfidiaire dans le cas qu'on veuille conferver ces pepins long-temps avant de les femer. Je conçois à préfent, Monfieur, ce que vous entendez par dégager les pepins : les voilà donc préparés ; que faites-vous enfuite ? Je choifis un terrein dont la terre ne foit ni forte ni légere, & qui foit même un peu graffe ; j'y feme mes pepins à la volée, & je les recouvre d'un quart de pouce de terreau, ou de fable mêlé de terre, ou de terre mêlée de cendres : je fais ordinairement les femis en automne. Combien faut-il de temps, continuai-je, pour avoir avec ces pepins des fujets prêts à pouvoir être mis en pépiniere ? Ils ne font bons à lever que la huitieme année, me répondit-il : la premiere année ils ne montent qu'à la hauteur d'un pouce & demi ; c'eft feulement à la troifieme qu'ils commencent à devenir vigoureux. Quand je fais mettre ces jeunes plants en pépiniere, je les efpace toujours de deux pieds ; je les y laiffe, tant qu'ils ne font pas affez forts pour être mis fur place. Les fujets qu'on a ainfi élevés, font excellens pour replanter, & préférables à ceux des bois.

Je conçois aifément, Monfieur, lui dis-je en l'interrompant, que les plants de pépinieres méritent la préférence ; mais cette méthode est bien longue : on veut jouir. En tirant mes sujets des bois , je gagne au moins sept ou huit ans. Vous avez raison , me répondit il ; mais combien de précautions ne faut-il pas prendre pour le choix ? Rejettez tous les plants qui ont été éclatés dans les bois sur de vieilles souches ; n'admettez que ceux qui paroissent venir de graines, & dont la grosseur ne passe pas un doigt ; examinez si ces plants ont trois maîtresses racines de huit pouces de long, sans écorchure ni fente, avec quelques racines du second ordre ; si ces racines ne sont pas fendues jusqu'à leur origine, & si elles n'ont pas trop d'ouverture par le nombre de branches latérales qu'on a été obligé de couper. Après cet examen, vous passerez à la plantation. Les racines sont horizontales dans cet arbre ; elles aiment à s'étendre dans la premiere couche de terre : ne les mettez conséquemment en terre que le moins profondément que vous pourrez ; principe général, ayez soin de les rafraîchir ; retranchez-en totalement les mauvaises, & coupez les bonnes au-dessous des écorchures qui pourroient y être, le plus net que faire se peut.

Si la terre que vous destinez à ces arbres est graveleuse, légere ou sablonneuse, si c'est même du sable gras, cet arbre ne demande pas plus de détail qu'un arbre ordinaire. Vous lui laisserez ses branches, si elles sont bien placées, & en petit nombre, & spécialement si sa racine est bonne & fraîche : vous l'étêterez au contraire, si ses branches sont trop nombreuses & mal placées ; vous mettrez de la poix blanche sur la partie coupée. Mon terrein, lui dis-je, n'est ni sablonneux ni argilleux, mais il est mitoyen : pourrois-je y planter des cochenes ? Sans doute, me répondit-il ; mais il y a auparavant quelques opérations préparatoires. Faites d'abord pratiquer un trou en carré de fix pieds fur un pied de profondeur ; rempliffez - le de terre à moitié ; mêlez une partie égale de fable avec ce qui refte de terre ; placez votre arbre ; mettez enfuite trois pouces de cette terre mêlangée fur la racine ; après quoi, ajoutez-y un lit de paille, de fougere ou de mouffe, & comblez enfin le trou du reftant du mêlange. Cette précaution eft fort bonne pour faire réuffir votre arbre, fans néanmoins être néceffaire. Si vous plantiez vos arbres dans une haie nouvellement défrichée, dans un paquis ou autres endroits femblables, ils y viendroient parfaitement bien. Quant aux terres argilleufes, ne vous expofez jamais d'y en mettre, à moins que vous n'euffiez des cochenes greffés fur poirier. On greffe pareillement cet arbre en écuffon fur l'aliffier, le pommier, l'épine blanche.

Avant de finir la culture de cet arbre j'ai obfervé, dit toujours ce célebre Cultivateur, & c'eft par où fe termina notre entretien, après bien des raifonnemens de ma part, que quand on conferve les branches à l'arbre, on a du fruit dès la feconde année, au lieu qu'on n'en aura que la huitieme année, fi on l'étête. Un accident qui furvient aux arbres étêtés, c'eft un gonflement, & même des tubercules au bout de l'arbre, fous lefquels on voit le tiffu cellulaire réduit en une fubftance gelatineufe. On guérit fouvent cette maladie par les incifions. Cet état dans l'arbre eft un figne diagnoftic qu'il eft languiffant, & qu'il n'a encore aucune nouvelle racine.

Je crois, Monſieur, par le récit que je vous ai fait de notre entretien, vous avoir donné un détail circonſtancié de la culture de cet arbre : d'ailleurs, je vous l'ai décrit avec tous ſes caractères ; je vous en ai fait voir l'utile & l'agréable. C'eſt à vous, Monſieur, à vous décider ſur ſa plantation.

Je ſuis, &c.

Paris, ce 24 Août 1768.

LETTRE III.

Sur la Méthode de guérir la Pulmonie par la fumigation humide des Végétaux.

JE vous ai promis, Monſieur, de vous faire part des nouvelles découvertes que je pourrois faire ſur les végétaux. Soyez aſſuré de mon exactitude à cet égard ; mais permettez-moi, avant tout, de mettre ſous vos yeux l'obſervation la plus intéreſſante peut-être en ſon genre, & la plus digne d'un Médecin-Phyſicien.

Vous avez ſouvent ouï parler de la pulmonie. Les plus grands Médecins donnent cette maladie comme incurable, & d'autant plus dangereuſe, que le ſujet qui en eſt affecté eſt plus jeune. Cependant vous verrez, par le détail de l'obſervation que je vais rapporter, que quelquefois on peut parvenir à ſa guériſon : la méthode pour l'opérer en eſt même tout-à-fait nouvelle.

On me conſulta, il y a environ quinze mois,

fur une phthifie pulmonaire, tant en ma qualité de Médecin, que comme gendre de défunt
M. Marquet, Doyen du College Royal des
Médecins de Nancy, qui paffoit pour habile
dans le traitement de cette maladie, & dans
celui des fleurs blanches. Le fujet pour lequel
je fus confulté, étoit un jeune homme âgé de
vingt-cinq ans, d'un tempérament fanguin,
ayant le vifage d'un rouge fouetté. Il crachoit
fouvent du fang, .& continuellement du pus;
touffoit beaucoup; ne repofoit prefque jamais;
avoit une grande difficulté de refpirer; étoit
confumé par une fievre lente qui ne difconti-
nuoit point, & accablé de laffitudes & de grandes
douleurs dans la région des poumons, c'eft-à-
dire, dans le dos & entre les épaules. Cette
maladie avoit commencé depuis deux ou trois
ans par un rhume négligé. L'état de phthifie
où fe trouvoit pour lors le malade, dénotoit
que la maladie avoit déja fait de grands progrès, & qu'elle paroiffoit être parvenue à fon
troifieme & dernier période. Je queftionnai ce
malade ; je lui demandai s'il n'avoit fait ufage
d'aucun remede jufqu'à ce jour. Il me répondit
qu'on lui avoit indiqué le lait ; qu'il en avoit
ufé pendant long-temps fans s'être apperçu d'aucun changement, ce qui l'avoit engagé à en
difcontinuer l'ufage ; qu'il avoit enfuite pris des
bouillons de mou de veau, auquel il avoit
affocié du jus de carottes & de navets ; qu'il
n'en avoit pas reçu plus de foulagement, fa
maladie reftant toujours au même état fans augmenter ni diminuer. A la fuite de ces remedes
adouciffans, il fe mit à l'ufage, continua-t-il,
d'infufion vulnéraire & béchique, & toujours
fans aucune apparence de changement ; ce qui
commençoit à l'inquiéter beaucoup, avec d'au-

tant plus de raison, que plusieurs personnes de
sa famille étoient péries par la pulmonie.

Voyant que la plupart de ces remedes lui
avoient été inutiles, j'eus recours à un Opiat
béchique, connu plus particuliérement en Lorraine sous le nom d'*Opiat anti - phthisique de
Marquet*. Je lui en conseillai l'usage à la dose
d'un gros, matin & soir, &, pardessus, une
infusion théiforme de pied-de-chat coupé avec
le lait. Cet Opiat avoit souvent fait merveille en pareil cas, suivant que le rapporte
M Marquet dans ses Observations tant manus-
crites qu'imprimées; ce qui me faisoit espérer
qu'il pourroit aussi faire très bien à ce malade.
J'en étois d'autant plus persuadé, que j'en avois
prescrit plusieurs fois l'usage dans la pulmonie,
& presque toujours avec succès. J'augurai donc
favorablement de cet Opiat pour le jeune homme; je le lui prescrivis même pour lors avec
une certaine confiance. Cet Opiat se prépare
de la maniere suivante.

Prenez baume de Leucatel une once, blanc
de baleine une demi-once, sang de bouquetin,
antimoine diaphorétique, yeux d'écrevisses, mâ-
choires de brochets pulvérisées, anti-héthique
de Poterius, poudre de diatragante froid, de
chacun un gros; mêlez & incorporez le tout
avec une suffisante quantité de syrop de dia-
code, dont la dose est d'un gros.

Le malade prit ce remede pendant deux ou
trois mois consécutifs: mais ce qui avoit opéré
dans les autres, ne fit rien sur lui; il resta toujours dans le même état sans remarquer aucun
soulagement. On publia pendant cet intervalle
un remede pour la pulmonie : on l'annonça
même avec éclat; c'étoit le séjour dans l'étable.

L'air épais que respire pour lors le malade, & qui convient assez bien dans ce cas, me fit juger favorablement de cette découverte. Malgré l'aversion naturelle qu'on a pour un pareil séjour, je déterminai mon jeune homme à y fixer sa résidence. Je fis placer en conséquence son lit dans une étable où il y avoit plusieurs vaches, & que je fis tenir néanmoins le plus propre & le plus net que faire se pouvoit. Ce jeune homme en respira l'air pendant quarante jours avec une grande constance ; mais les symptômes de sa maladie n'en disparurent pas pour cela : toujours fievre lente, toujours toux, toujours crachement purulent, insomnie, & le plus souvent faim canine.

Comment agir en pareilles circonstances ? Un Médecin se trouve souvent embarrassé. Je ne savois que prescrire à mon malade ; je l'avoue, je suis de bonne foi, tous les remedes qu'il prenoit n'opéroient en rien : je n'ignorois pas néanmoins que pour remplir l'indication de cette maladie, il falloit avoir recours aux remedes consolidans & détersifs ; mais comment pouvoir en ordonner d'assez efficaces ? Ils n'agissent que médiocrement sur la partie affectée ; ils sont obligés de se mêler dans la masse du sang : ils se trouvent pour lors tellement divisés, qu'ils ne parviennent à la substance des poumons, que lorsqu'ils sont dénués de la plupart de leurs vertus. D'ailleurs, le mouvement perpétuel de ces visceres est un obstacle pour empécher la cicatrice des ulceres qui s'y trouvent.

Je réfléchissois, je méditois continuellement sur les moyens de faire parvenir les remedes indiqués sur la surface immédiate des poumons. Je trouvois dans la matiere médicale & la Bo-

tanique affez de remedes propres à cette maladie, des plantes béchiques, des plantes vulnéraires, mucilagineufes, des baumes ; mais la
façon de les adminiftrer étoit là tout le fujet
de mon embarras. Cependant, en méditant un
jour fur cet objet, je m'imaginai que la fumigation de ces plantes & baumes pourroit
bien convenir dans ces circonftances : mais cette
fumigation me paroiffoit avoir encore des diffi-
cultés. Si je fais refpirer, difois-je en moi-même,
à mon malade la fumée des plantes béchiques
& baumes que j'aurai mis fur un brafier, il n'eft
pas douteux que cette fumée, chargée des particules balfamiques des plantes, parviendra, par
le moyen de la trachée-artere, à la fubftance
immédiate des poumons. Cependant, que n'ai-je
pas à craindre pour mon malade de ce brafier ?
Loin de lui fournir un remede falutaire, il peut
lui devenir très-nuifible. Je renonçai donc à
ce moyen, fans néanmoins perdre totalement
de vue mes fumigations, lorfque je me rappel-
lai par hafard la defcription de la fameufe
machine de Muzel. En me fouvenant de cette
machine, je vis que je n'avois plus rien à craindre des brafiers ; que je pouvois faire refpirer à
mon malade une fumée humide de plantes béchiques & vulnéraires, & remplir par-là parfaitement l'indication de la maladie. C'étoit-là
le dernier remede que je me propofois de lui
prefcrire, réfolu de l'abandonner à fon fort,
s'il n'en recevoit aucun foulagement.

Je m'empreffai donc à faire conftruire une
machine prefque femblable à celle de Muzel,
à quelque addition près, que je jugeai pour
lors néceffaire pour la perfectionner. Je la fis
faire en fer-blanc, & en forme de cône, dont
le diametre inférieur étoit de fix pouces, &

la longueur d'un pied : je donnai à son ouverture deux pouces de diametre, & je la fis
munir d'une embouchure semi - lunaire en
forme de porte - voix. Je fis ensuite artistement
emboîter au haut de cette machine un tube
d'ivoire de la longueur de six pouces, dont
l'ouverture inférieure étoit précisément la lar-
geur du haut du cône, & l'ouverture supérieure
avoit un pouce. Je fis adapter à cet ajoutoir
un couvercle aussi d'ivoire. J'eus grand soin
de faire mettre à cette machine deux anses
courbées pour pouvoir la tenir aisément à la
main.

La machine construite, voici l'usage que j'en
fis faire au malade. Je fis mettre dans une cafe-
tiere bien couverte environ une pinte d'eau ;
j'y fis bouillir de la racine de petasite, d'*enula
campana*, de réglisse, de guimauve, & du lichen
de chêne, de chacune un gros. Pendant le temps
de l'ébullition, je faisois mettre dans la machine
des feuilles de pulmonaire, de scabieuse, de
véronique, d'aigremoine, de bouillon blanc, de
guimauve, de mauve, de pervenche, de lierre
terrestre & d'érysimum, de chacune un quart de
poignée ; des bourgeons de sapin & de peuplier,
de chacun deux bonnes poignées ; des fleurs de
primevere, de marguerite, de pas-d'âne, de
bouillon blanc, de mauve, de pied-de-chat,
de marrube & de matricaire, de chacune une
pincée. Je fis jetter ensuite pardessus les herbes
& fleurs la décoction bouillante des racines ensemble avec les racines ; après quoi, j'ajoutai
un demi-scrupule de baume de la Mecque, &
autant d'essence de térébenthine. Je fis appliquer les levres de mon malade à l'embouchure de l'ajoutoir d'ivoire pour respirer la fu-

mée de cette décoction, ayant soin de lui faire boucher, pendant cet intervalle de temps, le nez, afin qu'il ne pût respirer que l'air imprégné des particules balsamiques & adoucissantes de la décoction & infusion de la machine.

Quand la chaleur de cette décoction commençoit à se passer, & par conséquent la fumée à se diminuer, je faisois ôter l'ajoutoir, & le malade respiroit par la large embouchure. Cette opération duroit chaque fois au moins une demi-heure, & je la faisois réitérer toutes les trois ou quatre heures. Je fis prendre en même temps, matin & soir, à ce jeune homme l'Opiat anti-phthisique dont il avoit déja fait usage, & je lui ordonnai pendant le jour de bons bouillons de veau & des alimens nourrissans, sans être cependant trop échauffans. Cette fumigation humide, ce régime, cet Opiat anti-phthisique réunis ensemble, ou plutôt la simple fumigation, produisirent dans le malade des effets merveilleux : en peu de temps la toux diminua, les crachemens purulens cefferent, la fievre le quitta, & il recouvra la santé parfaite.

L'expérience & le raisonnement se donnent, en quelque façon, la main pour prouver la bonté de la méthode que j'indique. De tous les remedes qu'on a prescrits jusqu'à présent pour la phthisie pulmonaire, s'en est-il trouvé un seul qui agisse plus immédiatement sur la partie affectée que celui-ci ? La fumée, chargée de particules balsamiques, & mêlée avec l'air que respire le malade, est un baume propre à cicatriser les ulceres des poumons, & à consolider & déterger les plaies. Vous pouvez, Monsieur, en prescrire l'usage avec sûreté ; vous n'aurez lieu que d'en efpérer de bons effers fans en craindre aucun accident.

J'ai été menacé de phthifie pulmonaire ; je m'en fuis guéri à l'aide de la Botanique. J'ai voyagé à pied prefque par toutes les Provinces de la France, comme vous en avez été témoin plufieurs fois. Ces voyages & ces exercices ont fortifié mon tempérament, & depuis ce temps je n'ai ni toux ni crachement de fang. Si je n'en avois pas été totalement guéri, j'aurois eu recours à la machine dont je vous ai donné la defcription, comme l'unique & vrai remede.

Jugez, Monfieur, par cette obfervation, des vertus des végétaux, & de quelle conféquence peut devenir leur étude pour un Phyficien & pour un vrai Scrutateur de la Nature. Ils font utiles dans tous les arts & l'économie champêtre. Vous en aurez plufieurs fois des preuves dans ces Lettres. Ils peuvent s'employer comme alimens, comme médicamens : on ne les prend pas feulement en fubftance, en infufion, en décoction ; on peut même encore en refpirer la fumée. Ils n'en font pas moins efficaces dans le cas préfent. Je ne puis donc affez vous exhorter à continuer votre étude pour la connoiffance des fubftances végétales. Vous ferez bien dédommagé de vos peines & de votre application, par les avantages infinis que vous en retirerez. En étudiant les fleurs, vous les recueillerez vous-même à chaque inftant.

Je fuis, &c.

Paris, ce 30 *Août* 1768.

LETTRE IV.

Sur l'Aune.

Vous avez, Monsieur, dans vos Terres des sols fangeux, marécageux, de nul rapport, & incapables d'aucune production. Vous déplorez continuellement votre sort sur de pareils héritages. Que direz-vous, si je vous apprends à les rendre féconds, si je vous donne le moyen d'en tirer plus de profit, ou du moins autant que de vos bonnes terres ? Cette proposition vous fera sans doute rire ; mais rien n'est plus vrai. C'est de quoi je veux vous convaincre par la lecture de cette Lettre.

Un arbre qui n'exigeroit presque aucune culture, qui se plairoit dans les lieux aquatiques ; qui produiroit des jets bons à être coupés tous les quatre ans, qui seroit utile pour différens usages économiques, ne seroit-il pas pour vous une découverte intéressante ? Je vous offre, Monsieur, ces avantages dans l'aune. Cet arbre n'exige aucun soin de la part du Cultivateur ; l'odeur de ses feuilles le met à l'abri des animaux qui appréhendent de le toucher : d'ailleurs, c'est un arbre de très-grand débit, quoique l'Ordonnance de 1773 l'ait placé parmi les bois morts. Cependant, il n'en est pas moins recherché par les Boulangers, les Pâtissiers, les Verriers, pour chauffer leur four ; on en brûle dans les Villes & à la campagne. Le bois d'aune équivaut à celui de chêne pour les pilotis. Vous connoiffez le pont de Londres & celui de Rialto à Venife ; ils ne font bâtis que fur l'aune. On peut employer ce bois pour foutenir le poids des bâtimens les plus confidérables : il dure éternellement fous les eaux & dans les lieux aqueux, quoiqu'il fe pourriffe facilement lorfqu'il eft à l'air. On a vu, dit Bauhin, des pilotis d'aune même fe pétrifier. On fait ufage du bois d'aune par préférence à tout autre pour les machines hydrauliques, principalement pour les tuyaux de fontaine. Où trouver de meilleures fafcines pour mettre dans les fondrieres, afin d'en écouler les eaux, que les branches d'aune ? En plantant ces aunes autour des Ifles, on les met à l'abri des courans d'eau, fur-tout lorfque ces Ifles fe trouvent à l'embouchure d'un fleuve. Mais tous ces avantages, quoique bien grands, ne font pas encore les feuls qu'on peut retirer de l'aune. Une partie de vos Terres eft en vignoble ; vous avez une houblonniere ; il vous faut des échalas pour vos vignes & des perches pour votre houblon : cependant ce bois eft rare dans vos environs ; vous êtes obligé de tirer vos échalas, vos perches, de plus de dix lieues de loin : quelle dépenfe pour les fonds d'achat, pour le tranfport ! Multipliez, Monfieur, l'aune dans vos terreins, & vous obvierez à toutes ces dépenfes. Une aunaie vous fournira tous les quatre ans du bois en coupe propre à faire des échalas, des perches ; vous en aurez même au-delà de votre dépenfe : vous pourrez en vendre à vos voifins ; vous en débiterez beaucoup à Paris. Il faut aux Blanchiffeufes, aux Teinturiers, des perches. Ne vous fervirez-vous pas vous-même du reftant pour des manches d'outils, des échelles qui font fi néceffaires dans un labourage? Le menu bois de l'aune vous fervira encore pour des échafaudages, des poulaillers & étables, & autres bâtimens légers.

Après de pareils expofés, qui pourroit douter de l'utilité de l'aune dans nos campagnes? Mais pourfuivons, & nous verrons qu'il eft encore plus utile dans les arts & metiers : fon bois eft doux, bien liffe, facile à manier, fans être caffant. Il eft recherché pour cette raifon par les Sculpteurs & les Tourneurs : il prend auffi une belle couleur noire ; ce qui fait encore que les Ebéniftes le fubftituent au bois d'ébene. La plupart des chaifes communes ne fe font qu'avec ce bois.

L'aune mérite encore une place des plus diftinguées parmi les arbres d'ufage : il fert de chauffure à plus de la moitié des hommes ; c'eft le meilleur de tous les bois pour faire des fabots. Quand ils font faits, on les enfume pour les fécher, durcir, garantir d'infectes & d'aucune fente. On emploie pareillement l'aune pour les talons de foaliers : l'écorce de cet arbre & le vieux fer rouillé macérés enfemble pendant quelques jours, donnent une couleur dont fe fervent les Teinturiers, les Chapeliers & les Tanneurs pour teindre en noir. Cette écorce fait le même effet que la noix de galle ; on pourroit conféquemment la lui fubftituer pour faire de l'encre. M. de Linnée dit qu'en Suede les Pêcheurs s'en fervent pour colorer leurs filets : on teint très-bien en noir avec cette écorce la corne & les os pour faire des ouvrages de coutellerie. Le charbon d'aune entre dans la composition de la poudre à canon ; autre avantage réel de cet arbre.

Si des usages économiques nous passons aux propriétés médicinales, nous verrons que l'aune n'est pas moins utile dans la Médecine que dans l'Agriculture. Son écorce & ses fruits sont astringens & rafraîchissans ; ils conviennent par conséquent dans les hémorrhagies & les flux : on les emploie en gargarisme contre les inflammations de la gorge ; les feuilles de cet arbre sont résolutives ; appliquées extérieurement, elles dissipent les tumeurs, & guérissent les inflammations. Leur décoction est très-bonne pour laver les pieds des voyageurs.

Je traversai, il y a quelque temps, une partie des Alpes pour y herboriser. Je m'arrêtai dans une des chaumieres de ces montagnes ; j'y trouvai un malade tout couvert de feuilles & tout en sueur : je m'informai de sa maladie & de la raison pour laquelle il se trouvoit ainsi couvert de feuillages ; on me dit que c'étoit un paralytique, & qu'il avoit gagné cette maladie pour avoir souvent dormi sur terre, & pour avoir habité des lieux humides. On m'ajouta que lorsqu'on se trouve attaqué de cette maladie dans les montagnes, on est dans l'usage de remplir des sacs de feuilles d'aune, de les exposer aux rayons du soleil, ou de les mettre dans un four chaud, jusqu'à ce qu'elles soient bien échauffées ; on en jette ensuite sur le malade ; on le couvre bien, & on le laisse ainsi, jusqu'à ce qu'il sue abondamment, comme je pouvois le remarquer dans ce paralytique. Cette opération se réitere jusqu'à guérison. On m'assura que les feuilles d'aune produisoient un meilleur effet fur le malade & une guérifon plus prompte, que toutes les douches & les eaux thermales poffibles. Je fus charmé d'apprendre un remède aufli fimple & aufli efficace que celui-ci pour la guérifon d'une maladie fi difficile à traiter; tant il eft vrai que les plus petits remedes, qu'on qualifie de domeftiques, ne font pas à négliger. Je vous invite, Monfieur, d'en ufer pour les paralytiques de vos cantons : vous ne vous en trouverez pas moins bien pour les rhumatifmes & la fciatique. Cependant, fi on en croit l'illuftre Tournefort, on doit s'abftenir d'un pareil remede, lorfqu'il fe trouve quelque foupçon de virus vénérien.

Tant d'avantages réunis dans un feul arbre, ne font-ils pas autant de voix qui follicitent en fa faveur ? Mais, me direz - vous, à quoi fert de connoître ; à quoi fert de favoir les propriétés de l'aune, fi on ne fait pas le diftinguer des autres arbres ? Aufli vais-je vous en donner la defcription.

Cet arbre forme une très-large tête ; fon écorce eft d'un gris brun en dehors, jaunâtre en dedans ; fa racine eft rameufe & ligneufe ; fes feuilles font pofées alternativement fur les branches ; elles font d'un verd foncé, relevées pardeffus de nervures affez faillantes ; fes fleurs font mâles ou femelles fur le même individu. Les fleurs mâles font grouppées fur un filet commun, & forment un chaton écailleux, cylindrique & affez long : chaque fleur eft formée par un pétale découpé prefque jufqu'à fa bafe en quatre, dans l'intérieur duquel naiffent quatre étamines fort courtes. Les fruits naiffent en d'autres endroits de cet individu ; ils paroiffent fous la forme d'un cône écailleux : on apper-

çoit fous les écailles des piftils formés d'embryons, furmontés de ftyles fourchus. Ces cônes
écailleux deviennent des fruits également écailleux , & femblables à de petites pommes de
pin ; les écailles en s'ouvrant laiffent tomber
des femences plattes.

Les Provençaux appellent l'aune *averno*. G.
Bauhin, dans fon Pinax , le nomme *alnus ro-*
tundifolia, *glutinofa*, *viridis* , & M. de Linnée
lui a donné le nom de *betula alnus*, bouleau aune.
Ce fameux Botanifte ne fait qu'un feul genre
de l'aune & du bouleau dans fes efpeces ; &
en effet les parties de la fructification font les
mêmes dans l'un & l'autre arbre. La feule différence qu'y a remarquée Tournefort, & qui
n'eft pas conftante fuivant M. le Chevalier de
Linnée , c'eft que les femences du bouleau font
ailées , au lieu que celles de l'aune font angu-
leufes.

Aux environs de Lyon, on voit une efpece
d'aune à feuilles blanchâtres , *alnus folio in-*
cano. *Pin.*, & aux environs de Caen rien n'eft
fi commun que l'aune à feuilles découpées ,
alnus foliis eleganter incifis. *De Breman*. Je
ne parle pas ici de l'aune à feuilles oblongues ;
c'eft une fimple variété de l'aune à feuilles rondes.

Il ne fuffit pas encore , Monfieur , de
connoître cet arbre, d'en favoir les propriétés ;
mais il faut pouvoir le cultiver : c'eft par fa culture que je termine cette Lettre. Vous pouvez
le multiplier de boutures , & mieux encore,
de plants enracinés. C'eft de tous les plants
aquatiques, celui qui aime le plus l'eau ; auffi
fe plaît-il le long des rivieres, des ruiff'aux, &
dans tous les endroits froids , marécageux &
fujets aux inondations. Confultons pour fa cul-

ture l'Auteur du Gentilhomme Cultivateur ; il faut, dit ce célebre Agriculteur, former une pépiniere d'aunes dans un terrein humide, près d'une riviere ou d'un ruisseau. Un très-petit nombre de chicots de racines d'aune fournit constamment un nombre suffisant de rejettons. Un an après que les rejettons ont été couchés en terre, plantez les bourgeons qui ont poussé ; faites pour lors un certain nombre de trous, distants les uns des autres de sept pieds en tout sens ; donnez à ces trous deux pieds de profondeur ; lev z avec précaution les jeunes plants, & plantez-les à un pied & demi au moins, si c'est un sol léger ; couvrez-les de terre, chaque rejetton formera un arbre. Un an après leur replant, laissez sur pied les plus beaux & les plus droits, & coupez à six pouces du sol ceux qui sont moins vigoureux ; laissez-en la moitié pour venir à leur hauteur, & coupez l'autre moitié : par conséquent vous en aurez qui croîtront en grosseur, hauteur & valeur, tandis que pendant cet intervalle vous couperez les autres à six pouces de terre tous les ans,

La seule chose à craindre dans l'aune, c'est un ver rouge qu'on trouve sous son écorce, qui perce le bois de cet arbre, & qui le fait souvent périr en peu de temps. On ne s'apper-çoit souvent du mal que quand il n'y a plus de remede. Les aunes connus sous le nom d'*aunes de montagne*, n'exigent pas beaucoup d'humi-dité. Les Cultivateurs qui n'ont point de fonds marécageux dans leurs terres, & qui souhaitent y élever des aunes, pourront s'attacher à la culture de ceux ci. Parmi ces aunes, les uns ont des feuilles semblables à celles du frêne,

pâles, liſſes, pliées en goutiere; les autres les
ont friſées, finement dentelées & gluantes;
quelques-uns ont les feuilles fort larges, pareillement friſées, gluantes & dentelées.

La derniere obſervation à faire ſur la culture de l'aune, eſt due à M. Duhamel. Si
vous avez des terres qui ne ſe deſſechent point
pendant l'été, faites-y des tranchées avant d'y
planter des aunes, & ne les placez que ſur les
ados que vous aurez formés des terres qui proviennent du déblai de ces foſſes. Car, ajoute
cet Académicien Agriculteur, l'expérience démontre que les aunes qui ne craignent point
les inondations paſſageres, viennent néanmoins
mal dans les endroits où l'eau ſéjourne pendant l'été. Lorſque je faiſois planter des aunes,
continue M. Duhamel, dans les endroits où
l'eau étoit tout près de la ſuperficie de la terre,
je me contentois de faire enlever avec la pioche
un peu de gazon : je faiſois remplir ce petit
trou avec de la terre qu'on y portoit à la hotte;
je poſois les racines ſur cette terre, & j'en faiſois rapporter quelques hottes pour les couvrir. Avec ces précautions, nos aunes ont très-
bien réuſſi, & même donné toute la ſatisfaction
que j'en eſpérois.

M. Duhamel n'a jamais ſemé de graines
d'aune; il a ſeulement fait remuer & rapporter
de la terre ſous de gros arbres de ce genre. Il
lui en a levé beaucoup naturellement, & les
aunes de graines ont fourni d'excellens plants
pour garnir les endroits qu'il deſtinoit à une
auniere; ainſi la culture en eſt très-facile. Et
quand je vous ai dit au commencement de cette
Lettre, qu'en vous offrant des aunes, je vous
fournirois des arbres qui vous produiroient dans

vos

vos plus mauvais terreins autant par leur récolte que le terrein même le plus fertile, ai-je,
Monfieur, trop avancé ? Et en effet, comme
vous l'avez dû obferver, l'aune n'exige aucune
culture ; il fournit du bois de chauffage, des
pilotis ; il s'emploie dans les arts & métiers :
on en fait la récolte tous les quatre ans. Il eft
d'une grande utilité dans l'économie champêtre, & il croît parfaitement bien dans un fond
où nulle autre plantation ne peut réuffir. Que
peut-on defirer de plus ? Nous en tirons même
du foulagement pour nos maladies. Ne différ-
rons donc pas de multiplier cet arbre dans la
France. Il fe trouve dans le Royaume tant
d'endroits fangeux & marécageux dont nous ne
tirons aucun profit, & qui nous deviendroient
d'un grand rapport, par la culture d'un arbre
aufli néceffaire ! Vous en ferez, Moufieur, l'expérience, & votre exemple ne fervira pas peu
à engager vos voifins à en faire autant. Je
ferois très-charmé fi le petit confeil que je
viens de vous donner, pouvoit contribuer à
augmenter vos revenus.

Je fuis, &c.

Paris, ce 7 Septembre 1768.

LETTRE V.

Sur le Bled de Smyrne, autrement Bled de Miracle.

Agréez, Monsieur, je vous prie, la production végétale que je joins à cette Lettre; elle vous fera réellement plaisir. Je l'ai fait venir exprès pour vous d'au-delà des mers : elle est d'un prix inestimable. Les diamans du Royaume de Golconde & les mines d'or du Pérou & du Potosi n'ont rien qui en approche. Cette production est une trousse de bled , de l'espece qu'on cultive aux environs de Smyrne, & que G. Bauhin nomme *triticum spicá multiplici* : elle est composée de trente-six tuyaux ou chalumeaux , & chaque chalumeau a dix épis, dont l'un occupe le milieu, & les autres sont placés latéralement. Tous ces épis réunis forment un volume plus gros qu'un œuf de poule ordinaire.

J'ai été curieux, avant de vous l'envoyer, de compter les grains que chaque épi contenoit: j'ai choisi, pour faire mon calcul, l'épi du milieu, & un épi collatéral ; j'ai trouvé dans celui du milieu quarante grains, & dans le collatéral seulement trente-cinq. J'ai calculé en conséquence la quantité de grains que renferme la trousse entiere. Voici comme j'ai raisonné. Il y a dix pieds dans l'épi principal; chaque épi contient trente-cinq grains. Il faut donc multiplier trente-cinq par dix. Le produit m'a donné trois cents cinquante, auquel j'ai ajouté cinq de plus pour l'épi du milieu; chaque tuyau nous donne donc trois cents cinquante-cinq grains. Mais nous avons trente-six tuyaux : nous avons donc trente-six fois trois cents cinquante-cinq grains. Suivant les regles de la multiplication, le produit total sera de douze mille sept cents quatre-vingts grains pour la production d'un seul. Un bled de cette nature n'est-il pas un trésor préférable aux métaux les plus précieux ? De tous les bleds, il n'y en a aucun qui produise autant, qui occupe plus utilement la terre, qui répande une aussi grande abondance dans le pays, & qui soit conséquemment plus profitable aux pauvres.

Je ne me suis pas astreint au simple calcul pour décider sur la valeur de ce bled ; j'ai voulu aussi le peser, & j'ai comparé son poids à celui du froment ordinaire; j'ai trouvé qu'il pesoit un douzieme de plus. J'ai remarqué encore qu'il étoit pour le moins aussi beau; second objet qui mérite l'attention d'un Cultivateur.

Cultivez donc, Monsieur, ce bled dans vos terres ; la récolte que vous en ferez, vous dédommagera bien de vos peines : vous rendrez par cette culture vos domaines semblables, je pourrois même dire, plus féconds que la terre de promission. Le sol que vous possédez est substanciel, gras, alimenteux : d'ailleurs, vous ne négligez rien pour le bien fumer & le cultiver. Voilà précisément ce qu'il faut au bled de Smyrne, parce qu'il demande beaucoup de sucs nourriciers pour sa végétation. Avec la seule trousse que je vous ai procurée, vous aurez

dans peu assez de grains pour ensemencer toutes
vos terres. Car si un grain a fourni douze mille
sept cents quatre-vingts grains, par une proportion géométrique douze mille sept cents
quatre-vingts grains peuvent donner cent soi-
xante-trois millions quatre cents vingt-huit
mille quatre cents pour leur premier produit.
Continuez le calcul d'année en année, & la
progreßion sera infinie.

Un habile Cultivateur a fait pareillement venir, par la voie d'un Négociant, de la graine
de ce bled. Il l'a semée il y a environ dix ans,
& il a remarqué que sept livres de semence lui
en avoient donné quatre cents trente. *O for-
tunatos nimiùm*, pourroit-on dire ici, *sua si
bona norint, agricolas !* Il a fait faire, à ce
qu'il m'a dit, de ce bled du pain qu'il a trouvé
substanciel, savoureux, ne cédant en rien à
celui qu'on fait avec le bled ordinaire.

On peut dire du bled de Smyrne qu'il est la
continuation du miracle opéré par la multiplication du pain ; aussi l'appelle-t-on *bled de
miracle*, *bled d'abondance*, *bled de providence*.
C'est sans doute de ce bled dont le Gouverneur
de Byzance envoya à Néron une trousse composée de trois cents quarante tuyaux.

En feuilletant les Mémoires de l'Académie,
j'ai appris que M. le Président de Tambonneau
avoit déja cultivé ce bled, & qu'il en avoit
donné quelques épis à M. Dodait.

J'ai encore, Monsieur, un autre avantage
à vous faire connoître dans le bled de Smyrne.
Il n'est pas sujet au charbon ; espece de maladie qui rend les bleds noirâtres & d'un goût
désagréable. Vous croyez sans doute que ce
bled demande une culture particuliere : point

du tout ; sa culture est celle du bled ordinaire. On le seme en automne dans une terre bien amendée & bien cultivée, ayant seulement la précaution de l'enfoncer avec la herse un peu plus avant que le bled ordinaire, parce qu'il prend plus de racine. Gardez-vous sur-tout de le semer aussi épais que le froment, d'autant plus qu'il trousse davantage, & produit plus de tuyaux. Huit boisseaux de ce bled suffisent pour ensemencer un arpent de terre.

J'ai encore découvert depuis peu que quelques Cultivateurs ont essayé de ne semer ce bled qu'au commencement de Février : il a très-bien réussi. Mais il faut vous observer qu'ils ont fait cette expérience dans un jardin, & conséquemment dans un terrein gras & bien abrité. Ce seroit une vraie témérité d'attendre aussi tard pour le semer dans les campagnes. La terre, toute bonne qu'elle puisse être, n'y est pas si substancielle que dans les jardins : d'ailleurs, il n'y a dans les campagnes aucun abri. Un fait qu'on m'a raconté à cette occasion, & qui m'a été confirmé par des gens dignes de foi, c'est que le bled de Smyrne semé en Mars a très-bien épié : mais des chaleurs subséquentes du mois d'Août ont tellement échaudé sa fleur, que le grain n'a pu se former.

Je ne sais, Monsieur, qu'un seul désavantage dans ce bled ; c'est que les lievres en sont fort friands lorsqu'il est jeune, & qu'ils le détruisent presque entiérement, si on n'a pas soin de les éloigner. Quand il est parvenu à sa maturité, la force de sa paille est telle, que les oiseaux s'y reposent comme sur un arbre & en dévorent tous les grains : on est pour lors obligé d'avoir recours à des épouvantails. Les gelées fortes lui font auffi quelquefois très-préjudiciables.

En parlant du bled de miracle, je me rappelle un phénomene, un prodige de fécondité, que j'ai eu occafion d'obferver dans le cours de mes voyages. Je rencontrai à Caftelnaudary en Languedoc, un Laboureur qui portoit à fa main une trouffe de bled compofée de cent dix-fept tiges : ce fpectacle me frappa (vous favez, Monfieur, que les Naturaliftes n'échappent rien). Je lui demandai ce qu'il alloit faire de cette trouffe : il me répondit qu'il alloit au Temple du Seigneur pour lui en faire l'offrande, & pour le remercier de la fécondité qu'il avoit répandue fur fes terres. Cette trouffe a donc pris naiffance dans votre champ, lui dis-je ? Oui, Monfieur, me répondit-il. Vous l'avez donc bien cultivé, fumé & remué, lui continuai-je, pour vous donner de telles trouffes : vous aviez bien préparé votre femence ?... Je n'ai rien négligé pour fa culture ; mais j'en fuis bien dédommagé ; le Ciel a béni mes œuvres & m'a comblé de biens. Je n'ai rien de plus preffé que d'en aller marquer ma reconnoiffance au Souverain Etre, qui donne & conferve la vie à tous les autres. Mais encore un mot, lui dis-je, en le tirant par le bras, comme je voyois qu'il vouloit m'échapper ; ne pourrois-je pas examiner de près cette trouffe ? Je n'ai pas le temps, me dit il. Je lui mis à ces mots fix francs à la main ; je vis mon homme fe civilifer auffi-tôt : il ne fut plus fi preffé, & me donna tout le temps néceffaire pour en faire la defcription.

En l'examinant, j'ai d'abord remarqué que cette trouffe étoit l'efpece qu'on nomme *tri-*

ticum ariſtis longioribus ſpicâ albâ ; ſa racine étoit chevelue, ainſi que dans toutes les eſpeces de bled, n'ayant que des fibres menues, filamenteuſes & peu conſidérables, eu égard à la quantité de tiges qui en ſortoient, & qui étoient tubuleuſes & d'un beau brin. Ces mêmes tiges, connues plus particuliérement ſous le nom de chalumeaux, avoient le port droit & étoient cylindriques, arondinacées & creuſes en dedans ; elles étoient parvenues à la hauteur de cinq pieds, & accompagnées de pluſieurs nœuds ou articulations, qui leur ſervoient de ſoutien, & auxquelles étoient attachées les feuilles de la plante. Je n'ai obſervé dans ces tiges aucune différence avec les autres tiges, qu'en ce qu'elles ſont plus groſſes & plus ſolides. Aux ſommités de chaque tige étoient placés les épis formés par pluſieurs balles, qui s'entr'ouvroient & laiſſoient voir les grains du bled ; chaque épi contenoit ſoixante grains, & la trouſſe, ainſi que je l'ai dit, cent dix-ſept tuyaux, ce qui fait en tout ſept mille vingt grains pour produit d'un ſeul.

J'avois toujours regardé comme une fable ce que le Chevalier Diſby racontoit d'une trouſſe d'orge que les Peres de la Doctrine Chrétienne de Paris conſervoient, & qui étoit compoſée de deux cents quarante-neuf tuyaux ou branches provenans d'un ſeul & même grain, aux épis deſquels on comptoit plus de dix-huit cents grains ; mais depuis ce moment, je n'en ai plus eu aucun doute.

On parvient par l'art à faire trouſſer & multiplier les tiges de bled : j'y ai très-bien réuſſi, en préparant mon bled avant de le ſemer, & en le paſſant par une leſſive.

D iv

Voici comme je m'y prenois : j'achetois, dans le temps de la femaille, trois livres de falpêtre, une livre d'alun, une demi-livre de vitriol, trois onces de verd-de-gris ; je jettois le tout dans trois feaux d'eau, & je le faifois bouillir jufqu'à diffolution & réduction aux trois quarts ; je mettois en même temps dans un grand cuveau environ un boiffeau de chaux vive ; je jettois pardeffus fept ou huit feaux d'eau, pour faire fondre la chaux ; quand la préparation étoit cuite & la chaux fondue, je mêlois le tout enfemble, & j'y ajoutois cinq ou fix livres de bonnes cendres, qui n'avoient point encore fervi ; je laiffois refroidir ma leffive ; enfuite j'y mettois environ trois cents livres de bled bien criblé, vanné, hautonné, & le plus beau que je pouvois avoir. J'obfervois fur-tout qu'il y eût dans le cuveau de l'eau en fuffifance, au moins à la hauteur de trois ou quatre pouces au-deffus du bled ; je remuois bien mon bled dans cette eau ; les mauvais grains furnageoient, je les enlévois avec une écumoire. Au bout de fix heures, je retirois mon bled de la leffive ; je le laiffois à demi fécher, & je le femois ; il s'en trouvoit affez pour enfemencer trois arpens. Je me fervois encore au même ufage de la même leffive, en y ajoutant de la nouvelle eau : par cette préparation, je garantiffois mon bled des maladies auxquelles il eft fujet ; j'en écartois tous les infectes, & j'étois fûr d'en avoir en quantité, & de très-beau ; mes voifins en étoient même jaloux.

Dans la Maifon de Notre-Dame de Charité, Diocefe de Meaux, & à Paris dans le Fauxbourg Saint-Antoine, on a femé confécu-

tivement pendant neuf ans, dans un petit terrein sablonneux de 46 toises, sans aucun engrais, du bled qu'on avoit préparé en le trem-
pant dans quelque liqueur végétale ; & on re-
tiroit de sept ou huit livres de semences environ sépt ou huit setiers. Vous avez dû entendre
parler, Monsieur, de cet essai.

M. Bagard, Médecin de Nancy, Membre
de l'Académie de cette Ville, a présenté, dans
une Séance de cette Académie, une trousse de
bled presque aussi considérable que celle que
j'ai vue en Languedoc. M. Dodart dit aussi,
dans les Mémoires de l'Académie Royale des
Sciences de Paris, avoir vu des trousses de
bled de soixante & même de cent épis. J'ai
cru long-temps, dit ce fameux Botaniste, qu'un
grain de froment ne pouvoit pousser qu'un
tuyau ; mais j'ai été témoin du contraire dans
deux trousses qu'on m'a remises, & qu'on m'a
assuré n'être parvenues à ce point que pour avoir
trempé la graine avant de la semer dans une liqueur végétative. Si la préparation, continue
cet Académicien, est la cause d'une pareille
végétation, il y a apparence que cette humec-
tation de la graine, par le moyen de la liqueur
végétale, ouvre les conduits du germe qui y
est contenu, & les rend plus propres à recevoir les sucs nécessaires pour le développer
dans sa plus grande force.

Je finis, Mr., cette Lettre, qui n'est peut-être
déja que trop longue, en vous exposant mon
avis sur la multiplication des épis. Cette multiplication est, selon moi, le développement
des germes du bled concentrés, pliés, enveloppés dans le grain. Dans le germe d'un

grain de froment, outre le principal tuyau qui doit croître l'année qu'on le seme, il y en a d'autres collatéraux qui sont renfermés, & qui sortiroient aussi, s'ils trouvoient quelqu'agent assez puissant pour les faire développer. Je dis plus (qu'on prenne mon sentiment pour un paradoxe, soit); je pense que le tuyau principal qui renferme une grande & réelle postérité, peut être ouvert par le même principe de germination, & produira dès la même année ce qu'il réservoit pour les années suivantes. Ainsi, toute la multiplication du bled ne tend qu'à obtenir, par une voie philosophique, la récolte qu'on n'auroit par l'agriculture ordinaire qu'en trois ou quatre années. C'est une espece de superfétation, par laquelle un grain de bled conçoit & porte divers fœtus, qui, dans l'ordre commun de la nature, ne devroient naître que successivement & dans des années différentes. La nature fait quelquefois d'elle-même ces développemens précipités & ces superfétations, qui font des monstres dans la famille des végétaux.

Je suis, &c.

Paris, ce 13 Septembre 1768.

LETTRE VI.

Sur le Traitement de la Pulmonie par la Fumigation Végétale.

JE vous ai fait part, Monsieur, depuis peu, d'une observation qui a paru mériter votre attention. Il s'agissoit d'une méthode pour guérir la pulmonie par la fumigation humide des végétaux ; je vous ai rapporté l'histoire d'un jeune homme phthisique, que j'ai guéri par cette méthode ; mais je ne vous ai pas caché dans le temps que je ne prétendois pas être l'Inventeur de cette découverte ; je n'ai travaillé qu'à la perfectionner ; j'en ai laissé totalement l'honneur à M. Muzel, Professeur du College Médico-Chirurgique, & Médecin de la Société de Berlin ; & M. Muzel lui-même n'a fait que renouveller ce que Méad & Arden avoient déja proposé. Ce dernier s'est servi avec succès, & même plusieurs fois, d'une machine à-peu-près pareille à celle dont je vous ai donné la description dans ma troisieme lettre, pour les exulcérations de la gorge & du palais. Il est même surprenant qu'une ressource aussi heureuse que celle que je vous ai, Monsieur, proposée dans une maladie désespérée comme la pulmonie, ait été négligée jusqu'à nos jours, quoiqu'on l'eût connue depuis plus d'un siecle. Si je n'ai pas l'avantage de l'invention pour cette méthode, du moins pourrai-je me flatter de l'avoir remife en crédit dans le Royaume : tout m'y a engagé ; l'expérience que j'en ai, la phyfique la plus faine qui m'en démontre l'efficacité , les obfervations que nous trouvons fur la bonté de cette méthode dans les Ecrits de M. Muzel, les effais qui en ont été faits par M. Boënnecken , font autant de preuves qui femblent fe réunir en faveur de la fumigation humide des végétaux. Mon zele pour le bien de l'humanité , ne me permet pas de me taire dans de pareilles circonftances. Le devoir que je me fuis impofé de porter du fecours à mes femblables dans leurs maladies , & même dans celles qui font les plus défefpérées , eft un motif de plus qui m'oblige à faire connoître, avec toute la publicité poffible , une découverte auffi falutaire au genre humain.

Ce n'eft plus, Monfieur, de mes-obfervations dont je vous entretiendrai dans cette Lettre ; ce font celles de M. Muzel même enfin celles de M. Boënnecken que je vous préfenterai ; vous verrez, par leur lecture, que la mienne n'eft que la confirmation de celles qu'ont donné ces illuftres Médecins.

Je fus appellé, dit M. Muzel, auprès d'un malade, qui étoit attaqué d'une vomique à la fuite d'une péripneumonie ; je connus cette maladie dès l'inftant que je vis le malade; tous les fymptômes en étoient caractérifés : il y avoit donc, pour indication à remplir , de faire percer cette vomique , & de déterminer le cours de la matiere purulente vers la partie fupérieure, c'eft-à dire, vers le canal qui conduit à la bouche. Pour faire percer cette vomique ou veffie, il falloit des expectorans, des

émolliens & des relâchans ; auffi ai-je prefcrit
à mon malade des décoctions pectorales &
émollientes ; je les lui faifois prendre auffi
chaudes qu'il le-pouvoit. Cette chaleur n'étoit
pas pour lors moins efficace pour amollir les
parois de la vomique , que les vertus mêmes
des médicamens. J'obtins de ces remedes l'effet
que j'en attendois ; la vomique perça ; & par le
moyen de l'oximel fcillitique que je fis prendre à mon malade , il rendit par la bouche la
matiere purulente qui y étoit contenue, & même
en affez grande quantité. L'odeur de cette matiere étoit fi fétide, qu'à peine le malade & moi
pouvions-nous la fupporter : mais mon malade
ne fut pas guéri pour cela ; il ne pouvoit prendre aucune nourriture ; il fe plaignoit à tout
moment d'une puanteur à la bouche ; il avoit
une fievre lente, qui ne le quittoit point, &
à tout moment, il effuyoit des fueurs colliqua-
tives ; il étoit comme réduit à la derniere extrémité. Dans ces circonftances embarraffantes,
continue M. Muzel, j'eus recours à un expédient, dont par la fuite j'eus tout lieu d'être
content. J'étois comme perfuadé que l'ufage
ordinaire des remedes balfamiques , loin de
foulager mon malade, ne feroient qu'agiter fon
fang, y occafionner de l'efferveſcence, & de-
vancer par-là le moment de fa mort. J'étois
d'ailleurs imbu , avec tous les Praticiens, du
principe, que pour qu'un remede puiffe déterger une plaie, il faut qu'il foit appliqué immédiatement fur la partie fouffrante : mais comment y parvenir dans la phthifie pulmonaire?
C'eft ce qui ne m'effraya point. Je fis faire une
efpece d'éolipyle (*vous êtes Phyficien, Monfieur , vous devez connoître cette machine*) ; je

la fis remplir d'une décoction pectorale, à laquelle j'ajoutai une demi-once d'huile de térébenthine ; je fis placer cette éolipyle dans de l'eau chaude ; il en fortoit des exhalaifons vaporeufes, que je faifois recevoir par la bouche de mon malade, lui recommandant de bien boucher en même temps fes narines. Je lui faifois réitérer cette manœuvre quatre fois par jour. Dès le jour qu'il refpira cet air vaporeux & pectoral, la putridité de fa bouche fe diffipa ; le pus qu'il cracha changea de couleur, & devint, comme l'on dit en termes de l'Art, louable ; fon appétit ne fut pas long-temps à fe rétablir. Enfin, au bout de fix femaines, la toux ceffa, & il fut, dit M. Muzel, parfaitement guéri.

Après une pareille obfervation, pouvez-vous douter un inftant, Monfieur, de l'efficacité de la méthode que je vous ai propofée ? Quel autre remede auroit pu produire un femblable effet ? Il n'y a, dans toute la Matiere Médicale, je ne crains pas d'avancer ce fait, je n'ai pas même peur d'être démenti ; il n'y a, dis je, que la fimple fumigation humide, qui pouvoit être capable, non de guérir ce malade, ce qu'elle a néanmoins fait au rapport de M. Muzel, mais feulement de le foulager.

L'obfervation de M. Boënnecken fur cette méthode, n'eft pas moins intéreffante que celle de M. Muzel : l'une fervira de preuve à l'autre ; & toutes deux réunies enfemble, jointes auffi à ma propre obfervation, ne feront que démontrer l'efficacité de la méthode que je vous ai indiquée dans ma troifieme lettre.

Un Particulier, c'eft M. Boënnecken qui parle, âgé d'environ 25 à 30 ans, d'un tempé-

rament sanguin & bilieux, d'une constitution
assez délicate, enclin à la colere, débauché &
grand buveur, faisant souvent de violens exercices, tomba malade en 1757 d'une grande
fluxion de poitrine ; sa fievre étoit forte ; les
douleurs dans son côté droit étoient vives, sa
respiration difficile & accompagnée d'une toux
seche (*il étoit déja attaqué depuis deux ans de
ces derniers symptômes*). J'employai, dit cet
Observateur, pour la cure de cette maladie,
les remedes convenables ; mais elle ne disparut
que pour laisser le champ à une autre, qui, pour
être longue, n'en étoit pas moins dangereuse.
Il commença pour lors à cracher une matiere
épaisse & purulente, d'un jaune verdâtre, très-
fétide, & qui, en peu de jours, ne contribua
pas peu à l'affoiblir ; son pouls devint petit &
fréquent ; l'appétit, le sommeil se perdirent ;
la chaleur augmenta ; les sueurs nocturnes se
mirent de la partie ; en un mot, tous les signes
d'une fievre hétique, occasionnée par une exulcération de poumons, se manifesterent. Le
malade étoit dans un état désespéré ; rien n'é-
toit capable d'adoucir sa toux, ni de diminuer
ses crachats ; il risquoit à chaque instant d'être
suffoqué. M. Boënnecken voyant son malade
dans cet état, eut recours à la méthode de M.
Muzel ; il fit construire une machine conique
de fer blanc, semblable à celle dont je vous
ai donné la description, excepté que cette
machine n'étoit pourvue ni d'ajustoir, ni d'anses, comme dans la mienne ; il la fit remplir
jusqu'au tiers d'une décoction de racines de
guimauve, de réglisse, de feuilles de scabieuse,
de véronique, d'aigremoine, de pulmonaire
& de fleurs de marguerite, de chacune un demi-

gros : il fit bouillir le tout dans une suffisante quantité d'eau de fontaine ; il ajouta à la colature douze gros d'huile de térébenthine, & un scrupule de baume pectoral de Mirbom ; il fit mettre cette décoction toute chaude dans la machine ; le malade appliqua, par l'ordonnance du Médecin, ses levres à l'embouchure de cette machine ; il boucha ses narines, & ne respira, pendant une demi-heure au moins chaque fois, que l'air imprégné de particules balsamiques & adoucissantes qui s'en élevoient. Il réitéra cette opération de quatre en quatre heures, observant d'ailleurs un régime convenable. Par un usage réitéré de cette fumigation, la toux du malade cessa, ses crachats purulens diminuerent, la fievre le quitta ; & il recouvra une santé si parfaite, que loin d'avoir aucun ressentiment de sa maladie, il fut en état de supporter toutes sortes de fatigues sans en être incommodé.

De ces deux Observations, vous devez nécessairement conclure, Monsieur, que la fumigation humide des végétaux est d'un grand secours dans l'exulcération des poumons ; que ce remede est d'autant moins à négliger dans cette maladie, que la nature ne nous en offre point d'autre, & qu'on ne peut assez s'empresser d'y avoir recours : mais il faut pour lors des précautions ; il faut garder un régime, il faut s'interdire tout aliment qui échauffe ; il faut éviter toute sorte de passions ; en un mot, il faut suivre à la lettre ce que j'ai prescrit dans une de mes précédentes.

Je suis, &c.

Paris, ce 20 Septembre 1768.

LETTRE VII.

Sur le Bois de Quaſſi.

JE me propoſe, Monſieur, de vous entretenir dans cette Lettre, d'un bois infiniment plus précieux que le quinquina : il en a toutes les vertus ſans en avoir les défauts. Il eſt à craindre pour cette écorce du Pérou, qu'elle ne perde beaucoup de ſon crédit, lorſqu'on reconnoîtra en Europe les avantages qu'on peut retirer en Médecine du bois dont il eſt ici queſtion. Il nous vient d'un arbre qui croît dans les forêts de Surinam, où il eſt fort commun, & qui a été tranſporté en Europe chez un petit nombre de Curieux qui n'en connoiſſoient pas la vertu : on le trouve rarement ailleurs. C'eſt à M. d'Algberg, Conſeiller de Police & de Juſtice dans ce pays, que nous ſommes redevables en Europe de la connoiſſance des propriétés de ce bois divin. Surinam eſt, comme vous ſavez, Monſieur, une Province d'Amérique ſituée au 60ᵉ degré de latitude vers le ſeptentrion. Elle eſt ſoumiſe à la domination des Hollandois, qui y ont établi une Colonie : elle abonde en toutes ſortes de productions ; on y recueille ſur-tout du ſucre, du café, du coton, du tabac, de la gomme, du bois de teinture, & elle eſt dans une des plus jolies ſituations de l'Amérique : mais en revanche elle eſt très-pernicieuſe à la ſanté ; la grande chaleur qui y regne, répand

dans l'air une espece de putréfaction, dont les miasmes pestilentiels s'insinuent facilement au travers des pores ouverts du corps humain, & y allument des fievres d'autant plus à craindre, qu'elles sont plus inflammatoires : c'est ce que rapportent unanimement tous ceux qui ont voyagé dans ces cantons. Des différentes personnes qui vont à Surinam, à peine s'en trouvet-il la troisieme partie exempte de maladie ; le plus grand nombre même en périt ; &, malgré les précautions que les habitans ont eues de couper une partie des forêts pour donner un libre cours à l'air, & de former une infinité de canaux pour procurer plus facilement l'écoulement des eaux, ils n'ont pu encore, jusqu'à présent, se garantir des furieuses maladies épidémiques, qui, comme ces faulx tranchantes, sappent journellement le fil de leurs jours, & répandent sans cesse la désolation dans le plus beau pays de l'univers. On ignoreroit peut être encore à présent les moyens qu'on pourroit employer pour opposer une digue aux ravages de ces horribles maladies, sans un esclave Negre nommé *Quassi*, qui a découvert un remede dont il s'est servi plusieurs fois avec succès pour guérir les fievres malignes de ses camarades. Il s'étoit acquis à Surinam une telle réputation par une découverte aussi salutaire, que ses Maîtres étoient même obligés d'avoir recours à lui, & d'implorer ses lumieres, malgré son état d'esclave. Quassi cacha pendant longtemps ce remede ; il en fit un secret. Nous n'en aurions encore actuellement aucune connoissance, si M. d'Algberg n'eût pas su gagner l'amitié de cet esclave par les bons traittemens & les caresses qu'il lui fit. Il parvint à avoir de lui non-seulement son secret ; mais Quaffi s'empreffa encore au-pardelà de lui montrer l'arbre de la racine duquel il se servoit pour son remede. Ce généreux M. d'Algberg, si ami de l'humanité, communiqua à M. de Linnée une branche de cet arbre en fleurs, & des fruits avec les feuilles. C'eft d'après ces branches & ces fruits, mis en parallele avec un certain arbre qu'on cultivoit, depuis quelque temps, à Upfal, & qu'on n'y connoiffoit pas, que M. de Linnée fit la defcription de l'arbre de Surinam. Il lui a donné le nom de *quaffia amara. Sp. plant.* 2. *pag.* 553, du nom de l'efclave qui le premier en a démontré les propriétés. L'arbre inconnu du Jardin d'Upfal eft, fuivant M. de Linnée, le véritable quaffi de Surinam. Vous ne ferez pas fâché, Monfieur, fi je vous rapporte dans cette Lettre la defcription que M. de Linnée nous en a donnée. Je l'ai extraite d'une Thefe qui a été foutenue fous fa préfidence, en 1763, par M. Charles Blom, dans la Faculté de Médecine d'Upfal.

Les fleurs du quaffi, dit M. de Linnée, font difpofées en grappes à l'extrémité des branches, & ont le port & le volume des fleurs de la fraxinelle. Le calice eft très-court, formé de cinq pieces ovales qui fubfiftent après les pétales. Il y a cinq pétales égaux, alongés, écartés les uns des autres, accompagnés d'un nectaire qui confifte en cinq écailles ovales, velues, implantées à la bafe des filets des étamines. Ces filets, au nombre de dix, font égaux, très-menus, auffi longs que les pétales, & furmontés de fommets oblongs qui ont une pofition à-peu près horifontale. Cinq embryons, de forme ovale, qui ne font que des filets, & qui égalent

la longueur des pétales, font joints enfemble
fur un placenta charnu & orbiculaire. Il leur
fuccede cinq fruits de forme ovale, obtus,
écartés les uns des autres, & placés vers les
bords du placenta, où ils s'inferent ; ils font
féparés intérieurement en deux loges, dont chacune renferme une femence unique & à-peu-
près ronde. La tige de l'arbre eft cylindrique
& cendrée ; elle produit peu de branches &
de rameaux ; les jeunes pouffes ont l'écorce
verte, & très-légérement pointillée de blanc ;
les feuilles font alternes, compofées de trois
ou quatre rangs de folioles rarement bien op-
pofées : ces folioles n'ont point de pétales, &
font attachées fur un long filet commun, lequel eft bordé d'une feuille membraneufe affez
large, & fe termine par une pointe fine &
molle : la forme de chaque foliole eft une
ovale alongée, très-entiere, liffe, terminée
en pointe, marquée de quelques veines ou
fibres longues comme le doigt, larges d'environ
deux pouces, d'un verd gai. Avant fon développement, elle eft pliée en deux, en forte que
les côtés font paralleles : ces folioles fubfiftent
fouvent jufqu'à la fin de l'automne. M. de
Linnée a obfervé que dans les ferres il fe forme
prefque toujours fur ces folioles des infectes
femblables à ces efpeces de galles nommées
punaifes, qui affectent les feuilles des orangers
& de quelques autres arbres de ferre. La racine
du quaffi eft groffe comme le bras, & blanchâtre en dedans ; mais elle jaunit à l'air. On
y trouve intérieurement de l'aubier fans bois,
& de la moëlle qu'on ne peut féparer d'enfemble. Son écorce eft fine, groffe, raboteufe,
& comme gercée en quelques endroits.

Par la description que je viens de donner, il est clair que le quassi n'appartient pas au genre du *Sapindus*, comme quelques uns ont pensé, ni à celui du *Zigophyllum*, ainsi que M. Rolander l'avoit voulu insinuer.

Le bois de quassi, ou plutôt sa racine, qui est la seule partie en usage de cet arbre, n'a point d'odeur : mais il est très - amer ; aucun médicament n'en approche par l'amertume : cependant il n'est pas styptique, qualité qu'on reproche à juste raison au quinquina, Essayez, Monsieur, de mettre sur votre langue la moindre larme de ce bois ; quand même elle ne seroit pas plus épaisse qu'une feuille de papier, & pas plus grande qu'une semence de melon, aussi-tôt vous vous appercevrez dans la bouche d'une amertume si grande, qu'à peine pourrez-vous vous-même en imaginer une pareille. Elle n'est pas de ces amertumes qui passent à l'instant ; elle dure très-long-temps : on diroit même qu'elle pénetre au travers de la propre substance de la langue. La simple infusion du quassi fait le même effet. Mettez seulement un scrupule de sa poudre dans une livre d'eau chaude, vous lui communiquerez par-là une telle amertume, que vous en serez même étonné. Cependant la saveur amere de ce bois n'est pas désagréable. Otez-le de la bouche, il vous y reste un petit goût qui flatte. Quand vous voudrez prescrire tout ce qu'il y a en même temps de plus amer & de plus agréable, ordonnez le bois de quassi. Ce bois, si on en juge par sa saveur, doit être balsamique ; car on appelle balsamique tout ce qui peut par son amertume résister aux acides & à la putréfaction, les deux principaux destructeurs des végétaux & des animaux. Sans contredit le bois du quaſſi eſt de cette claſſe, & même le premier. Quand je vous dis, Monſieur, que les amers réſiſtent à l'acide & à la putréfaction, je n'avance rien que je ne ſois en état de prouver, & même par l'expérience quotidienne. Ne met on pas ordinairement pendant l'été de l'abſynthe dans la biere pour la garantir de l'acide? Pourquoi fait-on auſſi cuire du houblon avec la biere, ſi ce n'eſt pour la conſerver plus long-temps, & pour empêcher qu'elle ne s'aigriſſe? Quand un vin commence à tourner à l'aigre, les Marchands de vin ont grand ſoin de le rétablir par les amers; ils le vendent même pour lors comme ſtomachique. Ce que je dis de la vertu des amers ſur les acides n'eſt pas moins réel, quant à la putréfaction des corps. Quand on veut conſerver la chair des animaux, & la garantir de la putréfaction, qu'y a-t-il de meilleur que de l'envelopper de ſcordium? On conſerve, pendant pluſieurs ſiecles, des cadavres ſains & entiers, en les ſaupoudrant de myrrhe & d'aloès; auſſi la myrrhe & l'aloès ſont ſans contredit très-amers. Le quaſſi, qui eſt amer au premier degré, eſt encore balſamique : mais, s'il eſt balſamique, il eſt amer par la même raiſon, ainſi que les autres amers, tonique & ſtomachique. On peut donc l'employer dans tous les cas où les amers conviennent : auſſi s'en ſert-on dans l'Amérique pour les ſievres intermittentes, continues, malignes & putrides.

La Phyſiologie diſtingue dans le ſang deux ſortes de ſubſtances, la rouge & la ſéreuſe : la rouge tend à la putréfaction, & la ſéreuſe à l'acide. Quand cette derniere eſt viciée, elle devient donc acide, & à un tel point, qu'elle ſe manifeſte même à l'extérieur, comme vous pouvez le remarquer dans les fievres tierces & intermittentes. Ceux qui ſont attaqués de ces maladies, ont les humeurs acides ; leur ſueur répand même une telle odeur, que pour peu qu'on ſoit verſé dans la Médecine-Pratique, on ne peut ſe tromper ſur les caracteres de leurs maladies. C'eſt par les amers qu'on enleve cette acidité ; auſſi ordonne-t-on comme ſpécifique dans ces cas le quinquina, à cauſe de ſon amertume. On ſe ſervoit anciennement, avant cette découverte, pour la même fin, de la gentiane, de la petite centaurée, de la camomille, de la feve Saint-Ignace, &c. Les amers ne conviennent pas moins dans les fievres continues, qui ſont, à ſtrictement parler, de vraies fievres intermittentes ; elles ont de même leurs paroxiſmes : mais ces paroxiſmes ſe ſuccedent tellement les uns aux autres, qu'à peine un eſt-il paſſé, qu'un autre recommence. On a remarqué que dans la plupart de ces fievres, le quinquina n'y étoit pas d'une grande efficacité ; que ſouvent même il pouvoit y devenir nuiſible, ſur tout lorſque l'inflammation ſe mettoit de la partie. Il n'en eſt pas de même du quaſſi ; il réuſſit toujours à merveille dans ces cas. Des gens dignes de foi ont été témoins mille & mille fois à Surinam de ſes vertus dans toutes les fievres inflammatoires, putrides, malignes & autres de pareille nature. On auroit bien de la peine, au dire des gens de ce pays, de trouver un remede capable de remplacer le bois de quaſſi.

Quand vous conſeillerez le quaſſi, vous pourrez, Monſieur, l'ordonner ſous différentes formules, ou en poudre, ou en pilules, ou en électuaire. Notre Esclave Negre rapoit cette racine, & la mettoit en digestion, pendant un ou deux jours, dans de l'eau-de-vie de France, & en un lieu tiede ; puis il décantoit & filtroit la teinture qui en résultoit, & il la donnoit seule au malade. Cependant, je pense, avec M. de Linnée, qu'il seroit plus à propos de la donner en infusion. Voici, Monsieur, comme je la prescrirois.

Je ferois infuser, pendant une petite heure, dans une livre d'eau de fontaine bouillante, un gros de cette racine rapée, & je ferois prendre au malade une once de cette infusion, de deux en deux heures. Rien n'empêche qu'on ne puisse porter la dose jusqu'à deux, trois ou quatre onces : on n'a rien à risquer de ce remede, qui n'est ni caustique, ni corrosif, ni même styptique ; il n'est nullement dangereux, & est très-analogue à la substance de votre corps : on pourroit, au lieu d'eau, la faire infuser dans du vin.

Le quassi ne convient pas seulement dans les fievres ; il peut encore être très-utile dans d'autres maladies, qui reconnoissent aussi pour cause l'acide, telle que l'hypocondrie, les fleurs blanches des femmes, la goutte, & même le sphacele.

Avant de finir cette Lettre, je vous ferai part, Monsieur, de trois observations qui constatent les bons effets du quassi. Un vieillard, âgé de 80 ans, dit M. de Linnée dans la These de M. Blom, s'étant exposé, après avoir eu bien chaud, à un air froid, fut tout-à-coup saisi d'une grande fievre qui ne lui laissoit aucun relâche, tant les paroxismes se succédoient les

uns

uns aux autres. On appella le Médecin : l'indication étoit de lui faire prendre l'ipécacuanha, ou quelque émétique ; mais son grand âge & sa foiblesse étoient une contre-indication. Il ne put aussi lui faire prendre le quinquina, tant le malade avoit d'aversion pour ce remede. Il se détermina pour lors à lui prescrire de l'infusion de quassi à toutes les heures du jour. Le malade n'en eut pas plutôt fait usage, que dès le lendemain la fievre disparut.

Un homme sujet à la goutte, dit aussi M. de Linnée, & âgé de 60 ans, fut attaqué tout-à-coup d'un asthme méthastatique occasionné par une goutte remontée. Il ressentoit de vives douleurs dans la région de la poitrine & du bas-ventre : son asthme étoit si violent, qu'on croyoit à tout moment que le malade expiroit. On appella le Médecin ; il lui ordonna l'infusion de la racine de quassi. Ce malade fut soulagé quelques heures après en avoir pris ; le paroxisme de l'asthme cessa, & les douleurs de la poitrine & du bas-ventre diminuerent de beaucoup.

Une femme, âgée de 30 ans, étoit attaquée depuis quelques jours d'une colique violente. Elle fit appeller un Médecin : on employa les lavemens, & autres remedes indiqués dans ces cas. Rien ne calmoit ; les urines de la malade étoient crûes : on lui ordonna même du quinquina, & en substance, & en infusion, & toujours sans succès. Enfin, on lui donna l'infusion de quassi. Ce remede fut le seul qui opéra. La malade en prit une livre le premier jour : en peu de temps le calme succéda aux douleurs violentes.

Vous pouvez conclure, Monsieur, par ces observations, de quelle utilité seroit le bois de quassi dans la Médecine. Quelle ressource les Médecins ne trouveroient-ils pas dans un bois auffi efficace ! Il feroit à defirer qu'on pût trouver de ce bois dans nos Pharmacies. Je vous invite, Monfieur, d'en faire venir. Vous trouverez la figure de l'arbre d'où l'on tire ce bois gravée dans ma collection de *Plantes nouvellement découvertes, récemment dénommées & claffées, repréfentées en gravure, avec leur defcription, Planche XVIII.*

LETTRE VIII.

Sur le Lin de Sibérie.

JE vous ai, Monfieur, entretenu précédemment du bled de Smyrne, & vous ai fait voir l'avantage qu'il y auroit à cultiver ce bled par l'abondance qu'il répandroit dans le pays. Je vais aujourd'hui vous faire connoître une plante qui, pour le moins, eft auffi intéreffante. Le linge, la principale partie de nos habillemens, eft pour nous d'une utilité premiere, ainfi que nos alimens ; nous ne pouvons nous en paffer fans nous trouver expofés à toutes fortes d'incommodités : auffi dans les campagnes en eft-on fi perfuadé, que les Villageois ne négligent rien pour la culture des plantes qui peuvent fervir à en faire. Celle dont il va être ici queftion eft de ce genre : elle eft de la famille des lins ; mais elle eft infiniment fupérieure à tous les lins que nous connoiffons : elle nous vient de Sibérie, où elle a été découverte tout récemment, & eft vivace. Il n'eft pas néceffaire

de la femer annuellement, ni de cultiver chaque année la terre pour la faire reproduire de
nouveau par graines : dès qu'elle eft une fois
levée, elle n'exige prefque aucun foin ; un
fimple farclage lui fuffit. Elle réuffit très-bien
dans les terreins fablonneux , & ne demande
pas beaucoup de fumier : elle pouffe d'une feule
racine une infinité de jets, tous également propres à fournir de la matiere propre à la filaffe.
On en a compté depuis vingt jufqu'à trente
provenans d'un même pied.

Ce lin croît très-haut ; il ne s'en trouve
même parmi les autres lins aucun qui parvienne à fa hauteur ; les frimats de l'hiver
ne lui font pas préjudiciables. Ces nouveaux
rejets , qui reparoiffent après qu'on les a coupés dans le mois d'Août , fe confervent parfaitement bien pendant l'hiver : ils font auffi
verds fous la neige & la glace que dans les
beaux jours de l'été. Une plante qui eft fi avantageufe, ne mérite-t-elle pas toute l'attention
d'un Cultivateur ? M. le Chevalier de Linnée
a été le premier qui en a fait la découverte,
& qui nous en a donné la defcription dans fon
Hortus Upfalenfis. Il ne l'a pas plutôt fait connoître, que M. de Bielke , grand Cultivateur
de la Suede , & vrai amateur, en a introduit
la culture dans le Royaume, où cette plante
réuffit parfaitement bien. On a fait auffi l'effai
de fa culture dans le Hanovre, où elle eft auffi
bien venue que dans la Suede.

Pour cultiver cette plante, il faut commencer par choifir un terrein mêlé de fable, &
préparer enfuite la terre par deux bons labours ;
après quoi, on feme ce lin au mois d'Août à
la volée, en obfervant néanmoins d'employer

un tiers de femence de moins que fi l'on femoit du lin ordinaire : on paffe enfuite légérement la herfe fur la terre ; après quoi, on la retourne & on l'y repaffe de nouveau. Ce lin refte en terre environ trois femaines avant de lever. Lorf-qu'il commence à bien croître, il faut farcler les mauvaifes herbes qui pourroient l'étouffer, de même qu'on le fait pour le lin ordinaire. C'eft-là toute la façon qu'il exige jufqu'au temps de la maturité. Quand il eft bien mûr, ce qui fe reconnoît facilement par fa tige qui jaunit, & par fes feuilles qui commencent à tomber, on le coupe à la faulx, au lieu de l'arracher ; il repouffe du pied pour l'année fuivante. On réi-tere pour lors le farclage, qui eft de moitié moins difficile que celui de l'année d'auparavant, d'autant que le lin devient affez fort pour prédominer fur les autres plantes. Il n'exige point d'autre culture dans cette année & les fuivantes. Il faut fur-tout prendre garde que la terre où on l'a femé foit bien meuble, fans aucune motte ou gazon, qu'on caffera dans le cas qu'il s'y en trouve. Si la terre eft abfolu-ment feche & maigre, on pourra y mettre quel-que fumier, mais en petite quantité.

Pour vous faire mieux connoître l'avantage réel que nous procure la culture de cette plante, il fuffit, Monfieur, de vous en faire le paral-lele avec notre lin ordinaire, & vous vous ap-percevrez facilement de la différence. J'exa-minerai l'une & l'autre efpeces depuis leur naif-fance jufqu'à leur maturité.

Le lin annuel fe feme en deux mois, en Avril ou Mai. Celui de la premiere femence eft fouvent expofé à être gâté pendant le mois de Mai : il ne refte que quinze jours en terre avant de lever. Celui de Sibérie peut se semer dès la fin de Mars : il ne leve qu'au commencement de la huitieme semaine, & il n'y a rien à craindre pour lui des gelées printanieres. On n'a pas besoin pour en avoir d'en semer de nouveau, comme le lin annuel, qui peut être totalement gelé. La raison est visible ; c'est que le lin vivace vient d'un pays plus froid que le nôtre, & qu'il est conséquemment habitué aux frimats & aux intempéries de l'air.

Le lin annuel demande une bonne terre grasse bien fumée ; le lin vivace au contraire, vient dans une terre sablonneuse, presque sans fumier, & il ne faut pour le semer, ainsi que j'ai dit plus haut, qu'un tiers de semence de moins, que lorsqu'on seme le lin ordinaire. La racine du lin ordinaire est simple, ne donne qu'une seule tige, & meurt après la récolte. La racine du lin vivace a au contraire plusieurs branches, & produit toutes les années de nouveaux jets.

Lorsque la racine de ce lin commence à donner ses pousses, c'est un plaisir de voir croître cette plante : en peu de temps elle égale un petit buisson. Le lin de Sibérie demande d'être nettoyé de toutes les mauvaises herbes qui peuvent l'étouffer ; ce qui se fait par le sarclage : & en cela il ne differe pas du lin annuel, qui exige la même précaution ; mais cette culture se donne plus facilement à notre lin vivace qu'à l'annuel. Le lin vivace ne s'arrache pas aisément avec les mauvaises herbes, parce qu'il a les racines plus fortes & plus profondes. Il n'en est pas de même du lin annuel : en arrachant les mauvaises herbes, souvent on arrache la bonne plante. Quand le lin vivace est bien débarrassé de toutes sortes de mauvaises herbes dès la premiere année, on n'en trouve que très-peu à farcler les années fuivantes, tandis que pour le lin annuel, il faut commencer la culture fur nouveaux frais, depuis le temps de fa femence jufqu'à fa maturité.

La tige & les feuilles du lin vivace font d'un verd foncé. Celles du lin commun, dans un terrein fablonneux, font d'un verd clair, & dans un terrein gras, d'un verd plus foncé, mais moins néanmoins que celui de Sibérie. Quand la plante du lin commun eft vigoureufe, & qu'elle a des feuilles bien larges, on a tout lieu de s'attendre à une bonne récolte. C'eft le même indice dans le lin de Sibérie : il a de plus l'avantage de furpaffer en hauteur le plus haut lin d'un tiers.

La tige du lin vivace eft plus dure & plus ligneufe que celle du lin commun. Les branches qu'elle fournit font garnies de feuilles plus étroites & plus longues que celles du lin ordinaire ; elles font même pointues fur le devant. Le lin annuel & le lin vivace fleuriffent ordinairement dans la fixieme femaine, à compter du jour qu'ils commencent à lever : les fleurs de l'un & de l'autre ont le même caractere ; elles font infundibuliformes, compofées de cinq pétales larges, & cannelées à leur fommet : elles ont un calice divifé en cinq pieces cannelées, droites & aiguës, & elles renferment cinq étamines. Elles ne different entre elles que par l'odeur, la couleur & la grandeur de leurs pétales. On ne s'apperçoit dans le lin annuel d'aucune odeur : le lin de Sibérie a une odeur herbacée, approchante de celle du bluet. Pour finir notre parallele, le lin annuel mûrit dans la onzieme ou douzieme femaine. En mûrissant il perd ses feuilles, & ses capsules séminales deviennent d'un brun clair. On l'arrache pour lors avec sa racine, & on le travaille. Quand le lin de Sibérie est mûr, ses feuilles tombent aussi ; il change de couleur, & pour lors il est temps d'en faire la récolte : mais, au lieu de l'arracher, on le coupe simplement à sa racine ; il pousse bientôt après de nouveaux rejettons. Enfin la tige du lin vivace, ainsi que je l'ai déja observé, est plus dure, plus filandreuse que celle de notre lin ; elle est même plus longue : le fil qu'on en tire devient aussi blanc, aussi ferme que celui du lin commun ; on a même de cette plante une plus grande quantité de filasse.

Vous voyez, Monsieur, par le parallele suivi de l'un & de l'autre lin, quel avantage on retireroit pour l'économie champêtre de la culture du lin de Sibérie. On gagne les frais de culture & de semence ; on en retire beaucoup plus de matiere à faire du fil ; on ne craint pas la gelée ; on n'a presque pas besoin de fumier, & le terrein le plus sec & le plus aride peut, par le moyen de cette culture, devenir très-profitable. Vous avez dans vos terres tant de terreins sablonneux qui peuvent à peine donner du seigle, & en si petite quantité, que vous n'en recueillez pas, dans bien des années, pour la semence que vous y avez mise : faites venir de la graine de lin de Sibérie, semez-y en, & vous aurez une récolte abondante. Vous pouvez tirer cette graine de Cambridge, où elle se trouve abondamment. Miller nomme cette plante, dans son Dictionnaire d'Agriculture, *linum calycibus capsulisque obtusiusculis, foliis alternis, lanceolatis, integerrimis.* M. le Che-

E iv

valier de Linnée, dans son *Hort. Upsal.*, lui a donné le nom de *linum foliis alternis, integerrimis ; calycibus apice obtusis, capsulis muticis :* & dans son *Hort. Cliff.*, celui de *linum perenne, ramis foliisque alternis, lineari-lanceolatis.* Morison a dénommé ce lin *linum perenne, ramis foliisque alternis, lineari-lanceolatis :* & Ray l'a appellé *linum perenne, majus, cæruleum, capitulo majore.* Quand votre lin de Sibérie est coupé, & qu'il a été un peu de temps sur le terrein pour le faire sécher, on le ramasse par petites poignées ; on sépare la graine de la tige avec un peigne de fer qu'on nomme communément *gruge :* c'est pourquoi on appelle cette opération celle de *gruge* ou *gruger le lin.* Quand elle est faite, on ramasse la graine sur de gros draps pour la faire sécher ; on la bat ensuite, on la vanne, & on la met dans le lieu qu'on lui destine, ayant néanmoins soin de la remuer souvent, de peur qu'elle ne moisisse & qu'elle ne s'échauffe ; ce qui pourroit arriver, si elle n'étoit pas bien seche. Quant à la tige, on la fait de nouveau sécher au soleil, & quand elle est bien seche, on la met en bottes. On prend sur-tout bien garde de mettre toutes les parties supérieures des tiges d'un même côté, & les inférieures de l'autre : on transporte ainsi les tiges dans les endroits où on les veut faire rouir. Comme elles sont extrêmement seches, elles rouissent facilement : on les met dans l'eau pendant quelques jours ; on en choisit de la bien claire, & même de fontaine. Quand ces tiges sont assez rouies, on les en retire, & on les met en tas pendant trois jours, avec des planches pardessus, pour achever le rouissement : ensuite on les fait sécher, & on les prépare pour les mettre en filaffe comme le lin annuel ou le chanvre ordinaire. Le lin de Sibérie eft plus long-temps à rouir que notre lin ordinaire.

En plufieurs pays, au lieu de mettre dans l'eau les tiges de lin (*& je crois que c'eft la meilleure méthode*), on les étend fort clair fur des chaumes de feigle : les rofées & les pluies les rouiffent, & on les y laiffe pendant l'ardeur du foleil, de même que pendant la nuit, ayant au moins la précaution de les retourner de temps en temps.

Je vous obferverai, Monfieur, en parlant toujours de notre lin de Sibérie, que le fil & la toile qu'on en tirera feront moins fins que ceux de notre lin ordinaire, & c'eft-là le feul défavantage que je vois dans cette plante : mais ce n'eft pas la plus fine toile qui eft la plus néceffaire ; on ne la fabrique même que pour contenter le luxe des Grands : la toile moyenne eft la meilleure, la plus faine & la plus utile. Du moment que le lin de Sibérie peut nous en fournir de la pareille, ne devons-nous pas être bien contens, après avoir épargné comme nous faifons pour fa culture, & après en avoir tiré autant de matiere propre à fabriquer cette toile, que nous fournit cette plante ? D'ailleurs, que favons-nous fi en la cultivant en France, qui eft un pays plus chaud que fon lieu natal, nous ne pourrions pas parvenir à en tirer du lin auffi fin ? C'eft, Monfieur, un problême très-facile à réfoudre pour un Cultivateur & un Amateur comme vous.

LETTRE IX.

*Sur le plan d'une Pharmacie Champêtre,
végétale & indigene, à l'ufage des Pauvres & des gens de campagne.*

UNE pharmacie champêtre n'eft pas, Monfieur, fi difficile ni fi difpendieufe que vous
vous l'imaginez. Les plantes les plus communes
font fouvent les plus falutaires ; mais il faut
favoir les recueillir, & dans une faifon convenable. Je me propofe de vous donner à la fuite
de cette Lettre la lifte de toutes les plantes
ufuelles, & d'y joindre leurs propriétés ; & , dans
une Lettre fubféquente, je vous entretiendrai
de la maniere de les préparer pour pouvoir les
conferver. Pour obferver un ordre, je divi-
ferai cette Lettre en neuf paragraphes.
Dans le premier je ferai mention des racines
dont on fait ufage en Médecine ; le deuxieme
fera deftiné aux bois médicinaux ; dans le troifieme il fera queftion des écorces ; dans le quatrieme des feuilles ; dans le cinquieme des fommités & bourgeons ; dans le fixieme des fleurs ;
le feptieme comprendra les fruits & baies ; le
huitieme renfermera les femences, & le neuvieme traitera des excroiffances végétales &
gommes.

Je ne parlerai, Monfieur, que des plantes
indigenes ou de celles qui fe trouvent à chaque
inftant fous vos pas. Au moyen d'une pareille

pharmacie, vous pouvez vous difpenfer de recourir aux remedes exotiques & aux compofitions chymiques dans les maladies de vos Villageois : les plantes du pays font même plus analogues à leur tempérament, & fourniffent le
plus fouvent dans les maladies des reffources qu'à
peine pourroit-on trouver ailleurs, & malheu-
reufement on ne les néglige que trop. C'eft
pour vous en rappeller le goût, de même qu'à
tous ceux anxquels vous communiquez notre
correfpondance épiftolaire, que j'ai rédigé ce
Catalogue ; fi j'en avois formé un Traité particulier, je l'aurois dédié aux habitans de la
campagne, qui n'ont pas la facilité & le moyen
d'employer des médicamens étrangers ; & fi nous
étions au renouvellement de la belle faifon, au
lieu d'être en automne, comme nous fommes,
j'aurois pu intituler cette Brochure d'*Etrennes
du Printemps*. C'eft, Monfieur, à votre em-
preffement à foulager les pauvres, & au defir
que j'ai de pouvoir vous être utile dans vos œuvres bienfaifantes, que je me fuis rendu, en faifant paroître ce Catalogue dans un laps de temps
auffi court. Je l'aurois pu étendre davantage ;
mais, fi peu que vous puiffiez y réfléchir, vous
trouverez qu'il s'y trouve encore plus de plantes
qu'il n'en faut pour la guérifon des maladies
des gens de campagne.

Je fuis, &c.

Paris, ce 20 *Septembre* 1768.

E vj

CATALOGUE *des Plantes usuelles & indigenes, avec leurs propriétés.*

PARAGRAPHE PREMIER.

Des Racines.

1. Racine *d'Alaterne.* On l'emploie en décoction dans les Provinces méridionales pour guérir les maladies vénériennes.

2. Racine *d'Ancholie.* Cette racine, infusée dans du vin avec du beccabunga, du cochlearia & du cresson d'eau, est un excellent anti-scorbutique.

3. Racine *d'Angélique.* La décoction de cette racine est cordiale, & en même temps sudorifique.

4. Racine *d'Anthore.* Les habitans du Dauphiné se servent de cette racine pour faire mourir les vers & appaiser les tranchées des intestins.

5. Racine *d'Aristoloche clématite, menue, longue & ronde.* Ces racines sont emménagogues, diurétiques & anti-asthmatiques. Celles de l'aristoloche menue conviennent très-bien dans la goutte & les rhumatismes goutteux.

6. Racine *d'Arrête-Bœuf.* Cette racine est une des cinq racines apéritives.

7. Racine *d'Artichaux.* Sa décoction dans du vin est diurétique.

8. Racine *d'Arum.* Cette racine convient dans les pâles couleurs, la jaunisse & les embarras du foie & des autres visceres.

9. *Racine d'Asclepias*, ou *Dompte-Venin*. Cette racine passe pour alexitere, sudorifique, apéritive & hystérique.

10. *Racine d'Asperges*. C'est une des cinq racines apéritives.

11. *Racine d'Asarum*, ou *de Cabaret*. Cette racine est vomitive & fébrifuge.

12. *Racine d'Aunée*. On place cette racine parmi les béchiques, les diaphorétiques & les discussifs. Sa décoction est très-recommandée après l'usage intérieur du mercure, pour en éviter les suites dangereuses.

13. *Racine de Bardane*. Les Anciens la vantoient beaucoup contre les maladies vénériennes. Elle purifie la masse du sang.

14. *Racine de Belle-de-Nuit*. L'extrait aqueux de la racine de belle-de-nuit purge foiblement ; mais en joignant un tiers de son extrait à l'esprit-de-vin, il purge très-bien.

15. *Racine de Benoitte de montagnes & de Benoitte commune*. Sa décoction est très-bonne contre les fievres intermittentes ; c'est un excellent stomachique.

16. *Racine de Betoine officinale*. Elle fournit un purgatif qui n'est point à rejetter.

17. *Racine de Bistorte*. On prescrit sa décoction dans les flux & les pertes.

18. *Racine de Bryone*. La racine de cette plante en poudre est depuis sept grains jusqu'à quinze ; & sa décoction, depuis un gros jusqu'à trois, est purgative.

19. *Racine de Calamus Aromatique*. Cette racine mâchée est excellente contre les maux de dents. Elle corrige aussi l'haleine puante.

20. *Racine de Carline*. Elle est sudorifique, cordiale, apéritive, hystérique & vermifuge.

21. *Racine de Chardon à Foulon*. Cette ra-

cine pilée avec du miel en confiftance d'électuaire, paffe pour excellente contre la phthifie
même la plus défefpérée.

22. *Racine de Calcitrappe.* Cette racine entre
dans un remede fort vanté pour la colique néphrétique. Elle eft un excellent diurétique.

23. *Racine de Chervis.* On confeille cette
racine dans les crachemens & piffemens de fang.
C'eft un très-bon fpécifique pour modérer une
trop grande falivation occafionnée par le mercure.

23 bis. *Racine de Chicorée.* On s'en fert pour
les tifanes rafraîchiffantes.

24. *Racine de Chiendent.* On ne fait aucune
tifane qu'elle n'y entre.

25. *Racine de Chrftiophoriane.* On peut s'en
fervir en guife de feton pour détourner les humeurs. Elle paffe pour très-purgative : on s'en
fert à l'extérieur contre la gale & la vermine.

26. *Racine de Clématite.* C'eft un purgatif ;
mais il a befoin de correctif.

27. *Racine de Concombre fauvage.* La racine
de cette plante en poudre, depuis quinze graius
jufqu'à un demi-gros, eft purgative.

28. *Racine de Cyclamen*, ou *Pain-de Pour-
ceau.* Cette racine entre dans l'onguent de
arthanita, qui purge, lorfqu'on en frotte le
bas-ventre. On prétend qu'elle eft bonne, appliquée extérieurement, pour fondre les tumeurs
fcrophuleufes.

29. *Racine de Cynogloffe.* La tifane faite avec
cette racine, eft très bonne dans le cours de
ventre, l'ardeur d'urine & la toux convulfive.

30. *Racine de Voronic.* Cette racine eft de
très-peu d'ufage. On s'en fert feulement pour
les grandes compofitions.

31. *Racine d'Ellebore blanc.* Cette racine pul-

vérifée eft un excellent fternutatoire ; on l'affocie avec du tabac, & on en fait ufage dans
les cas d'apoplexie imminente. Cette même
racine en poudre, depuis trois grains jufqu'à
fix, eft purgative.

32. *Racine d'Ellebore noir.* C'eft la bafe des
pilules toniques de M. Bacher. On s'en fert
plus communément en guife de feton.

33. *Racine de Fenouil.* C'eft une des cinq
grandes racines apéritives.

34. *Racine de Filipendule.* Les Auteurs attribuent à cette racine de grandes propriétés, fur-
tout pour la dyffenterie.

35. *Racine de Fougere mâle.* C'eft le plus
grand fecret des Empyriques parmi les médicamens vermifuges qu'ils débitent.

36. *Racine de Fraifier.* On la fait entrer dans
les tifanes rafraîchiffantes.

37. *Racine de Garance.* Cette racine convient
dans l'hydropifie & la jauniffe. On la prefcrit
fous la forme de tifane.

38. *Racine de Gaude.* Elle eft apéritive. On
s'en fert en décoction.

39. *Racine de Glayeul puant.* On la dit excellente pour la guérifon des écrouelles, pilée
& appliquée en cataplafme.

40. *Racine de grande Centaurée.* Elle eft très-
vantée contre les obftructions du foie : on la
regarde comme vulnéraire. On s'en fert avec
fuccès dans les crachemens de fang.

41. *Racine de grande Confoude.* On emploie
avec fuccès cette racine en tifane dans les diarrhées, la dyffenterie & le crachement de fang.

42. *Racine de grande Gentiane.* On fe fert
efficacement de cette racine pour guérir la fievre

intermittente. C'eſt en outre un excellent ſtomachique.

43. *Racine de grande Scrophulaire.* Cette racine eſt excellente contre les écrouelles & les
hémorrhoïdes, priſe tant intérieurement, qu'appliquée extérieurement.

44. *Racine de Guimauve.* Tout le monde ſait
l'utilité de cette plante dans les maladies de
poitrine.

45. *Racine d'Hélianthème,* ou *de Fleur-du-
Soleil.* Elle eſt vulnéraire, & a la même propriété que celle de la grande conſoude. Elle
arrête toute ſorte de flux, & principalement les
flux de ſang.

46. *Racine de l'Herbe à Paris.* M. de Linnée
indique cette racine comme propre à être ſubſti-
tuée à l'ipécacuanha ; mais il faut que la doſe
en ſoit double.

47. *Racine de Houblon.* On peut employer
la racine de cette plante en guiſe de ſalſepa-
reille, & dans le même cas.

48. *Racine d'Impératoire.* On ſe ſert de ſa
décoĉtion en gargariſme dans les affeĉtions
ſcorbutiques de la bouche Son principal uſage
eſt dans les maladies occaſionnées par le poiſon.

49. *Racine d'Iris-du-Pays,* Elle eſt miſe au
nombre des hydragogues. Il faut en corriger la
trop grande activité.

50. *Racine de Liveſche.* Elle eſt carminative,
alexitere & diaphorétique.

51. *Racine de Meum.* Cette racine, priſe en
ſubſtance, ou miſe en infuſion, convient dans
la ſuppreſſion menſtruelle, la rétention d'urine,
les coliques venteuſes & l'aſthme. Les habitans
des Alpes en prennent contre les fievres intermittentes.

52. *Racine de Mezeron*, ou *Bois - Gentil*. La décoction de cette racine passe chez les Anglois comme un remede très-efficace pour guérir les ardeurs anti-vénériennes.

53. *Racine de Nénuphar*. On prescrit une tisane avec cette racine dans tous les cas où il faut rafraîchir & humecter.

54. *Oignon de Colchique*. M. Storck donne la préparation d'un oximel avec cet oignon, qu'il dit souverain dans les hydropisies.

55. *Oignon de Lys*. On s'en sert extérieurement dans tous les cataplasmes maturatifs.

56. *Racine d'Œillet d'Inde*. La racine de cette plante convient dans les fievres continues vermineuses. Sa dose en poudre pour les adultes est depuis un scrupule jusqu'à un gros, & en infusion, de deux gros jusqu'à quatre, à prendre deux fois par jour.

57. *Racine d'Orcanette*. On emploie cette racine en Pharmacie pour donner à l'onguent-rose la belle couleur rouge que les roses ne sauroient lui donner.

58. *Racine d'Orme*. La décoction de racine d'orme convient dans toutes sortes de pertes de sang, sur-tout de celui qui s'échappe des vaisseaux du poumon & de la matrice.

59. *Oignon d'Orchide du pays*. On prépare avec cet oignon un remede très-adoucissant, propre à réprimer l'âcreté de la lymphe, & qui convient dans la phthisie & les dyssenteries bilieuses. On peut l'employer en guise de salep.

60. *Racine d'Ortie*. Elle est apéritive. On l'emploie avec succès dans les tisanes & les apozemes qu'on ordonne dans la gravelle & la rétention d'urine.

61. *Racine d'Oseille.* On s'en sert dans les tisanes rafraîchissantes.

62. *Racine d'Osmonde.* Le mucilage de cette racine est un excellent remede pour guérir les hernies des enfans. La partie moyenne ou blanche de cette même racine bouillie dans l'eau, passe pour être très-efficace pour les blessures, coupures & chûtes d'un lieu élevé.

63. *Racine de Passerage.* On applique cette racine pilée & mêlée avec du beurre sur les endroits où la goutte s'est fait sentir.

64. *Racine de Patience.* On emploie cette racine dans les tisanes pour purifier la masse du sang. Elle est sur-tout très recommandée parmi les remedes contre la dartre & la gratelle : elle entre dans l'*électuaire* anti vénérien de *Marquet.*

65. *Racine de Persil.* Sa décoction s'emploie efficacement dans la petite vérole & la rougeole pour en faciliter l'éruption.

66. *Racine de Persicaire amphibie.* Le sieur Chevreuse, Botaniste Lorrain, substituoit la racine de cette plante à celle de la salsepareille.

67. *Racine de Petasite.* Elle est sudorifique, résolutive & vulnéraire. Le Docteur Marquet vante beaucoup ses vertus anti-asthmatiques.

68. *Racine de Petit Houx.* Elle est mise au nombre des cinq racines apéritives.

69. *Racine de Pissenlit.* On se sert de sa décoction pour purifier le sang. M. Bouillet fils la recommande dans les maladies vénériennes.

70. *Racine de Polygala amer.* A Strasbourg & à Vienne on prescrit cette racine comme anti-phthisique.

71. *Racine de Pivoine mâle.* On a toujours attribué à cette racine une vertu anti-épileptique.

72. *Racine de Polypode de Chêne.* Elle est très-usitée dans les Pharmacopées magistrales; on la fait entrer dans les bouillons apéritifs: elle s'emploie avec succès dans la toux seche, l'asthme & le scorbut.

73. *Racine de Quintefeuille.* C'est un excellent anti-dyssentérique que M. Eloy, de Mons, emploie très-efficacement dans les fievres intermittentes.

74. *Racine de Raifort sauvage.* La décoction de cette racine est très bonne pour appaiser les douleurs vagues de rhumatisme.

75. *Racine de Reine-des-Prés.* C'est peut-être le meilleur remede que nous puissions avoir pour les hémorrhoïdes qui ne fluent point. On la prend en substance ou en décoction.

76. *Racine de Renoncule âcre des Prés.* On s'en sert pour faire des cauteres & des vésicatoires; mais cela est dangereux. On a coutume dans plusieurs pays d'en faire usage en épicape pour guérir la fievre.

77. *Racine de Rhapontic.* On peut substituer cette racine à la rhubarbe : elle fait le même effet, pourvu qu'on la prescrive à plus forte dose.

78. *Racine de Saponaire.* Les Anciens lui attribuoient une vertu anti-vénérienne. M. Tissot fait usage de cette racine contre les obstructions, l'asthme, la cachexie & les fleurs blanches.

79. *Racine de Saxifrage.* Sa décoction est apéritive, emménagogue, même anti-asthmatique.

80. *Racine de Sceau-de-Salomon.* L'infusion de cette racine dans du vin blanc prise intérieurement, est excellente contre les hernies.

On la pile encore, & on l'applique fur la partie affectée.

81. *Racine de Scorfonere.* On prefcrit la décoction de cette racine dans la petite vérole : on en fait prendre auffi aux nourrices aux-quelles il eft néceffaire de purifier le fang.

82. *Racine de Serpentaire.* Appliquée exté-rieurement, c'eft un très-bon remede pour les ulceres rebelles qu'on nomme malins : elle les nettoie & les déterge promptement.

83. *Racine de Tormentille.* Elle eft aftrin-gente, propre par conféquent pour arrêter le cours de ventre, les hémorrhagies & les fleurs blanches ; auffi l'emploie-t-on prefque toujours à cet ufage.

84. *Racine de Tuffilage.* Elle entre dans le fyrop compofé qui porte le nom de la plante. Ce fyrop eft un excellent béchique.

85 *Racine de Valeriane fauvage.* Perfonne ne difpute à cette plante fa vertu anti-épileptique.

86. *Racine de Violette.* M. le Chevalier de Linnée fubftitue la racine de violette à l'ipé-cacuanha ; elle produit le même effet.

87. *Racine d'Yeble.* Cette racine eft purga-tive ; fa fubftance intérieure eft aftringente. C'eft un excellent fpécifique contre les fleurs blanches.

§. I I.

Des Bois.

88. *Branches d'Alipe.* On prefcrit la décoc-tion de ces branches avec le plus grand fuccès dans les maladies vénériennes.

89. *Bois de Buis.* Plufieurs Auteurs attribuent

au bois de buis la même vertu qu'au gayac pour les maladies fusdites.

90. *Bois de Coudrier.* On croit que c'est de ce bois que se tire par la distillation, *per discensum*, *l'oleum heraclinum* de Ruland, qui est si vanté contre l'épilepsie & les vers.

91. *Tiges de Dulcamara.* M. Razout a découvert depuis peu un grand spécifique contre le scorbut, dans la décoction des tiges de cet arbuste.

92. *Bois de Frêne.* C'est le gayac des Allemands. Ils le recommandent dans les maladies vénériennes.

93. *Bois de Garou.* M. Archange Leroy a indiqué ce bois pour en faire un excellent cautere potentiel, par le moyen duquel on détourne les humeurs qui ont pu se fixer sur différentes parties du corps.

94. *Bois de Genievre.* Ce bois passe pour diurétique & sudorifique : on en ordonne l'infusion dans les maladies de la vessie. Plusieurs Auteurs lui attribuent les propriétés du gayac & du sassafras.

95. *Bois de Lentisque.* On prépare avec ce bois des cure-dents propres à raffermir les dents & à en empêcher l'ébranlement.

96 *Bois de Tamarisc.* On prétend que ce bois est aussi bon pour les maladies vénériennes que le gayac.

§. III.

Des Ecorces.

97. *Ecorce d'Aune.* L'écorce d'aune est astringente. Employée en gargarisme, elle convient dans les inflammations de la gorge.

98. *Ecorce de racine de Caprier.* C'est le plus puissant & le plus efficace diurétique que les Anciens aient jamais connu.

99. *Ecorce de Chêne.* Elle est astringente. On emploie sa décoction dans la dyssenterie, les crachemens de sang & les fleurs blanches.

100. *Ecorce de la racine d'Epine-Vinette.* On recommande dans la jauniffe l'écorce intérieure de cet arbriffeau macérée dans du vin blanc.

101. *Ecorce de Frangula*, autrement *Bourgene.* La seconde écorce de cet arbre, principalement celle de sa racine, est vomitive lorsqu'elle est récente, & purgative quand elle est feche.

102. *Ecorce de Frêne.* La décoction de cette écorce est très-bonne dans les fievres intermittentes.

103. *Ecorce de Grenade.* On nomme cette écorce *malicorium.* On l'emploie avec fuccès dans le cours de ventre, la dyssenterie & les pertes de fang.

104. *Ecorce de Grofeiller.* C'est un très-bon remede dans les hydropifies : elle pouffe par les urines.

105. *Ecorce de Marronnier d'Inde.* Cette

écorce peut très-bien remplacer le quinquina dans les fievres.   -

106. *Ecorce de Mûrier.* Certe écorce, mise en poudre & préparée sous la forme de bol avec du syrop d'absynthe, est fort bonne contre le ver solitaire. On la fait aussi entrer dans la poudre contre le mal de dents.

107. *Ecorce d'Orange.* Elle est très-vantée contre les vers prise en poudre ; & prise dans quelques liqueurs appropriées, elle appaise les tranchées des femmes en couche.

108. *Ecorce de Paliure.* Sa décoction est un remede très-bon pour les gonorrhées.

109. *Ecorce de Prunier épineux.* Çette écorce est fébrifuge.

110. *Ecorce de Putiet.* Cette écorce est un très-bon fébrifuge usité en Lorraine.

111. *Ecorce de Saule.* On a découvert dans l'écorce de cet arbre une excellente qualité fébrifuge.

112. *Ecorce de racine d'Esule.* Cette écorce purge violemment les sérosités par les selles; mais il faut en corriger préalablement la trop grande activité.

113. *Ecorce de Tilleul.* On recommande beaucoup cette écorce dans l'hydropisie.

114. *Ecorce moyenne d'Yeble.* Elle est apéritive, purgative & hydragogue.

§. IV.

Des Feuilles.

115. *Feuilles d'Ache.* On en prépare un onguent propre à faire passer le lait aux femmes.

116. *Feuilles d'Agripaulme.* Jean Ray donne comme spécifique dans la palpitation, les maladies de la rate & la paffion hyftérique, la décoction des feuilles d'agripaulme, & même de la plante entiere.

117. *Feuilles d'Aigremoine.* On fait avec ces feuilles un gargarifme très-vanté dans tous les maux de gorge & la fquinancie.

118. *Feuilles d'Alaterne.* Elles font aftringentes : on les emploie en gargarifme contre les maux de gorge.

119. *Feuilles d'Alcée.* On peut les fubftituer à celles de guimauve & de mauve : elles font béchiques.

120. *Feuilles d'Alleluia.* On s'en fert pour appaifer la foif & modérer la fermentation du fang. On les emploie par poignées dans les tifanes & bouillons des perfonnes attaquées de fievres malignes & ardentes.

121. *Feuilles d'Alliaire.* On les fait entrer dans les lavemens pour les coliques néphrétiques & les douleurs occafionnées par les vents. Appliquées extérieurement, elles réfiftent à la pourriture.

122. *Feuilles d'Alyffon.* On attribue à cette plante la propriété de guérir la rage.

123. *Feuilles d'Ambrofie maritime.* Toute cette plante eft cordiale, ftomachique, céphalique, anti hyftérique, emménagogue & apéritive. Appliquée à l'extérieur, elle eft réfolutive, répercuffive.

124 *Feuilles d'Anagyris.* Les Auteurs prétendent qu'elles provoquent les lochies & facilitent l'écoulement.

125. *Feuilles d'Ancholie.* On fé fert, felon Jean Ray, de la décoction des feuilles d'ancholie

cholie contre l'inflammation de la gorge & de la trachée-artere.

126. *Feuilles d'Aneth.* Elles font réfoluti-ves. Appliquées extérieurement, elles avancent la fuppuration des tumeurs.

127. *Feuilles d'Angélique fauvage.* Une poi-gnée de ces feuilles broyées & appliquées fur les loupes, en les renouvellant deux fois par jour, les diffipe peu à peu.

128. *Feuilles d'Argentine.* On emploie fou-vent avec fuccès l'infufion des feuilles d'argen-tine contre les fievres intermittentes : elle con-vient fur-tout dans le cours de ventre, le flux de fang & les hémorrhagies.

129. *Feuilles d'Arnica.* Ces feuilles pulvé-rifées font éternuer, & occafionnent le prurit aux narines lorfqu'on les en approche.

130. *Feuilles d'Arrête-Bœuf.* On fe fert ex-térieurement de la décoction de la plante en-tiere, y compris les feuilles ; elle eft déter-five. On la vante beaucoup en gargarifme pour le fcorbut, les maux de gorge, l'enflure des gencives & la douleur des dents qui provient d'une caufe fcorbutique.

131. *Feuilles d'Artichaux.* On en extrait le fuc, & on le prefcrit avec fuccès intérieure-ment dans les hydropifies. Tœnig affure que ces feuilles cuites dans du vinaigre avec celles de tanaifie ou d'abfynthe, appliquées en cata-plafme fur le bas-ventre, & mêlées avec un peu de mithridate, font capables de tuer les vers. Sont-ce les feuilles d'artichaux qui pro-duifent cet effet, ou les autres drogues qui y font affociées? C'eft ce qui refte à examiner.

132. *Feuilles d'Aune.* Elles paffent pour être réfolutives. Appliquées extérieurement, elles

Tome I. Premiere Epoque.　　　　　F

dissipent les tumeurs & guérissent les inflammations.

133. *Feuilles de Baguenaudier.* Ces feuilles font purgatives. On pourroit très bien les substituer à celles de séné, pourvu qu'on en augmentât la dose.

134. *Feuilles de Balsamine,* ou *Noli me tangere.* Ces feuilles appliquées extérieurement détergent les vieux ulceres & les cicatrisent.

135. *Feuilles de Barbarée,* ou *Herbe de Sainte-Barbe.* Les paysans s'en fervent avec fuccès, après les avoir pilées légérement & macérées dans de l'huile d'olive pendant un mois d'été, comme d'un baume excellent pour les blessures.

136. *Feuilles de Bardane.* Elles ont la vertu de mondifier les ulceres. Cuites fous la braife & bouillies dans du lait, elles foûlagent les goutteux.

137. *Feuilles de Beccabunga.* Elles font antiscorbutiques. On les fait entrer dans les bouillons & les apozemes qu'on prescrit contre le scorbut.

138. *Feuilles de Bec-de-grue sanguin.* On les prescrit avec fuccès en décoction dans le cours de ventre, la dyffenterie & les hémorrhagies.

139. *Feuilles de Belladone.* Ces feuilles appliquées extérieurement font adouciffantes & résolutives. On en fait un cataplafme qu'on applique fur les hémorrhoïdes & le cancer. MM. Alberti, Garaker, Bromfeld pere, Cotte & Lambergen ont découvert, depuis quelque temps, que cette plante délétere, prife à petite dofe en infufion, étoit propre pour corriger le virus cancéreux, lever les obftructions des

glandes tuméfiées, & déterger les ulceres car-
cinomateux. J. Ray lui connoissoit déja cette
propriété. M. Andry a soutenu une These sur
ce sujet.

140. *Feuilles de Berle.* Elles conviennent
contre le scorbut, les obstructions du bas-ventre
& les maladies chroniques dans lesquelles il
faut rétablir le ressort des parties solides & la
fluidité des liquides.

141. *Feuilles de Betoine.* Ces feuilles étant
séchées & mêlées avec le tabac, sont excellentes pour fumer. On les pulvérise aussi, &
on les fait macérer dans les poudres sternutatoires.

142. *Feuilles de Bidens.* Elles ont une vertu
mondificative & sternutatoire.

143. *Feuilles de Blattaire.* Elles sont émollientes.

144. *Feuilles de Bois de Sainte Lucie.* Ces
feuilles prises en forme de thé sont un excellent
stomachique.

145. *Feuilles de Bon-Henri.* Elles sont rafraîchissantes & émollientes. On les emploie
dans les décoctions, les lavemens & les fomentations.

146. *Feuilles de Botrys.* Leur infusion théiforme est très-vantée dans la suppression des
menstrues & des lochies. Si on les pulvérise &
si on les incorpore avec du miel, on en prépare
un excellent remede dans l'asthme humide. C'est
la fameuse plante du Charlatan *Printemps.*

147. *Feuilles de Bouillon Blanc.* Elles sont
anodines, adoucissantes & vulnéraires. Schroder
en fait grand cas dans les maladies de poitrine,
la toux, le crachement de sang & les douleurs

du bas-ventre. On les fait entrer dans plusieurs excellens remedes.

148. *Feuilles de Bourse-à-Pasteur.* Leur infusion fait merveille dans les hémorrhagies & les flux.

149. *Feuilles de Branche-Ursine-Fausse.* La décoction de ces feuilles est laxative, & soulage les personnes sujettes aux vapeurs.

150. *Feuilles de Brunelle.* Les gens de la campagne les appliquent sur leurs blessures, après les avoir écrasées : elles arrêtent le sang, & consolident la plaie. On les ordonne dans les crachemens de sang & les pertes.

151. *Feuilles de Bugle.* On les emploie dans les infusions, les tisanes & les apozemes que l'on ordonne pour les hémorrhagies, le crachement de sang, la dyssenterie, les fleurs blanches & les pertes des femmes. Ces feuilles sont un excellent remede pour les maux, les ulceres & les chancres de la bouche.

152. *Feuilles de Cabaret* ou d'*Asarum.* Elles purgent violemment. Mises en poudre & prises en guise de tabac, elles sont un excellent sternutatoire dans les maux de tête invétérées.

153. *Feuilles de Campanule à feuilles d'ortie.* Elles sont astringentes & détersives. On peut les employer en cette qualité en décoction & en gargarisme.

154. *Feuilles de Camphrée.* M. Burlet nous les donne comme un excellent spécifique dans l'asthme & l'hydropisie.

155. *Feuilles de Canneberge.* Elles sont détersives & astringentes, propres pour arrêter le vomissement & résister au venin.

156. *Feuilles de Capillaire de Montpellier.*

Elles conviennent dans les maladies de poitrine.

157 *Feuilles de Capillaire de Lorraine.* Elles ont les mêmes vertus que les précédentes, mais dans un degré un peu inférieur.

158. *Feuilles de Carroubier.* Elles sont astringentes, & conviennent par conséquent dans les flux & les hémorrhagies.

159. *Feuilles de Cassis.* Ces feuilles fraîches ou seches, trempées dans du vin blanc, & appliquées sur les parties attaquées de la goutte, les soulagent aussi-tôt. Ces mêmes feuilles guérissent aussi les érésipeles : on les trempe en ce cas dans l'eau-de-vie. On leur attribue une infinité d'autres propriétés qu'il seroit trop long de rapporter ici.

160. *Feuilles de Cerfeuil musqué.* Leur suc convient intérieurement dans les hydropisies : ces feuilles ont la vertu de dissiper les loupes commençantes ; on les applique pour lors extérieurement. On leur attribue encore avec raison une vertu vulnéraire, détersive & apéritive.

161. *Feuilles de Ceterach.* M. Bowule recommande leur conserve pour la noueure des enfans. Schroder dit que si on les applique extérieurement, elles mondifient les plaies & les ulceres.

162. *Feuilles de Chardon-à-Marie.* Leur décoction est très-bonne dans les engorgemens du foie & des visceres.

163. *Feuilles de Chardon-Bénit.* Simon Pauli recommande la poudre de ces feuilles contre les vieux ulceres chancreux. Leur infusion convient dans les fievres intermittentes, & même les pleurésies, après avoir fait néanmoins précéder les saignées.

164. *Feuilles de Chardon cotonneux.* Elles sont vulnéraires & détersives.

F iij

165. *Feuilles de Chêne.* Leur décoction convient dans la dyssenterie, le crachement de sang & les fleurs blanches. Galien a guéri avec ces feuilles une blessure faite par une hache.

166. *Feuilles de Chicorée.* On les emploie très-efficacement dans les tisanes rafraîchissantes.

167. *Feuilles de Ciguë aquatique.* Appliquées extérieurement, elles sont résolutives, & produisent de grands effets. M. Storck prépare avec l'extrait de cette plante, des pilules qu'il recommande dans les cancers.

168. *Feuilles de Cynoglosse.* Elles sont rafraîchissantes, émollientes, pectorales, vulnéraires & astringentes. La racine de cette plante est la base des pilules du même nom.

169. *Feuilles de Clématite.* Ces feuilles pilées s'emploient utilement pour nettoyer les vieux ulceres & faire tomber les chairs baveuses.

170. *Feuilles de Clématite Aristoloche.* Ces feuilles en décoction appliquées sur les ulceres, ont une grande vertu vulnéraire & détersive.

171. *Feuilles de Concombre sauvage.* Riviere a observé que ces feuilles mises en cataplasme, sont très-propres pour ramollir les tumeurs dures, résoudre les scrophuleuses & dissiper les schirreuses.

172. *Feuilles de Coquelourde.* Ces feuilles pilées sont très-bonnes pour déterger & consolider les vieux ulceres. Les villageois les appliquent à la plante des pieds ou aux poignets des mains pour guérir les fievres intermittentes.

173. *Feuilles de Cresson alenois.* Ces feuilles, mêlées avec du sain-doux, sont utiles contre les ulceres sordides, la teigne & la gale.

174. *Feuilles de Cresson de roche.* Elles sont

diurétiques, apéritives, lithontriptiques & béchiques : on les prend en infusion théiforme.
Elles conviennent sur-tout dans les maladies
de poitrine. *Cette plante est fort à la mode depuis
peu à Paris.*

175. *Feuilles de Dentaire.* Elles sont vulnéraires & détersives.

176. *Feuilles de Dentelaire.* On les recommande pour guérir les cors des pieds & les du-
rillons qui se forment proche le fondement en
allant à cheval.

177. *Feuilles de Digitale.* Il y a en Italie
un ancien proverbe qui dit, que la digitale
guérit toutes les plaies.

178. *Feuilles de Double-Feuille.* Les paysans
les pilent conjointement avec la racine de la
plante, & les appliquent sur les vieux ulceres.

179. *Feuilles d'Echium* ou *Viperine.* Elles
ont les mêmes vertus que celles de la buglosse.

180. *Feuilles d'Equisetum* ou *de Presle.* Elles
produisent les plus grands effets dans les pertes
invétérées qui ont résisté à toutes sortes de
remedes.

181. *Feuilles d'Erysimum* ou *Velar.* On fait
avec ces feuilles une tisane très-bien indiquée
dans les maladies de poitrine. Leur infusion
fait merveille dans les coliques qui proviennent d'une pituite visqueuse.

182. *Feuilles d'Estragon.* Leur infusion théiforme convient dans les indigestions, les foi-
blesses d'estomac & les envies de vomir.

183. *Feuilles d'Eupatoire d'Avicene.* Ces feuilles bouillies & appliquées en cataplasme sur les
tumeurs, particuliérement sur celles du *scrotum*,
les dissipent entiérement. On a vu des hydro-
celes guéries sans ponction par leur seule ap-

plication. Leur infusion théiforme est très-vantée dans toutes sortes d'hydropisies.

184. *Feuilles de Fenouil.* Ces feuilles prises en décoction procurent le lait aux femmes.

185. *Feuilles de Fenouil aquatique.* Cette plante est aperitive, diurétique, atténuante, saxifrage, anti-septique & anti-scorbutique. Arthur Conrard & Erst ng l'employoient contre les loupes, la splénitie, les obstructions du foie & du mésentere.

186. *Feuilles de Framboisier.* Elles sont détersives, astringentes, & peuvent être substituées à celles de ronce pour les gargarismes qu'on emploie dans les maux de gorge & des gencives.

187. *Feuilles de Frêne.* Les jeunes feuilles de cet arbre sont purgatives. On peut les substituer au séné.

188. *Feuilles de Fumeterre.* Tout le monde sait l'usage de l'infusion de ces feuilles pour purifier le sang, principalement contre les humeurs dartreuses & les maladies de la peau.

189. *Feuilles de Fumeterre bulbeuse.* Elles ont à-peu-près les mêmes qualités que celles de la précédente.

190. *Feuilles de Galega.* La décoction de ces feuilles, & même de la plante entiere, convient dans la peste, les fievres malignes. Elle pousse par la voie des sueurs.

191. *Feuilles de Geneft.* La décoction de ces feuilles, conjointement avec celle des rameaux & des sommités de cette plante, convient très-bien dans l'hydropisie.

192. *Feuilles de Genipi sabaudorum*, ou petite *Absynthe des Alpes.* Les habitans des Alpes emploient ces feuilles dans presque toutes leurs

maladies : ils les regardent comme une vraie panacée : ils s'en servent sur-tout dans les pleurésies.

193. *Feuilles de Geranium Columbinum*, ou
Pied-de-Pigeon. Ces feuilles sont, suivant Clu-
sius, un excellent remede pour les fistules externes. On les applique pilées sur la partie malade, & on en fait prendre intérieurement la
décoction dans l'eau.

194. *Feuilles de Globulaire*. Elles sont vulnéraires & détersives. On les emploie en décoction ou en cataplasme.

195. *Feuilles de Grande-Chelidoine*. On les
prescrit dans la jaunisse & les pâles couleurs,
après les avoir fait macérer, pendant la nuit,
à froid dans un verre de petit-lait.

196. *Feuilles de Grassette*. M. de Linnée dit
qu'il n'y a que très-peu de Médecins qui connoissent les vertus singulieres de la grassette,
sur-tout du suc graisseux de ses feuilles.

197. *Feuilles de Gratiole*. Leur infusion est
très-purgative. On la conseille dans l'hydropisie.

198. *Feuilles de Gratteron*. On les pile avec
la graisse de porc, & on les applique extérieurement pour guérir les écrouelles.

199. *Feuilles de Guimauve* On les fait entrer
dans les lavemens, les décoctions & les fomentations émollientes.

200. *Feuilles d'Héliantheme*. Elles sont vulnéraires : elles arrêtent tous les flux, principalement ceux de sang. La décoction de la plante
entiere dans du vin rouge & en gargarisme,
convient dans les ulceres de la gorge.

201. *Feuilles d'Herbe-à-Paris*, ou autrement
Raisin de-Renard. Tragus assure que cette plante

pilée & appliquée en cataplasme, adoucit l'inflammation & résout la tumeur du scrotum:
elle est souveraine pour les panaris. Camerarius
la prescrivoit aussi extérieurement sur les bu-
bons & chardons pestilentiels.

202. *Feuilles d'Herniaire*, ou *Turquette*. On
les applique avec succès sur les panaris. On
attribue aussi à ces feuilles la vertu de guérir
les hernies.

203. *Feuilles d'Hépatique des Jardins*. Elles
sont vulnéraires, rafraîchissantes & astringentes:
elles conviennent dans les inflammations de la
gorge & dans les obstructions du foie.

204. *Feuilles de Jacée*. On leur attribue une
ertu anti-ulcereuse.

205. *Feuilles de Jacobée*. Elles passent pour
vulnéraires & astringentes. On s'en sert extérieurement ou intérieurement en lavemens ou
en décoction.

206. *Feuilles d'Illecebra*. Le Docteur Marquet
a découvert dans cette plante un excellent spécifique contre le cancer, la gangrene & le
charbon.

207. *Feuilles d'Imperatoire*. Une demi-poignée de ces feuilles infusées dans une pinte
de vin, mise en un vaisseau bien bouché, est
un remede utile aux enfans épileptiques, On
leur en donne un petit verre le matin à jeun.
Ce vin est aussi très bon pour l'asthme, la colique venteuse & l'hydropisie.

208. *Feuilles de Joubarbe des Vignes*. On
fait avec ces feuilles & le beurre frais un onguent excellent pour les hémorrhoïdes, dans la
descente de matrice & les ulceres profonds. On
peut employer leurs sucs en injection.

209. *Feuilles de Jusquiame*. Le suc de ces

feuilles, & même de toute la plante, mêlé avec du lait, est un excellent gargarisme contre la squinancie.

210. *Feuilles de Lamier des Bois.* Elles sont résolutives, adoucissantes & vulnéraires : on en fait une huile par infusion qui est excellente pour la brûlure & pour les blessures des tendons.

211. *Feuilles de Lampsane.* Elles sont rafraîchissantes & émollientes. Pilées & appliquées extérieurement, elles détergent les ulceres & les plaies. Leur suc guérit les dartres, & est très-bon pour les mamelles ulcérées.

212. *Feuilles de Laurier.* On regarde ces feuilles comme astringentes, résolutives & chaudes. On les prend en infusion, au nombre de cinq à six, en guise de thé, pour rétablir l'estomac, empêcher les naufées & dissiper les douleurs de la colique venteuse.

213. *Feuilles de Laurier-Rose.* Ces feuilles écrasées & appliquées extérieurement, sont propres contre la morsure des bêtes venimeuses.

214. *Feuilles de Ledon des Marais*, ou *Romarin sauvage.* M. de Linnée assure que les habitans de la Westrogothie se guérissent ordinairement de la toux ferine, en faisant un fréquent usage de cette plante. On lui attribue une vertu narcotique, & propre à calmer dans les fievres exanthématiques.

215. *Feuilles de Lierre.* Elles sont astringentes, vulnéraires & détersives. On en fait des décoctions qu'on emploie dans les douleurs des oreilles & des dents. On s'en sert aussi en en cataplasme ; on les applique sur les cauteres ; on les met pareillement en usage pour la teigne.

216. *Feuilles de Lierre terrestre.* Elles sont

pectorales, incisives & apéritives, détersives & vulnéraires.

217. *Feuilles de Liseron.* Les paysans de la Provence les emploient comme vulnéraires, & les appliquent en cette qualité extérieurement, après les avoir pilées entre deux cailloux. Le suc du grand liseron évaporé en extrait, & pris à la dose moyenne d'un scrupule, est un bon purgatif hydragogue.

218. *Feuilles de Livesche.* Ces feuilles mangées en salade sont emménagogues.

219. *Feuilles de Lysimachie rampante,* ou *Nummulaire.* Leur decoction convient dans la dyssenterie, les pertes de sang & les fleurs blanches.

220. *Feuilles de Matricaire.* Quelques Auteurs prétendent que la seule application sous la plante des pieds provoque les mois. Cheneau vante pour la migraine un cataplasme fait avec ces feuilles, & appliquées sur la partie malade. Ce cataplasme soulage aussi les douleurs de la goutte. Ces mêmes feuilles sont en outre un excellent topique contre les tumeurs des mamelles & les douleurs fixes.

221. *Feuilles de Mauve.* La décoction de ces feuilles lâche le ventre ; appliquées extérieurement, elles arrêtent les progrès de l'inflammation.

222. *Feuilles de Mélisse.* Ces feuilles seches ou même fraîches, infusées en guise de thé, sont souveraines pour toutes les maladies du cerveau & pour celles des femmes, pour les palpitations du cœur, pour les défaillances, les vertiges, la paralysie même & le mal caduc.

223. *Feuilles de Menthe.* On leur attribue une infinité de propriétés : elles sont sur tout

souveraines pour le hoquet, pour dissiper les vents & aider à la respiration : on les prend en infusion théiforme. Leur huile par infusion est bonne pour toutes sortes de plaies & de contusions, appliquées extérieurement.

224. *Feuilles de Menthe-Coq.* Elles ont à-peu-près les mêmes vertus que les précédentes.

225. *Feuilles de Mercuriale.* Leur usage le plus ordinaire est dans les décoctions émollientes & laxatives.

226. *Feuilles de Millefeuille.* Elles sont vulnéraires, résolutives, dessicatives & légérement astringentes. Cette plante est très-vantée pour les plaies récentes : on la hache menue, & on l'applique dessus.

227. *Feuilles de Morelle.* On pile ces feuilles, & on les applique sur les hémorrhoïdes ; c'est un excellent remede.

228. *Feuilles de Mouron rouge.* On a vanté depuis peu ces feuilles, & même toute la plante pour la guérison de la rage.

229. *Feuilles de Mors du Diable.* Elles ont les mêmes vertus que celles de scabieuse, dont nous parlerons plus bas ; leur décoction est excellente en gargarisme, pour l'inflammation du gosier. On emploie ce gargarisme avec succès dans les ulceres vénériens de la gorge & des gencives.

230. *Feuilles de Myosotide.* Les feuilles & tiges de cette plante sont d'un grand usage en Sibérie contre les maladies inconnues, & contre celles sur-tout dans lesquelles on soupçonne du vice vénérien. On lui attribue encore la propriété de guérir les ophtalmies, lorsqu'on l'applique sur les yeux entre deux linges, après l'a-

voir écrafée. Tournefort nomme cette plante *lithofpermum arvenfe & paluftre minus.*

231. *Feuilles de Myrthe.* Elles font aftringentes. On recommande leur décoction pour affermir les dents qui ont été ébranlées par le fcorbut. On en prefcrit intérieurement le fuc pour arrêter le crachement de fang. On fait avec les feuilles de myrthe un bain pour les luxations, & une fomentation pour les parties fracturées.

232. *Feuilles de Myrtille.* Elles font diurétiques : on les prend en décoction.

233. *Feuilles d'Onoporde.* J Georg. Dolfus, Médecin, employoit le fuc des feuilles de ce chardon pour guérir les ulceres cancéreux.

234. *Feuilles d'Oranger.* La décoction de ces feuilles eft reconnue depuis peu comme un excellent fpécifique dans les maladies convulfives, même dans l'épilepfie.

235. *Feuilles d'Orme.* Les Payfans d'Italie & de Provence fe fervent d'une liqueur qui eft contenue dans les veffies qu'on trouve fur les feuilles de l'orme, pour y faire infufer des fommités de millepertuis. Rien n'eft meilleur pour la réunion des chairs que cette liqueur.

236. *Feuilles d'Ornithopode ou Pied d'Oifeau.* Elles font apéritives & diurétiques : on les ordonne en décoction ou en infufion.

237. *Feuilles d'Ortie.* On fait avec ces feuilles un cataplafme, qui paffe pour émollient & réfolutif.

238. *Feuilles d'Orvale.* Leur infufion théiforme eft carminative & fébrifuge. Si on les pulvérife, elles deviennent un excellent fternutatoire.

239. *Feuilles de Pariétaire des Vosges.* Ces feuilles font très-vantées, fur-tout lorfqu'il s'agit de procurer l'évacuation des urines ; elles débouchent les reins, détergent le flegme vifqueux qui peut fe rencontrer dans les uréteres, & chaffent même le fable & les petites pierres de ces conduits.

240. *Feuilles de Pafferage.* Les feuilles de cette plante étant féchées & réduites en poudre, font un puiffant diurétique : on l'a même annoncé dans quelques Papiers publics comme un excellent lithontriptique.

241. *Feuilles de Paftel.* Elles font vulnéraires & aftringentes.

242. *Feuilles de Pavot cornu.* En Portugal, on fait boire à ceux qui font fujets à la pierre un verre de vin blanc, dans lequel on a fait infufer une demi-poignée de ces feuilles.

243. *Feuilles de Pêcher.* Les feuilles de pêcher defféchées forment un excellent purgatif, qu'on peut avoir toujours fous la main.

244. *Feuilles de Percefeuille.* Elles font vulnéraires, & très-recommandées pour les hernies, foit qu'on les prenne en décoction dans du vin, foit en fubftance & pulvérifées : on les applique auffi extérieurement en cataplafme, bouillies dans du vin avec de la farine de féves.

245. *Feuilles de Percemouffe.* Elles font fudorifiques. En Allemagne, on en fait une infufion théiforme dans la pleuréfie, pour faciliter l'expectoration.

246. *Feuilles de Percepierre.* Leur infufion repouffe le fable par les urines.

247. *Feuilles de Perficaire.* Elles font vul-

néraires , réfolutives & très-bonnes dans les maladies de bas-ventre caufées par l'inflamma-tion : on en donne la décoction en lavement , pour le cours de ventre & la dyffenterie, fur-tout lorfqu'on foupçonne quelques ulceres aux inteftins ; leur application eft utile dans les maladies de la peau, d'autant qu'elle eft dé-terfive & aftringente.

248. *Feuilles de Pervenche.* Elles font aftrin-gentes, propres dans les dyffenteries , le flux de fang , les fleurs blanches & toutes fortes d'hé-morrhagies.

- 249. *Feuilles de petite Chelidoine.* On leur attribue une vertu anti-hémorrhoïdale : on mêle leur fuc avec du vin; on s'en baffine plu-fieurs fois le jour.

250. *Feuilles de petite Sauge.* Elles convien-nent dans les décoctions & fomentations aro-matiques qu'on ordonne pour fortifier les nerfs, raffermir les chairs, ramollir les tumeurs & dif-fiper l'enflure des plaies. La fauge eft bonne également dans le fcorbut, fous la forme de gargarifme. Son infufion théiforme eft très-vantée contre les vertiges. Cette plante a tant d'excellentes qualités , qu'il feroit trop long de les rapporter ici.

251. *Feuilles de Phytolaca.* Ces feuilles, ap-pliquées extérieurement , font anodines; elles ont prefque les mêmes propriétés que celles de la morelle & du belladona.

252. *Feuilles de Petit-Houx.* Boerrhaave re-commande comme un excellent remede con-tre la néphrétique & l'hydropifie , la décoction des feuilles de petit-houx.

253. *Feuilles de Pied-de-Lion.* Elles font

vulnéraires & aftringentes , propres pour les pertes de fang, les fleurs blanches & les hémorrhagies.

254. *Feuilles de Pilofelle.* Elles font aftringentes & déterfives ; leur infufion dans du vin blanc eft fébrifuge.

255. *Feuilles de Pimprenelle.* On les emploie dans les bouillons & décoctions apéritives & vulnéraires ; elles font auffi fudorifiques.

256. *Feuilles de Politric.* Elles font très-bien indiquées dans la coqueluche des enfans & dans l'afthme humide.

257. *Feuilles de Populago.* On s'en fert en bains de pied pour les affections fcorbutiques.

258. *Feuilles de Potamogeton.* Elles font aftringentes & rafraîchiffantes ; elles conviennent extérieurement pour les dartres & autres démangeaifons de la peau.

259. *Feuilles de Primevere.* Leur infufion théiforme eft béchique & adouciffante.

260. *Feuilles de Pulmonaire.* On leur attribue beaucoup de vertus dans les maladies du poumon.

261. *Feuilles de Pyrole* Elles font vulnéraires, aftringentes , propres pour arrêter les pertes de fang, les fleurs blanches & les hémorrhagies.

262. *Feuilles de Raifort aquatique.* M. Didelot, Chirurgien dans les Vofges, affure que la décoction de cette plante eft un très-puiffant vermifuge.

263. *Feuilles de Raiponce.* Leur infufion eft très-utile dans les commencemens des inflammations de la gorge.

264. *Feuilles de Reine des Bois , ou Hépa-*

tique des Bois. Leur infusion théiforme est très-agréable ; c'est un léger diaphorétique.

265. *Feuilles de Renouée.* Elles sont vulnéraires & astringentes : on les prescrit très-utilement dans les hémorrhagies.

266. *Feuilles de Renoncule des Bois.* M. Chomel dit avoir vu de bons effets de ces feuilles, appliquées conjointement avec les fleurs de la plante, pour guérir les enfans teigneux.

267. *Feuilles de Rhue.* Leur décoction est un très-bon gargarisme pour les gencives des scorbutiques & pour ceux qui ont la petite-vérole. Ces feuilles, prises intérieurement, sont emménagogues.

268. *Feuilles de Rhue de Murailles.* Elles ont les mêmes qualités que celles de capillaire.

269. *Feuilles de Ronce.* On s'en sert pour gargarisme dans les maux de gorge.

270. *Feuilles de Roquette.* On en conseille la décoction adoucie avec du sucre aux enfans qui ont la toux.

271. *Feuilles de Romarin.* Leur infusion théiforme, continuée pendant un certain temps, est utile dans les écrouelles On donne, comme un excellent anti-asthmatique, le vin dans lequel on a fait bouillir ces feuilles.

272. *Feuilles de Rossolis.* L'infusion de ces feuilles convient dans l'asthme, la toux invétérée & l'ulcere du poumon.

273. *Feuilles de Sabine.* Elles sont très-emménagogues : on n'en doit prescrire l'usage intérieur qu'avec beaucoup de circonspection.

274. *Feuilles de Salicaire.* Elles sont en usage depuis quelque temps contre la dyssenterie & la perte de sang des femmes.

275. *Feuilles de Sanicle.* Elles sont d'une très-grande utilité en Médecine. Un cataplasme fait avec ces feuilles & le vinaigre, guérit en très-peu de temps le gonflement du nombril des enfans ; leur infusion, prise intérieurement, est excellente pour les pertes & les ulceres internes, accompagnés de fievre lente. Il est d'expérience que ces mêmes feuilles, appliquées sur les plaies récentes, les guérissent sans suppuration.

276. *Feuilles de Saponaire.* La vertu la plus éprouvée de ces feuilles est de guérir la gale & les dartres, en bassinant les parties souffrantes avec leur décoction.

277. *Feuilles de Saxifrage*, voyez *Feuilles de Percepierre.* Il y a plusieurs especes de saxifrages. Les propriétés des unes & des autres sont d'être apéritives & diurétiques.

278. *Feuilles de Scabieuse.* Elles sont diaphorétiques ; leur infusion théiforme est très-bien indiquée dans la petite-vérole & les autres maladies de la peau.

279. *Feuilles de Scolopendre.* On recommande ces feuilles pour les maladies de foie & de rate.

280. *Feuilles de Scordium.* On fait boire avec succès leur infusion dans les fievres malignes, la petite-vérole, la rougeole & les maladies de la peau.

281. *Feuilles de Seneçon.* On leur attribue une vertu émolliente, adoucissante & résolutive.

282. *Feuilles de Sideritis* ou de *Crapaudine.* Elles sont vulnéraires, astringentes & détersives, très-utiles en décoction pour les érésipeles des jambes.

283 *Feuilles de Soldanelle.* On recommande en Provence les bouillons faits avec un collet de mouton & une poignée & demie de feuilles de soldanelle pour purger : on y ajoute pour lors quelque correctif.

284. *Feuilles de Soude.* On s'en sert extérieurement pilées & appliquées pour les maladies de la peau, & intérieurement pour la gravelle, les vers & les obstructions.

285. *Feuilles de Sureau.* Ces feuilles dans du vin rouge sont fort résolutives ; elles font défenfler les jambes des hydropiques.

286. *Feuilles de Tabac.* Elles fournissent peut-être le meilleur de tous les remedes pour les plaies, ulceres, cancers, &c.

287. *Feuilles de Tanaisie.* Ces feuilles fraiches, pilées & appliquées sur le nombril, préviennent l'avortement. On recommande pour bassiner les jambes des hydropiques la décoction des feuilles de tanaisie avec celles de sureau.

288. *Feuilles de Trefle.* L'infusion seule de ces feuilles dans de l'huile est très-vantée pour les tremblemens de membres.

289. *Feuilles de Trefle aquatique.* On ne connoît que très-peu d'aussi excellens anti-scorbutiques que ces feuilles.

290. *Feuilles de Troesne.* Elles sont astringentes : on s'en sert en gargarisme dans les aphthes ulcérés de la gorge, & dans les ulceres des gencives.

291. *Feuilles de Tussilage.* Ces feuilles, fumées en guise de tabac, sont très-profitables aux asthmatiques.

292. *Feuilles de Velvotte.* Elles sont détersi-

ves & vulnéraires : on en peut faire ufage d ans les diarrhées.

293. *Feuilles de Verge d'Or.* Elles conviennent dans les obftructions des vifceres & dans les hydropifies naiffantes.

294. *Feuilles de Véronique.* On qualifie ces feuilles de thé de l'Europe ; elles font fudorifiques, vulnéraires, déterfives, diurétiques & incifives.

295. *Feuilles de Vervcine.* Elles ont beaucoup de propriétés. Une des plus conftatées eft dans les points de côté : on les fricaffe avec du vinaigre, & on les applique fur la partie affectée. Leur décoction eft propre en gargarifme contre les maux de gorge, les ulceres de la bouche, & pour raffermir les dents ébranlées.

296. *Feuilles de Vigne.* Elles font aftringentes : ou les prefcrit dans le cours de ventre & la dyffenterie.

297. *Feuilles d'Uva-Urfi.* Elles font depuis peu reconnues univerfellement comme un excellent remede contre la gravelle & la colique néphrétique.

298. *Feuilles de Vulnéraire.* On les pile & on les applique fur les plaies.

§. V.

Des Sommités & Bourgeons.

299. *Sommités d'Abfynthe.* On les emploie avec fuccès pour réveiller l'appétit, fortifier

l'eftomac, détruire les matieres vermineufes, & corriger les aigreurs.

300. *Sommités d'Ache.* On fait avec ces fommités une conferve très-vantée pour les maux de poitrine, pour les vents, & pour pouffer les mois & les urines.

301. *Sommités d'Agnus-Caftus.* L'eau où ces fommités ont macéré, eft apéritive & emménagogue ; leur décoction eft très bonne pour deffécher les ulceres intérieurs.

302. *Sommités d'Armoife.* On les donne en infufion théiforme dans la paffion hyftérique.

303. *Sommités d'Aurone.* Leur décoction dans du vin ou dans de l'eau eft bonne pour faciliter l'expectoration des afthmatiques, pourvu qu'on y ajoute un peu de miel. On recommande auffi cette décoction pour laver la tête, afin de faire venir les cheveux, ou les empêcher de tomber.

304. *Bafilic, fleurs & feuilles.* Si on les prend en infufion théiforme, elles appaifent les douleurs de la tête, & diffipent les fluxions de cette partie ; on en prépare une poudre céphalique.

305. *Bruyere, feuilles & fleurs.* Elles font apéritives, diurétiques & diaphorétiques : on les emploie en décoction. On préfere la bruyere à fleurs blanches.

306. *Bugle, feuilles & fleurs.* On les ordonne pour les hémorrhagies, le crachement de fang, la dyffenterie, les fleurs blanches & les pertes des femmes.

307. *Sommités de Cataire.* Leur infufion eft emménagogue ; elle eft auffi un excellent vermifuge : on la preferit dans la paffion hyftérique.

308. *Sommités de Calament de montagnes.* Elles sont stomachiques, hépatiques & anti-hystériques.

309. *Sommités de Chamœpitis ou Yvette.* Elles sont apéritives, vulnéraires & céphaliques; elles conviennent dans la sciatique, le rhumatisme & la paralysie. Appliquées extérieurement, elles détergent les plaies & les ulceres, & les font cicatriser.

310 *Croisette, feuilles & fleurs.* Elles sont dessicatives & astringentes : on les recommande pour la guérison des hernies.

311. *Sommités d'Euphraise.* Leurs propriétés les plus constatées sont d'être céphaliques & ophtalmiques.

312. *Germandrée, feuilles & fleurs.* On vante beaucoup leur infusion, coupée avec du lait, pour la goutte.

313. *Globulaire, feuilles & fleurs.* Elles sont vulnéraires & détersives.

314. *Gratiole, tige, feuilles & fleurs.* Elles sont purgatives; mais elles ont besoin de quelques correctifs.

315. *Heliantheme, feuilles & fleurs.* M. Cramer, Médecin Militaire, dit avoir guéri des phthisiques, en leur faisant prendre les feuilles & fleurs d'heliantheme en infusion ou en décoction.

316. *Sommités, ou jeunes tiges de Houblon.* Leur infusion est utile pour purifier le sang, pour dissiper les dartres & autres maladies de la peau.

317. *Sommités d'Hyssope.* On prescrit leur infusion dans la coqueluche & dans l'asthme. On assure aussi qu'elles conviennent pour l'inflammation des yeux.

318. *Sommités de Linaire.* Appliquées extérieurement, elles font anti-hémorrhoïdales.

319. *Lin fauvage, tige, feuilles & fleurs.* Elles font purgatives ; elles excitent même des naufées. On en ufe communément en Angleterre.

320. *Lotier odorant, feuilles & fleurs.* On les fait infufer dans de l'huile d'olive : elles forment pour lors un baume excellent pour les plaies, & pour nettoyer & cicatrifer les vieux ulceres.

321. *Sommités de Marjolaine.* Ces fommités pulvérifées font très-propres à faire couler les férofités par le nez. Elles conviennent fur-tout dans les maladies froides de la tête.

322. *Sommités de Marrube blanc.* Ces fommités infufées dans du vin blanc, prifes pendant trois jours, font très-propres pour exciter les regles, fortifier l'eftomac, guérir les pâles couleurs & la cachexie.

323. *Marum, feuilles & fleurs.* Elles font cordiales, ftomachiques, céphaliques, fudorifiques & hyftériques.

324. *Sommités d'Origan.* Elles ont la même vertu que celles de marjolaine.

325. *Sommités de petite Centaurée.* Elles font toniques, ftomachiques, & infiniment préférables au quinquina pour les fievres intermittentes.

326. *Bourgeons de Peuplier.* Ils font balfamiques, & entrent dans les fumigations humides pour les maladies de-poitrine.

327. *Sommités de Phlomis.* Elles font defficatives, déterfives & aftringentes : on les pile & on les applique extérieurement.

328. *Polium de montagnes, feuilles & fleurs.*

On

On ordonne leur infusion théiforme dans les maladies du cerveau, dans les obstructions des visceres & dans les rétentions d'urine. On fait boire en Provence, dans les cours de ventre fâcheux, l'eau où le polium a macéré.

329. *Sommités de Pouliot*. Leur infusion théiforme facilite l'expectoration, & soulage considérablement les asthmatiques.

330. *Sommités de Santoline*. Elles sont vermifuges & anti hystériques. On les emploie en fomentation sur les membres attaqués de la paralysie.

331. *Bourgeons de Sapin du Nord*. Ils sont reconnus depuis peu comme un excellent spécifique contre le scorbut. On prétend même qu'ils conviennent pour les maladies de poitrine.

332. *Sommités de Sariette*. Leur décoction seringuée dans l'oreille est très-bonne dans les affections soporeuses pour réveiller les malades.

333. *Sommités de Thym*. Elles sont résolutives, dessicatives, astringentes, incisives & discussives.

§. VI.

Des Fleurs.

334. *Fleurs d'Acacia*. On qualifie dans les Pharmacies de ce nom les fleurs de prunellier : elles sont laxatives.

335. *Fleurs d'Ancholie*. Ces fleurs donnent une teinture médicinale très-recommandable dans la rougeole. On prépare encore avec ces mêmes fleurs une autre teinture qui est un re-

Tome I. Premiere Epoque. G

mede excellent pour déterger les ulceres de la bouche dans le scorbut, affermir les dents & fortifier les gencives.

336. *Fleurs d'Arnica.* L'infusion théiforme & légere de ces fleurs convient dans tous les cas de chûte, contusion, hémorrhagie, sang coagulé : on en a toujours remarqué des succès certains. Ces mêmes feuilles prises en guise de thé, sont aussi sternutatoires : elles sont encore regardées comme spécifiques dans l'asthme humide.

337. *Fleurs d'Aubépine.* On vante beaucoup le syrop de ces fleurs dans les rhumes.

338. *Fleurs de Bluet.* La principale propriété de ces fleurs est d'être ophtalmique.

339. *Fleurs de Bouillon-Blanc.* Elles sont anodines, adoucissantes & vulnéraires. Leur décoction avec du lait est très bonne pour calmer les douleurs des hémorrhoïdes & le ténesme qui succede à la dyssenterie, si on en donne des lavemens, ou si on en fait des fomentations sur le ventre.

340. *Fleurs de Bourrache.* Elles passent pour être cordiales. On les met dans le nombre des cinq fleurs qui portent ce nom.

341. *Fleurs de Buglosse.* Elles font partie des cinq fleurs cordiales.

342. *Fleurs de Caillelait jaune.* Le syrop fait avec le suc de ces fleurs est apéritif & propre à provoquer les mois. On dit cette plante très-bonne pour les vapeurs, les spasmes & les convulsions.

343. *Fleurs de Camomille Romaine.* Elles sont carminatives, & très-bonnes dans les passions hysteriques, & pour donner du ton aux fibres de l'estomac.

344. *Fleurs de Capucine.* Elles font réfolutives & anti-fcorburiques.

345. *Fleurs de Chardon-Bénit des Parifiens.* Elles font toniques, fudorifiques, fébrifuges & apéritives.

346. *Fleurs de Cheiri.* Elles font atténuantes, difcuffives, déterfives, anodines, diurétiques & anti-fpafmodiques. L'ufage théiforme de ces fleurs eft un excellent préfervatif contre l'apoplexie.

347. *Fleurs de Centaurée bleue,* ou *Toque.* Elles font ftomachiques, fébrifuges ; auffi font-elles très-ameres.

348 *Fleurs de Chevrefeuille.* Elles font diurétiques.

349. *Fleurs de Coquelicot.* On leur attribue une vertu adouciffante & très-propre pour faciliter l'expectoration dans les rhumes & la toux. Elles arrêtent auffi les pertes de fang, & font un peu fudorifiques.

350. *Fleurs ae Creffon des Prés.* On prétend qu'elles font anti-épileptiques.

351. *Fleurs de Digitale.* Elles font émétiques. J. Ray dit que plufieurs perfonnes ont beaucoup de confiance dans ces fleurs pour les écrouelles.

352. *Fleurs d'Eryfimum.* Elles font très-vantées pour les maladies de poitrine.

353. *Fleurs de Geneft.* La fumigation de ces fleurs eft utile aux hydropiques pour faire défenfler leurs jambes.

354. *Fleurs de Grenade.* Elles font aftringentes. On les prefcrit dans les flux & les hémorrhagies.

355. *Fleurs d'Héliotrope du Pérou.* Leur infufion théiforme eft cordiale & ftomachique.

356. *Fleurs de Jafmin.* Elles facilitent l'ex

pectoration ; elles font en outre cordiales & céphaliques. Elles conviennent aux perfonnes attaquées de mouvemens fpafmodiques.

357. *Fleurs de Lavande.* C'eft avec ces fleurs qu'on fait l'eau qui porte le même nom, & dont l'ufage eft univerfellement reçu dans différentes maladies.

358. *Fleurs de Lys.* L'ufage théiforme de ces fleurs & long-temps continué, fait merveille dans les maladies de poitrine. On les fait entrer dans les décoctions émollientes & dans les cataplafmes maturatifs.

359. *Fleurs de Matricaire.* On les fait mettre dans les lavemens anti-hyftériques. Leur infufion théiforme convient dans les pâles couleurs.

360. *Fleurs de Melilot.* La décoction de ces fleurs & de celles de camomille eft très-bien indiquée pour appaifer les douleurs de la colique, adoucir les ardeurs d'urine, & calmer les inflammations du bas-ventre.

361. *Fleurs de Mente-Coq.* Elles font anti-émétiques, carminatives, ftomachiques & céphaiques.

362. *Fleurs de Millepertuis.* On les emploie extérieurement & intérieurement. Elles conviennent pour l'intérieur dans les obftructions des vifceres pour pouffer les fables & les urines, pour faire mourir les vers, pour diffoudre le fang caillé. On les recommande depuis peu dans la manie. Quant à l'extérieur, elles font très-en ufage pour les bleffures, les contufions, la goutte, les rhumatifmes & les tremblemens de nerfs.

363. *Fleurs de Buphtalmum*, autrement *Œil-de Bœuf.* Elles font douées d'une qualité réfolutive.

364. *Fleurs d'Œillet.* La décoction de ces fleurs passe pour un bon cordial : on en prépare un syrop & une conserve.

365. *Fleurs d'Orange.* On distille avec ces fleurs une eau qui a de très-grandes propriétés dans la Médecine. Leur infusion théiforme convient dans la passion hystérique. On en prépare aussi une conserve stomachique.

366. *Fleurs d'Ortie blanche.* On prescrit communément ces fleurs en infusion théiforme pour les fleurs blanches.

367. *Fleurs de Pêcher.* Elles sont légérement purgatives & vermifuges. On en prépare un syrop qui est fort en usage.

368. *Fleurs de petite Pâquerette.* Ces fleurs appliquées sur les écrouelles font très-bien.

369. *Fleurs de Pied d'Alouette.* On les applique sur les yeux, après les avoir fait macérer dans l'eau de rose ; elles en appaisent l'inflammation. La conserve de ces mêmes fleurs appaise les tranchées des enfans.

370. *Fleurs de Pied-de-Chat.* Elles sont béchiques, & entrent dans les vulnéraires Suisses, si vantés dans le pays.

371. *Fleurs, feuilles & tiges de Polygala.* Leur infusion théiforme est très-bonne, suivant un célebre Académicien, dans la pleurésie & les points de côté.

372. *Fleurs de Populago.* On s'en sert contre les ulceres & les érésipeles.

373. *Fleurs de Primevere.* On les donne comme spécifiques dans les paralysies de la langue : elle sont narcotiques, calment les vapeurs, dissipent la migraine & les vertiges des filles en cas de suppression.

374. *Fleurs de Roses pâles.* Elles sont céphaliques, cordiales & légérement astringentes. On prépare avec ces roses de l'eau distillée & de syrop solutif simple & composé.

375. *Fleurs de Roses de Provins.* On s'en sert communément dans les cataplasmes & les fomentations astringentes & résolutives.

376. *Fleurs de Rose muscade.* Ces fleurs sont purgatives. On les fait infuser dans un bouillon de veau.

377. *Fleurs de Rose Papale.* On les regarde comme vulnéraires & détersives. Les Médecins les recommandent bouillies dans du lait pour gargarisme dans l'inflammation des amygdales & dans l'esquinancie.

378. *Fleurs de Romarin.* Leur infusion à froid est fort bonne pour la jaunisse & les fleurs blanches.

379. *Fleurs de Renoncule des Bois.* Ces fleurs écrasées sans aucune préparation se mettent en cataplasme sur la tête des teigneux, qu'elles guérissent en peu de temps. On les renouvelle deux fois par jour.

380. *Fleurs de Salicaire.* L'infusion de ces fleurs est très-bien indiquée dans la dyssenterie & les fleurs blanches.

381. *Fleurs de Scabieuse.* On fait avec ces fleurs une eau distillée qu'on prescrit communément dans les potions diaphorétiques & cordiales.

382. *Fleurs de Seneçon.* On les emploie dans les lavemens émolliens.

383. *Fleurs de Souci.* Elles sont apéritives, toniques, diaphorétiques & emménagogues.

384. *Fleurs de Sureau.* Ces fleurs sont ré-

folutives, anodines, adouciffantes & diaphorétiques. Leur infufion théiforme eft un très-
bon calmant & anti-fpafmodique.

385. *Fleurs de Tanaifie.* Elles paffent pour
un excellent vermifuge.

386. *Fleurs de Tilleul.* Elles font partie des
remedes anti-épileptiques. Elles conviennent
dans les vertiges & les étourdiffemens.

387. *Fleurs de Troefne.* On en fait un gargarifme qui convient dans les ulceres de la
bouche, l'inflammation & l'excariation de la
gorge, & dans le relâchement & la chûte de
cette partie.

388. *Fleurs de Pas-d'Ane.* Elles font un
excellent béchique. On les prend en infufion
théiforme.

389. *Fleurs de Verge-d'Or.* Elles fe trouvent en quantité dans les vulnéraires Suiffes.

390. *Fleurs de Violette.* Elles font un peu
purgatives, rafraîchiffantes, & du nombre des
cinq fleurs cordiales.

391. *Fleurs de Viperine.* Elles ont les mêmes
vertus que celles de buglofle.

§. VII.

Des Fruits.

392. *Fruits d'Aliffier.* Ils font aftringens &
propres pour arrêter toutes fortes de flux, même
la dyffenterie.

393. *Baies d'Alkekenge.* On les regarde
comme diurétiques & adouciffantes. On les
prefcrit ordinairement pour exciter l'urine, pour

en adoucir l'acrimonie, & pour faire fortir les graviers des reins & de la veffie.

394. *Fruits d'Arboufier.* On attribue à ces fruits une vertu aftringente.

395. *Fruits d'Aubépine.* Leur pulpe eft molle, glutineufe, douceâtre & aftringente. On emploie la poudre de ces fruits defféchés.

396. *Fruits d'Azerolier.* Ils font aftringens.

397. *Gouffes de Baguenaudier.* On peut les fubftituer aux follicules de féné; mais il en faut une plus forte dofe.

398. *Baies de Bois de Sainte-Lucie.* Elles font purgatives, atténuantes & réfolutives lorfqu'on les mange.

399. *Baies de Buiffon-Ardent.* Elles ont les mêmes propriétés que celles de l'aubépine.

400. *Baies de Canneberge.* Elles font aftringentes. On en fait une gelée délicieufe.

401. *Fruits de Cerifier fauvage.* Les Auteurs modernes les recommandent comme très-utiles dans les maladies du cerveau. On les vante auffi pour l'apoplexie, la paralyfie & l'épilepfie.

402. *Châtaignes.* On emploie leur farine pour arrêter les diarrhées. Cette même farine malaxée avec le miel & les fleurs de foufre, fournit un électuaire propre à ceux qui crachent le fang & qui touffent beaucoup. On fe fert encore des châtaignes en plufieurs autres cas.

403. *Glands de Chêne.* Le D. Aven-Brugger & Jacob Max faifoient prendre la décoction de la poudre de gland de chêne torréfié comme un défobftructif. Un de ces Médecins a obfervé fon efficacité dans les cas de phthifie & de pulmonie, & l'autre dans les accidens de marafme & de fpafme, d'hyftérie & d'hypocondriacie. Au furplus, les glands de chêne font un ex-

cellent anthelmintique, & propre à adoucir tous les maux d'eſtomac lorſqu'ils ne les guériſſent pas radicalement.

404. *Fruits de Coings*. On les fait ſécher après les avoir coupés par morceaux, & on les preſcrit dans les flux.

405. *Cornouilles*. Elles ſont très-aſtringentes, & conviennent dans les flux.

406. *Fruits de Cynorrhoïdon*. On fait avec ces fruits une conſerve qui eſt d'un grand uſage dans tous les flux.

407. *Fruits d'Epine-Vinette*. Ils ſont rafraîchiſſans, aſtringens & anti-ſcorbutiques.

407 bis. *Graines de Frêne*. On prétend qu'elles ſont bonnes dans la néphrétique & le calcul; J. Ray les vante beaucoup pour la guériſon de la jauniſſe & de l'hydropiſie.

408. *Baies de Fuſain*. On les pulvériſe & on en ſaupoudre la tête des enfans pour faire mourir les poux.

409. *Baies de Genievre*. Elles entrent dans les parfums qu'on fait pour purifier l'air. On s'en ſert ſouvent en fumigation dans les hôpitaux.

410. *Baies de Houx*. Elles ſont purgatives.

411. *Fruits de Houblon*. Tout le monde ſait que leur principal uſage eſt pour faire de la biere.

412. *Baies de Laurier*. Ou les emploie pour les maladies de l'eſtomac, du foie, de la rate & de la veſſie.

413. *Baies de Lierre*. Elles purgent efficacement dans les cas de fievres putrides & vermineuſes; elles pouſſent auſſi par les urines & par la tranſpiration.

414. *Baies de Myrtille*. Elles ſont aſtringentes & rafraîchiſſantes.

G v

415. *Baies de Nerprun.* On fait avec ces baies un fyrop qui eſt très purgatif, & qui convient dans l'hydropiſie.

416. *Noix.* On prétend que la membrane ou tunique amere qui enveloppe immédiatement l'amande, eſt très bonne dans la colique.

417. *Pommes de Pin.* Si on en fait infuſer une dans de l'eau tiede pendant vingt-quatre heures, on en obtient un excellent remede pour laver les parties affeſtées d'éréſipele, & on en appaiſe encore l'inflammation.

418. *Baies de Poivre d'Inde.* On les confit au ſucre quand elles ſont vertes, & on les mange pour lors ainſi apprêtées pour fortifier l'eſtomac, aider à la digeſtion & diſſiper les vents.

419. *Sorbier.* On les fait ſécher, & on les preſcrit en cas de diarrhée.

420. *Grappes de Sumach.* On ſe ſert de leur décoction pour arrêter les flux de ſang. Ces grappes bouillies dans le vin calment l'inflammation des hémorrhoïdes.

421. *Baies de Tilleul.* Elles ſont propres pour arrêter toutes ſortes d'hémorrhagies & de cours de ventre.

422. *Fruits de Tribuloïde* ou *de Châtaignes d'eau.* On leur attribue une vertu aſtringente, rafraîchiſſante & réſolutive.

§. VIII.

Des Semences & Graines.

423. *Graine d'Adonide.* J. Ray attribue à cette graine la vertu de ſoulager dans la pierre & la colique néphrétique.

424 *Semences d'Agnus Castus.* Wedelius les recommande pour les gonorrhées.

425. *Semence d'Alliaire.* Cette semence pulvérisée est sternutatoire. Si on l'applique à la vulve en forme d'emplâtre, elle ranime & guérit les femmes qui font attaquées d'un étranglement de matrice.

426. *Semence d'Ammi.* C'est une des quatre petites femences chaudes, & un excellent carminatif.

427. *Graine d'Anagyris.* Elle passe pour être vomitive.

428. *Graine d'Ancholie.* On la dit très-bonne dans la jaunisse. On en fait un gargarisme dans l'esquinancie & les ulceres de la gorge.

429. *Semence d'Aneth.* Elle est carminative, diurétique & hystér que.

430. *Semence d'Angélique.* On en fait un excellent ratafia en l'associant avec les femences chaudes contre la colique venteuse, les crudités & les indigestions.

431. *Semences d'Arroche.* Elles passent pour être purgatives & émétiques.

432. *Graine d'Avoine.* L'avoine torréfiée dans une poële avec quelques pincées de sel, renfermée dans une toile fine, & appliquée toute chaude fur le ventre, soulage la colique. On prépare avec l'avoine un excellent gruau pour les maladies de poitrine.

433. *Semences de Bardane.* Elles font diurétiques.

434. *Semences de Callebasse.* C'est une des quatre femences froides. Elle entre dans les émulsions.

435. *Graine de Cameline.* On fait avec cette graine un cataplasme emollient & résolutif.

G vj

436. *Graine de Carvi*. C'est une des quatre grandes semences chaudes. On la prescrit dans la colique & les indigestions.

437. *Semence de Carotte-sauvage*. On la donne depuis peu comme spécifique dans la colique néphrétique.

438. *Graine de Chanvre*. Cette graine cuite dans l'eau appaise la toux. On a guéri plusieurs malades de la jaunisse avec cette seule graine.

439. *Graine de Chardon-Bénit*. Cette graine infusée dans du vin blanc est un remede éprouvé contre la fievre quarte. Elle est aussi vermifuge.

440. *Graine de Chardon-Marie*. On la regarde comme un spécifique contre l'hydropisie. On la prescrit aussi dans les pleurésies & les rhumatismes.

441. *Graine de Citrouille*. C'est une des quatre semences froides.

442. *Pepins de Coings*. Ils sont incrassans & adoucissans. On s'en sert pour les brûlures & pour les hémorrhoïdes.

443. *Graine de Concombre*. C'est une des quatre semences froides.

444. *Graine de Coriandre*. Elle est carminative & stomachique.

445. *Graine d'Epurge*. Elle est vomitive & purgative.

446. *Semence de Fenouil*. C'est une des quatre grandes semences chaudes.

447. *Semence de Fenouil d'eau. Phellandrium aquaticum. Linn.* Une bonne dose de cette semence en poudre, prise sur une tartine de pain le matin, guérit les fievres intermittentes, adoucit les symptômes de la pulmonie, soulage dans les accidens vaporeux, corrige les

ulceres malins & chancreux , les fistules , &c.

448. *Graine de Fenugrec.* On en tire une farine émolliente , résolutive & anodine.

449. *Graine de Genest.* Cette graine prise dans l'hydromel purge violemment.

450. *Semence de Grande-Lunaire.* On la regarde comme détersive , incisive , apéritive & vulnéraire. On la recommande dans l'épilepsie.

451. *Semences de Gesse.* Elles sont propres pour arrêter les hémorrhagies & les fleurs blanches des femmes.

452. *Graines de Jusquiame.* On expose les engelures des pieds & des mains à la fumée de ces graines que l'on fait brûler sur un réchaud.

453. *Semence de Laitue.* On prescrit cette semence en substance dans les boissons rafraîchissantes.

454. *Semences de Lapathum sanguin.* Cette semence fortifie , resserre les parties relâchées & calme les douleurs. Elle est très-propre pour arrêter les écoulemens trop abondans de la matrice & les flux de ventre accompagnés de tranchées.

455. *Semence de Livesche.* Elle est carminative.

456. *Graine de Lin.* Elle est adoucissante, émolliente & diurétique. On s'en sert en Médecine dans une infinité de cas.

457. *Graine de Lupin.* La farine qu'on tire de cette plante est maturative & résolutive.

458. *Graines de Milium solis* ou *Gremil.* Elles sont apéritives. On les recommande dans les inflammations des prostates.

459. *Graine de Melon.* C'est une des quatre semences froides.

460. *Graine de Moutarde.* C'est un puissant sternutatoire, & un masticatoire des plus violens.

461. *Semence de Navet.* Elle est apéritive, & très-bien indiquée dans la suppression d'urine & la jaunisse. On l'emploie aussi avec succès dans les fievres malignes & éruptives.

462. *Semence de Nielle.* Elle est apéritive, & convient dans la suppression des regles. Elle a aussi une vertu incisive.

463. *Semence d Orobe.* Elle est résolutive, déterlive & apéritive.

464. *Graine d Orvale.* On tire de cette graine par la décoction dans l'eau un mucilage très-bon pour les maladies des yeux.

465. *Semence de Panais.* Elle est carminative & diuretique.

466. *Semences de Pavot.* Elles entrent dans plusieurs compositions pharmaceutiques. On fait bouillir les capsules qui renferment ces femences pour en préparer les bains de pieds propres à faire dormir.

467. *Semences de Plantain.* Les gens de la campagne font souvent usage de ces femences dans du lait contre les diarrhées.

468. *Semence de Paliure.* Elle passe pour spécifique contre la pierre & la gravelle.

469. *Semence de Perfil.* Elle est très-bonne contre la rétention d'urine.

470. *Pois Chiches.* La farine de ces pois, employée en cataplasme, est propre pour résoudre les tumeurs des mamelles & des testicules.

471. *Semence de Psyllium*, ou *d'Herbe aux Puces.* Cette femence fournit un mucilage fort

adouciffant & propre à appaifer les inflammations en l'affociant dans les cataplafmes avec
les autres femences rafraîchiffantes.

472. *Graines de Ricin.* Les graines de ricin
fuppléent parfaitement aux pignons d'Inde.
Elles font également purgatives & anthelmin-
tiques.

473. *Semence de Santoline.* C'eft un des meilleurs vermifuges.

474. *Semence de Sefeli.* Elle eft carminative,
emménagogue & diurétique.

475. *Semence de fophia Chirurgorum*, autrement *Thalictron.* Cette femence eft un remede
fort familier aux pauvres pour arrêter le cours
de ventre.

476. *Semence de Staphifaigre.* Son plus grand
ufage eft pour faire mourir les poux.

477. *Semence de Tanaifie.* On fubftitue cette
femence comme vermifuge au femen - contra
dans la Lorraine.

478. *Semence de Thlafpi.* Cette femence mâchée fait cracher ; elle peut par conféquent
paffer pour falivante.

479. *Semences de Violettes.* Elles font purgatives & diurétiques. On s'en fert dans la colique néphrétique.

§. I X.

Des Gommes, Mouffes & Excroiffances des Arbres.

480. *Agaric de Chêne.* Cette fubftance végétale, préparée & appliquée fur les coupures
& plaies, tarit le fang à l'inftant.

481. *Cuscute.* Elle est apéritive, propre pour les maladies mélancholiques, hypocondriaques & scorbutiques.

482. *Epithime.* C'est la cuscute du thym. Elle est plus estimée pour les maladies susdites que la cuscute commune.

483. *Eponge d'Eglantier.* On l'emploie en gargarisme pour les ulceres de la bouche & du gosier.

484 *Suc de Bouleau tiré de l'arbre par la thérébration.* On fait avec ce suc, des semences de carotte & le malt d'avoine, une excellente biere antiscorbutique.

485. *Gomme de Prunier.* Elle est propre pour dissoudre la pierre, pour la colique né¡hrétique, pour humecter la poitrine & exciter les crachats.

486. *Gui de Chêne.* Cette substance est regardée comme anti épileptique. On s'en sert aussi contre les vertiges & pour prévenir l'apoplexie.

487. *Lichen* ou *Pulmonaire de Chêne.* Cette plante est très-vantée pour les ulceres des poumons & les crachemens de sang. Les Anglois en font usage pour la phthisie & la consomption.

488. *Lichen* ou *Hépathique des Fontaines.* On se sert de sa decoction dans les maladies de la peau.

489. *Lentille d'eau.* On s'en sert en cataplasme pour les hernies des enfans, & pour calmer les douleurs de la goutte & des hémorrhoïdes.

450 *Mousse d'Arbre.* Elle est astringente.

491. *Oreille de Judas.* Cet agaric macéré dans l'eau est bon pour l'inflammation des yeux.

Son infusion dans du vinaigre est un excellent gargarisme dans l'esquinancie.

492. *Résine d'Aliboussier*. Elle est excellente pour les plaies. Prise intérieurement, elle est diurétique.

LETTRE X.

Sur la maniere de préparer les Plantes pour les Pharmacies.

Pour faire, Monsieur, la récolte des plantes qui vous seront nécessaires pour votre Pharmacie, attachez-vous spécialement aux endroits qui sont les plus favorables à chacune, où elles se plaisent le mieux & où elles profitent davantage. Ayez pour principe & même pour axiome en Botanique, que toutes les plantes que vous cultivez dans les jardins sont plus grasses ; que celles qui viennent naturellement dans les campagnes sont plus vigoureuses ; que celles que vous rencontrez sur les montagnes sont plus odorantes ; qne celles qui croissent dans les lieux aquatiques sont plus âcres ; & enfin que celles que vous ne pourrez vous procurer que par artifice pendant l'hiver, n'ont que très-peu de vertu, & se sentent du fumier qui leur a été prodigué. D'après ces principes fondamentaux, vous devez conclure que le vrai terrein propre aux plantes émollientes est un terrein bas & humide, & que pour avoir de bonnes plantes aromatiques, vous devez les chercher dans un terrein élevé & découvert. Le bon temps pour recueillir ces fleurs est celui où elles commencent à s'épanouir. Passé ce temps, elles perdent chaque jour de leurs parties volatiles, & par-là même de leurs vertus. Si vous attendez que ces fleurs tombent d'elles-mêmes pour en faire la récolte, vous devez pour lors être assuré qu'elles n'ont presque plus de force, & qu'elles ne sont par conséquent d'aucune utilité. Vous aurez encore un inconvénient particulier à craindre, si vous cueillez trop tard les fleurs de tussilage, de pied-de-chat, de bouillon blanc : les filamens des étamines & des pistils de ces plantes tiennent peu alors ; ils s'en détachent donc très-facilement ; & si vous les employez en infusion, en tisane, il en nage nécessairement dans la liqueur des parcelles qui prennent à la gorge, & importunent beaucoup les malades, sur-tout si les gardes-malades n'ont pas l'attention de passer l'infusion à travers un linge. Choisissez, autant qu'il vous sera possible, un beau jour pour faire votre récolte de fleurs, sur-tout celles de violettes : les temps pluvieux sont fort contraires à la récolte de ces dernieres. L'heure la plus favorable pour cette récolte est le matin, lorsque la rosée, après un premier rayon du soleil, s'en trouve enlevée : vous êtes pour lors persuadé que les ardeurs du midi ne les ont point trop épuisées de leurs parties essentielles.

Une chose à laquelle vous devez vous appliquer, c'est de connoître dans chaque fleur la partie où réside sa principale vertu. Dans les fleurs labiées le calice est la partie principale pour la Médecine, au lieu que dans les fleurs d'orange les pétales sont ce qu'il y a de plus odorant.

Quand les plantes ont des fleurs trop petites pour être considérées séparément, cueillez le haut de leurs tiges garnies des fleurs : ces bouts sont connus communément dans les boutiques sous le nom de sommités fleuries. L'abſynthe, l'armoiſe, le caille-lait jaune & blanc, l'euphraiſe, la germandrée, l'ivette, le ſcorlium, l'hyſſope, la marjolaine, l'origan, la ſauge, le thym, la lavande, la petite centaurée, le millepertuis, la fumeterre, ſont toutes autant de plantes dont vous devez conſerver les ſommités. Quant aux fruits, ſi vous voulez vous en ſervir incontinent, ne les cueillez que dans leur parfaite maturité : mais, ſi vous voulez les conſerver, cueillez-les un peu avant. En général, pour avoir les fruits bons, vous devez les choiſir bien nourris & bien conditionnés, chacun en ſon eſpece. Si ce ſont des ſemences ou des graines que vous avez à recueillir, n'en faites la récolte que lorſqu'elles ſont parfaitement mûres : choiſiſſez-les de même que je vous l'ai conſeillé pour des fruits, bien nourries & bien conditionnées, c'eſt à-dire, qu'elles aient toutes l'odeur & la ſaveur qui leur conviennent. Pour ce qui concerne les tiges, lorſque vous êtes obligé d'en ramaſſer, donnez toujours la préférence aux plus fortes & aux mieux nourries, à moins que vous n'ayiez des raiſons particulieres d'en uſer autrement. A l'égard des bois, celui du tronc de l'arbre eſt préférable à celui des branches pour les Pharmacies : le plus peſant eſt toujours le meilleur. Si ce ſont des écorces d'arbres qui vous ſont néceſſaires, choiſiſſez celles des jeunes préférablement à celles des vieux. Le meilleur temps pour en faire la récolte, afin de pouvoir mieux les conſerver,

eſt la fin de l'automne. En les cueillant au commencement du printemps, elles ſont plus abondantes en ſucs ; mais généralement la différence en eſt de ſi peu de conſéquence, qu'il
ſeroit inutile ici de vous en faire un précepte.
Exceptez-en néanmoins les écorces réſineuſes :
il vaut mieux les cueillir au printemps, lorſque
la ſeve eſt prête à ſe mettre en mouvement.

Pour conſerver les feuilles des plantes, ſi
vous voulez les avoir dans toute leur vigueur,
il faut en faire votre proviſion aux approches
du temps de la floraiſon. Si vous n'avez beſoin
que de feuilles qui s'emploient toutes récentes,
cueillez les uniquement à meſure qu'elles vous
ſeront néceſſaires ; &, en cas que vous trouviez dans la même eſpece de plante des indi-
vidus plus ou moins avancés, choiſiſſez toujours par préférence la plante qui paroît dans
l'état le plus favorable. Si c'eſt, par exemple,
des feuilles de bourrache dont vous avez beſoin,
cueillez-les ſur un pied qui s'apprête à fleurir,
plutôt que ſur celui qui ne fait que naître,
ou que ſur celui qui eſt actuellement en pleine
fleur, ou déja défleuri & prêt à périr.

Les feuilles des herbes émollientes, pour
mériter ce titre, doivent être néceſſairement
tendres & molles. Si vous voulez donc, Monſieur, en avoir de cette ſorte, attachez vous
ſur tout aux plantes les plus jeunes ; les feuilles
ſeches & dures ne valent rien. Comment de pareilles feuilles pourroient-elles communiquer
une molleſſe qu'elles n'ont plus elles-mêmes ?

Les racines doivent avoir encore un temps
propre pour leur récolte. Celles des plantes an-
nuelles qui croiſſent en même temps que les
tiges, demandent d'être cueillies dans l'âge

adulte de la plante au temps de la floraison, lorsqu'elles ont acquis toute leur grosseur, pourvu qu'elles soient encore tendres ; car elles sont sujettes à devenir dures ou cardées dans leur arriere-saison. Les racines vivaces s'arrachent sur la fin de l'hiver, ou au premier printemps. Cependant il vaut encore mieux les arracher au commencement de l'hiver, ou sur la fin de l'automne, qu'au commencement de l'automne ou à la fin du printemps. Ayez surtout égard à la nature de chaque plante, suivant qu'elle est ou précoce ou tardive.

Les Apothicaires - herboristes conservent les plantes d'année à autre, afin de les trouver toujours au besoin. Les années seches sont infiniment meilleures que les années pluvieuses & humides, pour pouvoir ainsi les conserver. Il y en a qui ne sont pas de nature à pouvoir l'être : telles sont les cruciferes. Quelques autres peuvent se garder plusieurs années sans être renouvellées, pourvu qu'elles aient été cueillies dans les années favorables.

Après avoir bien fait sécher vos plantes, remuez-les & secouez-les sur un tamis de crin pour en séparer les ordures & les insectes ou œufs d'insectes qui peuvent s'y trouver, & souvent même en assez grande quantité ; ensuite serrez-les dans des sacs de papier, ou dans des boîtes de bois garnies de papier, ou, ce qui vaut beaucoup mieux, dans des bouteilles de verre exactement bouchées. Les fleurs de violettes & de roses rouges exigent sur-tout cette précaution. Cependant vous pouvez épargner la dépense des bouteilles de verre pour les autres fleurs : ayez seulement attention de les tenir dans des boîtes, en un endroit sec, & peu exposé aux viciſſitudes de l'air ; car elles ſont ſujettes à s'amollir & à ſe reſſécher alternativement dans les boîtes même, ſuivant qu'il fait des temps humides ou ſecs. En faiſant bien ſécher, & en tenant parfaitement ſerrées les fleurs de caille-lait, vous parviendrez à leur procurer une odeur de miel fort agréable. Ces fleurs peuvent ſe conſerver un an en bon état. Il n'en eſt pas de même des fleurs liliacées ; elles perdent entiérement leur odeur, dès que vous les deſſéchez, de quelque maniere même que vous puiſſiez vous y prendre. Il en eſt à-peu-près de même des roſes pâles & des roſes muſcades ; elles perdent auſſi preſque toute leur odeur en ſéchant. Il y a en cela une grande différence des roſes de Provins : lorſqu'elles ſont fraîches, elles ont peu d'odeur ; elles en acquierent beaucoup par la deſſication, & ſe conſervent en bon état pendant pluſieurs années.

Si vous faites ſécher lentement les fleurs de bourrache & de bugloſſe, elles pâliſſent & ſe décolorent entiérement. Une attention que vous devez avoir en faiſant ſécher les fleurs d'œillet & de roſes rouges, c'eſt de les monder préalablement de leurs onglets.

Vous avez encore de certaines fleurs qui perdent entiérement leur couleur ſi vous les faites ſécher à l'air libre. La violette, la germandrée, la petite centaurée, ſont de cette nature. Pour obvier à cet inconvénient, il ſuffit de les aſſembler par petits paquets ; enveloppez-les de papier pour les faire ſécher, mais néanmoins toujours à une chaleur ſuffiſante pour pouvoir opérer une deſſication très-prompte. Si vous voulez ſur-tout conſerver la couleur des violettes, faites-les ſécher avec leurs calices, après

quoi seulement vous les mondrez. Une obfervation que vous avez encore à faire à l'occafion des violettes, c'eft qu'elles confervent leur
couleur très-long-temps, lorfque vous en avez
tiré une bonne partie de la teinture par l'infufion dans l'eau bouillante, & que vous les
avez exprimées & féchées promptement.

Nos ancêtres avoient anciennement l'ufage
de faire fécher leurs plantes doucement & à
l'ombre. Sylvius eft le premier qui a obfervé
qu'elles perdent beaucoup moins à être féchées
rapidement.

Pour les faire fécher, commencez d'abord
par les bien monder ; nettoyez-les de toutes
parties étrangeres ou altérées ; expofez-les enfuite à l'ardeur du foleil ou d'une étuve, ou
fur un four de Pâtiffier ou de Boulanger. Gardez-vous de les amonceler; elles s'échauffe-
roient enfemble, & s'altéreroient confidérablement. Etendez-les par couches peu épaiffes,
& remuez-les même plufieurs fois par jour, afin
de multiplier & renouveller leurs furfaces. Pour
agir encore mieux, vous ferez bien de les étendre fur des canevas ou groffes toiles fufpen-
dues, afin de donner plus de liberté à la circulation de l'air. Si c'eft au foleil que vous
les faites deffécher, vous aurez foin de les retirer tous les foirs, afin de les préferver de
l'humidité de la nuit. En gardant ces précautions, vous conferverez très-long-temps à vos
plantes leurs couleurs, leurs odeurs & toutes
leurs propriétés. Si vous les faites au contraire
fécher par tas ou très-lentement, elles fe fanent
pour l'ordinaire entr'elles, fe noirciffent, fe
moififfent, perdent toutes leurs vertus, fe cor-
rompent même & contractent de mauvaifes qua-

lités. Plus les plantes font naturellement fucculentes, plus elles demandent de célérité pour
le deſſéchement : elles font pour lors plus fuf-
ceptibles d'une fermentation intérieure. Cependant les plantes aromatiques, lorſqu'elles font
deſſéchées rapidement, paroiſſent d'abord fra-
giles, caſſantes, & répandent peu d'odeur ; mais,
quelques jours après, elles reprennent leur fou-
pleſſe & redeviennent enſuite très odoriférantes.
A l'égard des plantes cruciferes & anti-ſcorbutiques, en vain vous opiniâtreriez-vous à
vouloir les deſſécher. Ainſi deſſéchées, vous
ne leur trouverez plus aucune vertu.

Les plantes aromatiques, lorſqu'elles con-
tiennent des principes très-volatils, n'exigent
pas d'être deſſéchées rapidement : il faut leur
ménager le degré de chaleur à proportion.
Après vous avoir expliqué la méthode de faire
deſſécher & préparer les feuilles & fleurs, je
paſſe aux femences. Je les diſtinguerai, pour
plus grande facilité, en femences arides, farineuſes & émulſives. Les arides font auſſi dures
dans toute leur ſubſtance que dans leur écorce.
De cette claſſe font les femences de coriandre,
d'anis, qui croquent fous la dent.

Les farineuſes font celles qui ont la ſubſtance
de leurs côtés comme poudreuſe. Cette ſubſtance ſe réduit aiſément fous la dent en une
farine mollette : tels font les bois & les femences des plantes légumineuſes. Les femences
émulſives ont dans leurs lobes beaucoup de matiere huileuſe : cette matiere étant mâchée ou
arroſée avec de l'eau, rend la falive ou l'eau
blanche & comme laiteuſe. Telles font les femences des plantes cucurbitacées auſſi-bien que
les amandes. Vous aurez de la peine à con-

ſerver

ferver long-temps les femences émulfionnées, malgré toutes les précautions que vous pourrez apporter à leur defféchement ; elles perdent beaucoup de leur qualité en vieilliffant : les amandes vieilles ne valent auffi plus rien. Quand elles font fraîches, elles font douces, blanches & fermes : mais viennent - elles à vieillir, elles fe colorent, fe rident, ranciffent & contractent une très-mauvaife qualité. Lorfque les femences que vous voulez garder fe trouvent renfermées dans des capfules feches, confervez les dans leurs capfules autant que vous pourrez. Quant à celles qui font renfermées dans des fruits charnus, tirez-les-en pour les deffécher. Rien n'eft plus facile à fécher que les femences : pourvu que vous les expofiez dans un erdroit fec & médiocrement chaud, cela fuffit. Si vous voulez garantir les femences émulfives de rancir trop vîte, ne les faites pas trop deffécher.

Les racines demandent plus de fujettions pour leur exficcation : il faut préalablement les monder, en couper les filamens & les frotter d'un linge rude pour en emporter la terre & les ordures qui peuvent y être adhérentes. Souvent même vous trouvez des racines que vous êtes obligé de laver pour pouvoir les bien nettoyer ; après quoi vous les faites fécher rapidement. Vous les étendez pour cet effet fur des toiles, fi elles font petites, ou même dans des tamis, fi vous n'en avez pas beaucoup à faire fécher. Si au contraire elles font groffes & charnues, vous les coupez par rouelles, & vous les enfilez avec une ficelle en guife de chapelet avant de les mettre fécher. Telles font les racines de bryone, d'*énula campana*. Si elles fe trouvent cordées, commencez par les fendre en long, &

arrachez-en les cordons. Les racines gluantes & mucilagineuſes ſont fort ſujettes à ſe moiſir. Pour parer à cet inconvénient, lavez-les bien après les avoir coupées par tranches, afin de leur enlever une partie de leur mucilage. Vous leur diminuez par-là un peu leur vertu ; mais en revanche vous avez l'avantage de pouvoir les conſerver. Il arrive quelquefois que pour conſerver vos racines fraîches pendant l'hiver, vous les mettez à la cave ; mais elles y végetent, s'y épuiſent & ſe réduiſent preſqu'à rien. De toutes les racines, les bulbes ou oignons ſont les plus difficiles à ſécher. Vous aurez bien de la peine d'en venir à bout, à moins que vous n'ayiez recours à la chaleur du bain-marie, après les avoir duement effeuillées & enfilées. La racine d'arum eſt peut-être une de celles qui méritent le plus d'attention de la part d'un Herboriſte. La différence prodigieuſe de ſes qualités lui vient des différens états où elle peut être priſe.

Cette racine a un tubercule charnu, blanc, irréguliérement arrondi, garni de quelques fibres, & rempli, ſur-tout au printemps, d'un ſuc laiteux. L'acrimonie de ce ſuc eſt telle que, pour peu qu'on le goûte, la langue vivement piquée s'en reſſent pendant un jour entier. Si vous deſſéchez & conſervez ſimplement cette même racine, ſes couches extérieures en deviennent preſqu'inſipides, tandis que l'intérieure recèle long-temps une âcreté conſidérable. Vous pouvez concevoir par-là comment cette même racine a pu être employée à faire du pain pour les pauvres en temps de diſette ; à faire ici de l'amidon, & là du ſavon pour les Blanchiſſeuſes ; à faire en Médecine, pour l'uſage intérieur, tantôt un fondant, tantôt un purgatif & un ſtoma-

chique; pour l'ufage extérieur, tantôt un ano-
din, tantôt un déterfif. Il feroit à defirer qu'indépendamment des racines d'arum qu'on peut
toujours avoir fraîches, mais plus ou moins
fucculentes, fuivant la diverfité des faifons, on
en recueillît tant au printemps qu'en automne;
& qu'on en gardât au moins pendant deux ans
les unes entieres, les autres fendues en quatre,
toutes avec la date du jour, du mois & de
l'année où elles auroient été cueillies, afin d'en
pouvoir toujours trouver dans les boutiques avec
les conditions que le Médecin jugeroit à propos de prefcrire. Les racines d'orchide demandent auffi une préparation particuliere. J'aurai
occafion d'en parler ailleurs.

Je fuis, &c.

Paris, ce 8 Octobre 1768.

LETTRE XI.

*Sur les Plantes qui donnent du mauvais
goût à la chair & au lait des Animaux.*

Tout eft intéreffant, Monfieur, dans le
regne végétal : les plantes qui fervent de nourriture aux animaux, ne méritent pas moins notre
attention que celles dont nous nous nourrif-
fons; elles communiquent fouvent à leur chair
& à leur lait un goût défagréable, & quelquefois même purgatif. Je vous en donnerai ici
quelques preuves convaincantes.

Vous connoiffez le thlafpi, cette plante qui
eft fi commune dans vos terres en friche, &

qui périt tous les deux ans. Il s'en trouve d'une espece à odeur d'ail, & qui croît naturellement dans les pays chauds : les vaches & les moutons ne peuvent manger de cette herbe, sans qu'ils n'en contractent le goût, souvent même sans en être incommodés ; leur chair & leur lait en acquierent une mauvaise qualité qui s'étend même sur le beurre & le fromage qu'on retire du lait. Il est, Monsieur, de la derniere importance pour un Cultivateur de détruire cette herbe, ou du moins d'empêcher les vaches & les moutons d'en manger, principalement de celle qui a l'odeur d'ail. Pour changer la substance des chairs des animaux qui ont mangé du thlaspi, il faut leur donner d'autre nourriture, & leur faire garder l'étable pendant sept ou huit jours. Un foin sec & bien choisi qu'on substitue à ce thlaspi, dissipera insensiblement le mauvais goût de leur chair & de leur lait. Le temps où le thlaspi multiplie le plus dans nos champs est l'automne.

L'ache de montagne ou la livesche, qui croît sur les hautes montagnes des Alpes, & qu'on cultive dans nos jardins, communique pareillement un mauvais goût à la chair & au lait des vaches qui en sont néanmoins fort avides. Je suis sûr de ce fait, par l'expérience que j'ai faite dans la maison de campagne que possédoit mon pere. Je fis donner un soir à une vache une ou ou deux poignées de livesche ; elle la mangea avec voracité. Le lendemain matin, quand on a voulu boire de son lait, il avoit un si mauvais goût & une odeur si forte, qu'il ne fut pas possible d'en user intérieurement.

L'euphorbe, qui passe pour une espece de tithymale, de même que toutes les autres plantes laiteuses de cette famille, dont le suc est âcre, cauftique & d'une couleur de lait, donne auffi un goût très-défagréable au lait & à la viande. Les moutons n'en ont pas plutôt mangé, qu'ils ont auffi-tôt la diarrhée. Ils en font néanmoins très-friands, de même que les vaches, qui font fouvent malades après en avoir mangé. On ne s'eft encore apperçu d'aucun mauvais effet de ces fortes de plantes fur les chevres. A l'occafion de celles-ci, je vous ferai une obfervation fur le lait qu'elles fourniffent. Il eft aftringent, & en cette qualité on l'ordonne dans les maladies de confomption, notamment quand il y a cours de ventre féreux. La vertu aftringente de ce lait ne provient que de ce que ces animaux fe plaifent à brouter les bourgeons de chêne, d'épine blanche & autres arbuftes & plantes aftringentes. Quand on fe fert du lait de chevre comme médicament, il faut avoir grand foin d'empêcher ces animaux de brouter des plantes connues par l'âcreté & la caufticité de leurs fucs.

Le laitron, plante qui n'eft pas rare dans les champs, les vignes & les jardins, plaît beaucoup aux ânes. Le lait de vache en eft altéré quand elles en mangent; cependant c'eft la nourriture favorite des lievres. M. Hagftram, célebre Médecin Suédois, a obfervé que toutes les plantes ombelliferes changeoient entiérement le goût du lait.

Si le lait tient fa qualité (*qui ofera même en faire un problême?*) des plantes qui fervent d'alimens à l'animal qui nous le fournit, ne pourroit-on pas parvenir à avoir un lait antifcorbutique, en faifant manger aux animaux de la dent-de-lion ou piffenlit, du cochléaria, du beccabunga, des bourgeons de fapin, de

pin ou autres plantes ... ... abatiques ? Ne
parviendroit-on pas à fe ... du lait un spécifique pour la goutte & la fievre , en donnant
aux vaches & aux chevres de la morelle ou
du tithymale ? C'est-là l'observation que fait
judicieusement M. Steno-Charles Bielke , Membre de l'Académie Royale de Stockholm ; &
il appuie , Monsieur, son sentiment sur l'usage
qu'ont fait les Médecins de médicamenter les
Nourrices, lorsque les enfans qu'elles allaitent
ont quelques maladies. Tous les jours on ordonne aux Nourrices de la racine de scorson-
nere en décoction , pour purifier la masse de
leur sang , & en même temps celui de leurs
enfans ; tous les jours on purge les enfans à
la mamelle , en purgeant leurs Nourrices. Le
lait des femmes participe donc de la propriété des médicamens qu'elles prennent ; pourquoi pas aussi des alimens ? Si le lait des femmes change de nature suivant les alimens
qu'elles prennent, pourquoi pas celui des animaux ? Je crois, Monsieur, qu'en bonne phi-
losophie , la conclusion de cet argument est tirée
des prémisses. On prétend que les lentilles & la
laitue donnent beaucoup de lait aux Nourrices.

Nous en avons encore parmi les végétaux
plusieurs qui ont la vertu de faire venir du lait
aux femmes. La verveine a entr'autres cette
propriété ; un demi-setier de son infusion ,
donné trois heures après souper , fait très-bien
dans ce cas, pourvu qu'on ait la précaution
d'empêcher la Nourrice de manger pendant la
nuit. Rien n'augmente plus le lait que de
donner pour boisson la décoction des feuilles
& racines de mauve , fenouil & menthe. On
recommande aussi quelquefois aux Nourrices

qui n'ont point de lait, l'infusion des semences
d'aneth & d'anis.

Quand on prescrit l'usage du lait de vache,
d'ânesse, de jument ou de chevre aux malades,
c'est pour l'ordinaire au printemps, quand les
herbes sont dans toutes leurs forces & vigueur;
& en automne, quand elles conservent encore
un reste de leur vertu, & paroissent renaître
pour ainsi dire, pour périr aussi-tôt. Le trefle,
la luzerne, le sainfoin, les feuilles d'acacia &
autres plantes de cette espece, font venir du
lait en abondance aux vaches. Le lait qui provient de ces plantes est même très-délicieux.
Vous ne pourez donc assez prendre de soin
pour multiplier ces bonnes especes, & pour
faire extirper toutes les mauvaises herbes qui
sont autour de votre Village & dans vos paquis, de peur que vos bestiaux n'en mangent,
& que leur lait n'en soit altéré. C'est une
chose à laquelle les Paysans ne prennent pas
assez d'attention. Vous en savez mieux qu'eux
les suites; vous seriez par conséquent, Monsieur, plus blâmable, si vous négligiez ce petit détail.

On a observé de nos jours que la racine de
garance, mangée par les animaux, changeoit
la couleur de leurs os, & les rougissoit. Si on
donne ensuite aux animaux qui en ont mangé,
d'autre nourriture, la couleur rouge de leurs os
diminue insensiblement, & les os reprennent
leur couleur naturelle le quatorzieme jour au
plus tard. Les racines de cinanchine & de caille-
lait font aussi le même effet.

Pour vous convaincre encore davantage de l'effet
que produit la différente nourriture sur les animaux, & combien elle est capable de changer le

goût de leur viande, je ne veux vous citer pour exemple que le lievre. Quelle différence de goût dans sa chair pendant l'été & l'automne ! Un lievre est un mets exquis pendant l'été : pourquoi ? C'est qu'il se nourrit dans cette saison de toutes sortes de jeunes plantes pleines de suc délicieux & d'une odeur agréable, tandis que pendant l'hiver, il est obligé de se contenter de seigle nouveau qu'il ronge, ou d'écorce de rejettons de tremble, de pommier & d'autres arbres qu'il ravage. D'où vient pareillement la délicatesse des grives en automne, sinon des graines de genievre qu'elles mangent pour lors, & dont elles sont tort friandes ? Leur chair est insipide pendant l'été ; aussi ne se nourrissent-elles pour lors que d'insectes. On recherche par-tout dans les tables, même les plus délicates, la chair des moutons de la Provence & du Languedoc ; la raison en est toute simple. Ces Provinces fournissent en abondance du romarin, du thym, du serpolet, de la marjolaine & autres herbes aromatiques. Les moutons ne peuvent manger de ces herbes, sans que leur chair ne participe au goût de ces plantes.

Je vous ai prouvé, Monsieur, par les effets, combien les végétaux contribuent à la bonté du lait & de la chair des animaux. Je vais encore plus loin, & je dis qu'ils contribuent encore à la couleur & à l'odeur de nos excrémens & de ceux des animaux.

Vous n'ignorez pas l'usage que les anciens Médecins ont introduits de l'urine des vaches pour la cure de plusieurs maladies. Ils la disent purgative. Ils prétendent qu'elle évacue toutes les sérosités, même sans tranchées ; ils la con-

feillent dans l'afthme, l'hydropifie, les rhumatifmes, la goutte, la fciatique & les vapeurs. Ils
lui ont donné le nom d'eau de mille-fleurs, pour
cacher fon vrai nom aux malades qui en ufent,
de peur de les dégoûter. Ils avoient grand foin
de ne la prefcrire qu'à la fin de Mai. Vous en
fentez, Monfieur, la raifon; & en effet, les
vaches ne fe nourriffent dans ce mois que
d'herbes qui font en fleurs, & qui ont encore
tous leurs premiers fucs. Ils pouffoient même
plus loin leur attention; ils vouloient que les
vaches pâturaffent même en pleine campagne, &
jamais dans des clos. Leur urine, fuivant l'obfervation qu'ils en avoient faite, en étoit
meilleure, parce que les vaches, difoient-ils,
difcernent parmi les différentes herbes celles
qui leur conviennent le mieux, & qui leur
font plus analogues. Le Créateur leur a donné
une efpece d'inftinct, qui leur fait rejetter ce
qui leur eft nuifible; cet inftinct l'emporte fouvent fur notre raifon, par l'abus que les hommes en font.

On tire encore de la fiente des vaches, pendant le mois de Mai, par la diftillation, une
eau qu'on appelle auffi eau de mille-fleurs, &
qui eft cofmétique, propre à adoucir la peau
du vifage. Cette eau ne doit fa vertu, fi elle
en a, qu'au fuc des plantes dont fe nourriffent
alors les vaches.

Leffer affure que le coftus ou cocq, & le
figuier d'Inde rendent l'urine rouge. Si on
mange de la betterave, l'urine prend auffi une
teinte rouge. Tout le monde fait que la rhubarbe donne à l'urine une couleur jaune, & que
les afperges lui donnent une odeur défagréable : vous ne ferez peut-être pas fâché

H v

d'apprendre ici le moyen de détruire la mauvaise odeur que les asperges donnent à l'urine. Il ne s'agit, dit M. Macquer, que de mettre au fond du vaisseau dont on se sert pour uriner, de l'eau assez chargée d'acide marin, pour qu'elle ait l'acidité du plus fort vinaigre. Cet acide, connu sous le nom d'esprit de sel, est d'autant plus propre à cet usage, qu'il est luimême exempt de toute odeur désagréable, & qu'il est peu coûteux. Les eaux de senteur peuvent déguiser en partie la mauvaise odeur des asperges ; mais l'acide marin la détruit absolument, & n'en laisse subsister aucune impression. Indépendamment de cette utilité de pratique, ce fait peut conduire à connoître la nature du principe volatil qui se développe de l'asperge, par l'effet de la digestion dans le corps humain.

La térébenthine donne à l'urine une odeur contraire à celle que donne l'asperge. L'urine de ceux qui ont pris de la térébenthine, contracte une odeur de violette ; & ce qu'il y a de plus singulier, c'est que notre urine acquiert cette odeur, sans prendre, même intérieurement, de la térébenthine ; il suffit d'avoir resté pendant quelque temps, dans un endroit où il se trouve de cette substance. Les chambres nouvellement vernissées, à cause de la térébenthine qui entre dans le vernis, produisent aussi sur nous cet effet.

Vous voyez, Monsieur, par les changemens qui peuvent arriver aux urines, eu égard aux alimens dont nous nous nourrissons, combien la connoissance des urines est incertaine pour celle des maladies, & dans quel charlatanisme tombent ceux qui donnent dans cette Science

L'urine rougeâtre, dit-on, annonce l'inflammation dans les reins. Le figuier d'Inde produit cet effet ; les asperges rendent l'urine chargée & puante ; la térébenthine lui donne une odeur de violette ; plusieurs plantes clarifient les urines, ce qui fait penser pour lors à ces prétendus connoisseurs que l'urine est crue, & souvent mal-à-propos ; la quantité de boisson fait aussi la même chose. On ne peut donc assez sévir contre de pareilles gens, qui abusent de la crédulité du Peuple.

La sueur tient encore quelquefois de la qualité des alimens. Rien n'est plus commun en Pologne que d'entendre des gens de qualité se vanter que leur sueur sent le vin de Hongrie ; les Juifs & tout ce qui les approche, maisons, habits, meubles, tout a une odeur insupportable. Ils sont à Metz au nombre de près de six mille ; ils ont dans la Ville un quartier à part : vous ne pouvez entrer dans ce quartier sans ressentir l'odeur la plus désagréable. Pénétrez dans leur maison ; vous êtes obligé d'en sortir aussi-tôt, tant l'infection est grande. On a recherché long-temps la cause de cette puanteur : on l'a souvent attribuée à leur mal-propreté ; & fondé sur ce principe, on a cru pour un temps que ces sortes de gens seroient capables d'introduire dans une Ville un air pestiféré. Mais actuellement on est bien revenu de ces idées. On est persuadé que l'odeur qu'ils exhalent ne provient que de la nourriture qu'ils prennent, & sur-tout des aulx, dont ils font grand usage. Cette plante est anti-pestilentielle.

Je suis, &c.

Paris, ce 25 Octobre 1768.

LETTRE XII.

Sur le Spigelia, surnommé Anthelmia.

LE bois de quaſſi a été jugé, Monſieur, à votre avis, digne d'être admis dans la claſſe des nouveaux médicamens. La plante dont je veux vous entretenir ne mérite pas moins cette prérogative; c'eſt un vrai ſpécifique contre les vers. Vous n'ignorez pas à combien de maladies nous ſommes expoſés par l'exiſtence de ces petits animaux dans nos inteſtins; ils donnent ſouvent la mort à ceux dont ils tirent la nourriture. Je laiſſe à des Phyſiciens plus habiles que moi l'explication de la génération des vers dans le corps humain. Cependant, je ſuis perſuadé qu'ils ſe reproduiſent de même que tous les autres animaux, & qu'ils ne proviennent pas des œufs des mouches, qui ſont des inſectes totalement différens des vers; ils ne ſont pas non plus engendrés par des ſubſtances douces; elles ne leur ſervent que de nourriture.

Ce ne ſont que des anciens Philoſophes, peu verſés dans les ſecrets de la nature, qui ont oſé avancer que les inſectes devoient leur naiſſance à la putréfaction, & les vers aux choſes douceâtres. Les vers ne ſont pas des inſectes, ni même des larves d'inſectes; mais ce ſont des animaux tout-à-fait diſtincts, qui ſe multiplient par le même méchaniſme que tous les autres animaux qui habitent la surface de ce globe. Il est probable qu'ils parviennent à notre estomac & à nos intestins par le moyen de l'eau que nous buvons , ou des alimens que nous prenons, sur-tout lorsqu'ils sont encore petits ; & ils prennent insensiblement de l'accroissement, quand ils y trouvent des alimens qui leur sont homogenes.

Il y a, dans les différentes parties du corps humain, différentes sortes de vers qui s'y nourrissent. Les plus communs sont les ascarides ; ils sont très-petits, & fixent ordinairement leur séjour dans les gros intestins : on en trouve de la même espece dans les endroits marécageux.

Les lombrics se plaisent aussi dans nos intestins ; ils sont du même genre & de la même espece que ceux qu'on trouve dans la terre, quoique les lombrics des intestins paroissent plus blancs que les vers de terre, & que leurs anneaux ne soient pas si apparens, ce qui a induit quelques Naturalistes dans l'erreur, en pensant qu'ils étoient par cette raison totalement distincts des vers terrestres ; mais ils ont les uns & les autres environ cent incisures, & une espece de pointe renversée aux trois côtés de chaque incisure ou anneau.

Le ver qu'on nomme *solitaire*, & qui occupe tout le tube intestinal, reçoit tous les jours de nouveaux accroissemens ; en sorte qu'il parvient à la longue à acquérir une grandeur qui paroît surprenante. On a cru avoir remarqué dans ces vers une espece de tête ; mais en les examinant, on est convaincu du contraire. Il y a encore une autre espece de ver, qui s'engendre, ou plutôt qui se nourrit dans le corps humain, à qui on a donné le nom d'ascaride lombricoïde, parce qu'il a la grandeur des lombrics, & la forme des afcarides.

Les enfans, fur-tout ceux qui font délicats, & qui ont une efpece de faim canine, font fujets aux vers. On en eft d'autant plus fûr, que leur mouvement perpétuel le dénote. Les adultes y font moins fujets, fur-tout ceux qui menent une vie laborieufe, & qui font fouvent ufage de vin, d'ail, d'alimens âcres & de difficile digeftion. Le vin eft fans contredit le plus grand ennemi des vers. Qu'on en verfe fur la terre où ils ont leur retraite, auffi-tôt on les en voit fortir & abandonner le lieu qu'on en a humecté. Les Ruffiens & les Turcs, tant les adultes que les enfans, n'ont jamais de fievres vermineufes, par rapport aux aulx dont ils font leur régal. On a cru anciennement que le fucre favorifoit la génération des vers; cependant on a des preuves contraires, puifqu'un peu de fucre pulvérifé, jetté fur un ver, le fait mourir auffi-tôt. On remarque que les vers de terre font plus agiles & paroiffent davantage dans les temps de pluie, d'orage, & dans l'arriere-faifon. Les vers du corps humain fe font auffi plus reffentir dans ces temps. On prétend, mais je me garde bien, Monfieur, de vous l'affurer, que dans les pleines lunes & dans les nouvelles, les enfans qui ont des vers ont pour lors des paroxifmes plus violens. Si cela eft, la raifon n'en eft pas aifée à donner. Les afcarides, qui font en un mouvement continuel, & qui picotent les membranes des gros inteftins, fur-tout le *rectum*, ne peuvent le faire fans y occafionner de vives douleurs. Les lombrics, par leur petites pointes recourbées, allant continuellement de haut en bas,

& *vice verſâ*, dans le canal inteſtinal, y occaſionnent auſſi des picotemens; ils en lace-
rent les membranes, qui ſont ſi délicates; ils
percent même les inteſtins. Le ver ſolitaire
dévore la plupart des alimens que nous prenons; & par ſes pointes, qui ſortent de chacune de ſes articulations, il chatouille vivement, pique & racle en quelque façon la tunique interne des inteſtins, d'où s'en ſuivent
les plus terribles ſymptômes. C'eſt par toutes
ces cauſes que les vers donnent lieu à une infinité de maladies: non-ſeulement ils occaſionnent des tranchées, des convulſions, l'épilepſie,
la faim canine, la folie, la diarrhée, mais encore la paſſion hyſtérique, la cardialgie, l'hypocondriacie, les fievres & quantité d'autres
affections. Ainſi, quoique les vers ne ſoient
pas à proprement parler une maladie, on peut
dire qu'ils en ſont ſouvent la cauſe. On ne
s'apperçoit jamais mieux de l'exiſtence des
vers, que lorſqu'on eſt à jeun. Ces animalcules ne trouvant aucune nourriture par leur agi-
tation, donnent lieu à des ſymptômes les plus
frappans, qu'on voit diminuer inſenſiblement,
lorſque les perſonnes qui en ſont affectées prennent des alimens. C'eſt pour cette raiſon que
les Médecins, lorſqu'ils preſcrivent aux malades les vermifuges, ont grand ſoin de les leur
preſcrire à l'heure accoutumée pour leur repas;
ils leur interdiſent pour lors les alimens, &
ils enveloppent ces vermifuges dans du lait,
afin de mieux attirer au piege ces animalcules
voraces.

La multitude des maladies auxquelles les
vers ont donné lieu, ont porté les Médecins

à s'appliquer avec plus de foin à connoître les remedes capables de les détruire; & , malgré la quantité dont ils ont enrichi la matiere médicale, ils n'en ont encore trouvé aucun de vraiment efficace.

Ils ont employé parmi les végétaux les amers, tels que la femence de contrevers, celle de tanaifie, fon fyrop & fa conferve, l'huile d'aurone, le chardon bénit, la petite centaurée, la gentiane, les amandes ameres, la myrrhe, la ferpentaire de Virginie, la racine d'ariftoloche, celle de dictamne blanc, l'abfynthe, le menyanthe. Ces remedes, dit Boerhaave, agiffent plutôt, en fortifiant & donnant du ton aux inteftins, qu'en tuant les vers. Le fiel de taureau épaiffi eft auffi un amer fort vanté contre les vers.

Les purgatifs n'expulfent pas feulement les vers, mais auffi ils les affomment. La rhubarbe, l'aloès, la gratiole, les femences de nielle, les feuilles d'ellébore, l'huile cuite d'yeble, la poudre de coloquinte, avec le fiel de bœuf & l'huile d'abfynthe, la poudre de cornachine, à la dofe de deux fcrupules, font très-bien dans ces cas.

On recommande auffi comme vermifuges les médicamens qui ont une odeur puante, tels que l'ail, le fcordium, l'affa-fœtida, la rhue, le caftoreum, le galbanum, le camphre, la liqueur de corne de cerf, l'écorce de citron, la femence de *chenopodium anthelmenticum*, prife à la dofe d'une once, celle de fcrophulaire, à la dofe d'un gros.

Le regne minéral n'eft pas moins fécond en vermifuges. Les cendres calcinées d'étain d'Angleterre, le mercure cuit avec l'eau & le vin, le mercure doux, l'œthiops minéral, le plomb éteint huit fois dans l'eau de pourpier, la limaille de fer, le vitriol de Mars, à la dose de huit grains; l'eau martiale, la saumure liquide des viandes salées, à la dose d'une ou de deux cuillerées; la coraline pulvérisée, la corne de cerf brûlée, le sel de Sedlitz, sont autant de remedes que la Médecine a employés pour détruire cette dangereuse famille.

Si on cherche dans les Auteurs, combien de spécifiques n'y trouve-t-on point? Tous ces spécifiques, malgré les précautions qu'on prend pour les donner à jeun, en les associant avec des purgatifs & des laiteux, deviennent souvent inefficaces; les vers se retirent dans les plis & les anfractuosités des intestins; & quand les remedes, à force de détours, parviennent à ces endroits, ils n'ont presque plus de vertus.

M. Browne nous indique, dans son Histoire de la Jamaïque, un remede plus sûr que tous ceux-là. On en a fait plusieurs fois l'expérience, & jamais elle n'a manqué: c'est une plante qu'on cultive, à cause de ses vertus, dans tous les jardins de la Jamaïque. Il seroit à desirer qu'on pût la trouver dans nos Pharmacies. M. de Linnée dit l'avoir cultivée dans les Jardins d'Upsal. Elle demande une terre grasse & tant de soin de la part du Cultivateur, qu'il seroit plus aisé & plus sûr de la tirer pour nos Pharmacies de la Jamaïque même, ou des Isles de Saint-Domingue, de la Martinique & du Brésil, où elle croît naturellement: elle se nomme *spigelia anthelmia. Linn.*; nom qui a rapport aux vertus de cette plante. Pour mieux vous la faire connoître, je vais, Monsieur, vous la décrire d'après M. de Linnée.

La racine de spigelia est, suivant cet Auteur, fibreuse, traçante, petite, annuelle; sa tige est herbacée, droite, branchue, palmée, cylindrique, glabre, supérieurement un peu plus épaisse : ses feuilles inférieures sont opposées, deux à deux, prenant naissance des lobes de la plante ; elles sont lancéolées, obtuses, lisses, subpétiolées; elles se flétrissent pour l'ordinaire : ses feuilles intermédiaires sont aussi opposées, deux à deux, au second nœud de la tige ; elles sont ovales & lancéolées, subpétiolées, très-entieres, ayant des nervures alternes, lisses, & qui sont plus grandes que les inférieures : les supérieures sont rangées au nombre de quatre en forme de croix ; elles sont sessiles, ouvertes, ovales-oblongues, très-entieres, pareillement lisses, se terminant insensiblement en pointe, ayant supérieurement des nervures : les deux intérieures opposées de ces feuilles sont plus grandes que les intermédiaires; les rameaux opposés de cette plante naissent des aîles inférieures & intermédiaires; ils sont solitaires, n'ayant qu'une seule articulation de la longueur de la tige : ils sont nuds; ils s'étendent, & sont terminés, comme les tiges, par quatre feuilles & par la fructification. Les fleurs de cette plante sont rangées en forme d'épis, au haut de la tige ; l'épi est court & simple ; les fleurs en sont droites, sessiles, accompagnées de feuilles florales; leur calice est un périanthe divisé en cinq, linéaire, droit, trois fois plus grand que la corolle : celle-ci est monopétale, en forme d'entonnoir, blanche, ayant un

lymbe très-court, fendu en cinq, ouvert, dont
les lobes font ovales, les intérieurs ayant trois
ftries pourprés. La corolle ne s'ouvre pas, dit
M. de Linnée, dans la Suede. Ses étamines
font au nombre de cinq, formées par des filamens capillaires inférés dans le tube, & plus
courts que le dernier, furmontés d'antheres
droits, oblongs & jaunes : le piftil a un embryon compofé de deux globes, d'un ftyle
fimple, en forme de filets, de la longueur du
tube, & d'un ftigmate pareillement fimple ; le
péricarpe du fruit eft formé par deux capfules
globuleufes, raffemblées entr'elles, & à quatre
battans, renfermant une quantité de femences
petites & obrondes. Cette plante eft de la claffe
de la pentandrie monogynie de M. de Linnée.

Elle vient naturellement dans toutes les Provinces de l'Amérique Méridionale ; c'eft un excellent vermifuge. Les Negres & les Indiens font
les premiers qui ont découvert fes vertus. Browne
rapporte avoir vu & expérimenté l'effet de cette
plante fi fouvent & avec tant d'efficacité, qu'il
croit être obligé de dire que parmi les drogues
fimples, on auroit de la peine à trouver un
médicament qui puiffe la remplacer.

Voici, Monfieur, comment on la prefcrit.
Prenez deux poignées de cette herbe, foit fraîche, foit feche, cela eft indifférent ; faites les
cuire dans deux livres d'eau jufqu'à réduction
de moitié : ajoutez à la colature un peu de
fucre ou de jus de limon. Cette décoction, quoiqu'on la clarifie & qu'on l'édulcore, n'en eft
pas moins efficace : ainfi on pourra y affocier
du fyrop.

On donne une livre de ce remede aux adultes avant le coucher ; ce qu'on diminue, quant

à la dose, proportionnellement à la délicatesse & à la jeunesse du sujet. On répétera ce remede chaque vingt-quatre heures, pendant deux ou trois jours : mais, si la dose en est trop forte, & qu'on craigne que l'effet en soit trop violent, on en donnera environ quatre onces pour la premiere fois à un adulte, & deux ou trois autres onces ou environ, de six heures en six heures ; ce qu'on continuera pendant l'espace de trente-six ou quarante-huit heures : cela équivaudra à deux doses, telles qu'on les donne ordinairement. Après l'effet de ce remede, on prescrira un purgatif léger, telle qu'une infusion de séné ou de rhubarbe, avec la manne. Ce remede provoque un sommeil à - peu - près pareil à celui qu'on a lorsqu'on a pris de l'*opium*. Mais, après le réveil, les yeux du malade sont distendus, brillans & étincelans, comme ils ont coutume d'être avant l'éruption de la petite vérole. On n'en a pas plutôt pris une premiere dose, que le pouls devient plus régulier ; la fievre tombe ; les convulsions, s'il y en a, diminuent, & la violence de tous les symptômes s'adoucit ; le malade jette des vers en quantité ; si ce n'est pas avant le purgatif, au moins c'est après. On a vu même des malades qui en ont jetté jusqu'à cent à-la-fois. Quand on en rend une petite quantité, & que les vers se trouvent encore en vie, pour lors il faut réitérer la dose, & on est sûr de la réussite.

Je suis, &c.

Paris, ce 2 Novembre 1768.

LETTRE XIII.

Sur l'Acmelle, & quelques autres Végétaux, regardés comme spécifiques contre la Pierre, la Gravelle & la Colique néphrétique.

LA plante dont je me propose de vous entretenir aujourd'hui, est, Monsieur, l'acmelle : elle nous vient de l'Isle de Ceylan qui est sous la domination Hollandoise, de même que Surinam, où croît l'arbre de quassi. On la connoît en Botanique sous le nom de *verbesina acmella. Linn. Sp. plant.* 1271. *Ceratocephalus ballotes foliis. Vaill. Act.* 600. Elle est annuelle. Sa racine est blanche & fibreuse ; sa tige est haute d'environ un pied, distribuée par branches, quarrée & garnie de feuilles par paire, oblongues, semblables à celles du *lamium* ou ortie morte : ses feuilles sortent de l'extrémité des branches, & sont composées d'un grand nombre de petites fleurs jaunes variées, qui forment, en s'unissant, une tête portée par un calice à cinq feuilles. Quand les fleurs sont passées, il leur succede des semences d'un gris obscur, longues, lisses, excepté celles du sommet, & garnies d'une longue barbe qui les rend fourchues. Un Chirurgien-Major de l'Hôpital Militaire de Colombo, qui est un des premiers qui ait fait connoître cette plante en Europe, dans une lettre qu'il a adressée au

Profeſſeur de Leyde, diſtingue trois eſpeces d'acmelles, toutes différentes les unes des autres, ſur tout par la couleur des feuilles. Il y a, ſelon lui, une eſpece qui a la graine noire & les feuilles longues. C'eſt de cette eſpece dont je vais vous donner les vertus : elle eſt la plus uſitée dans le pays. On ſe ſert avec ſuccès pour la pierre & la gravelle de ſa graine & de ſa feuille, quoiqu'on puiſſe auſſi employer ſa tige, ſa racine & ſes branches.

On cueille dans l'Iſle de Ceylan les feuilles de cette plante avant que les fleurs paroiſſent, & on les fait ſécher au ſoleil. Elles ſe prennent de deux façons, ou en poudre, avec un véhicule convenable, ou en infuſion théiforme. Souvent on fait infuſer ſa racine, ſes tiges & ſes branches dans de l'eſprit-de-vin que l'on diſtille enſuite : on fait encore uſage des fleurs. On prépare un extrait avec la racine, & on tire de la plante un ſel qui eſt reconnu très-bon dans les pleuréſies, les coliques & les fievres. On vante ſur-tout la teinture d'acmelle faite avec de l'eſprit-de-vin, & priſe deux ou trois fois par jour dans un verre de vin, ou dans quelque décoction anti-néphrétique. On prétend que rien n'eſt meilleur que cette teinture pour faciliter l'évacuation du gravier, & diſſiper promptement la gravelle. Un Officier digne de foi a aſſuré, en 1690, à la Compagnie des Indes Orientales de Hollande, avoir guéri, par l'uſage de cette plante, plus de cent perſonnes attaquées de la pierre & de la colique néphrétique. Son témoignage eſt d'autant plus ſûr, qu'il a été confirmé par celui du Gouverneur même de l'Iſle de Ceylan, & par le Chirurgien-Major du lieu.

M. de Linnée, dans fa Matiere Médicale, parle de l'acmelle comme d'une plante balfamique, amere, ayant l'odeur & la faveur du figesbeckin qui nous vient de Virginie, & qui s'accommode très-bien à notre climat. Cette plante, dis-je, quoiqu'inufitée, n'en eft pas moins précieufe : elle eft, felon lui, anodine, atténuante, diaphorétique, diurétique & emménagogue ; elle convient très-bien, ajoutet-il, dans l'hydropifie, la ftrangurie, le calcul, la goutte, les fleurs blanches & la pleuréfie. Le figesbeckin a prefque les mêmes vertus, & eft pareillement très-bien indiqué dans les mêmes cas : auffi pourroit-on le fubftituer (je parle toujours d'après ce favant Naturalifte) à l'acmelle, qui eft, proprement dit, le bidens de l'Ifle de Ceylan.

Le calcul, la gravelle & la colique néphréque, font des maladies d'autant plus déplorables, qu'on a bien de la peine à trouver dans la matiere médicale des remedes affez puiffans pour pouvoir les combattre. Le plus fouvent même elles nous occafionnent la mort. Si l'acmelle a la vertu de guérir ces maladies (& qui en peut douter, Monfieur, après le récit que je viens de faire des vertus de cette plante, confirmées par le témoignage du Gouverneur même de Ceylan?), que peut-on trouver de plus précieux pour l'humanité? Pourquoi priver plus long-temps les habitans de ce Continent d'une plante qui leur feroit fi avantageufe ? Quelle récompenfe ne mériteroit pas celui qui, après avoir conftaté fur les lieux les vertus qu'on lui attribue, la répandroit par tout l'univers? Mais, Monfieur, à quoi bon aller chercher fi loin une plante qui a ces vertus? N'en avons-nous pas

une aussi efficace en Europe? C'est de la bousserole dont je veux parler : elle est connue plus particuliérement sous le nom d'*uva-ursi*. M. Haën,
grand Praticien au College de Vienne en Autriche, nous a fait part, depuis neuf ou dix
ans, des vertus de cette plante pour le calcul
& la colique néphrétique. Plusieurs Médecins
s'en sont servis efficacement dans les mêmes
maladies : le Journal de Médecine & la Ga-
zette Salutaire sont pleins d'observations qui
constatent les bons effets de cette plante. Je
m'en suis moi-même servi plusieurs fois ; j'ai
toujours eu lieu de m'en louer.

Il y a environ trois ou quatre ans que M. Vi-
gué, Curé du Village d'Allianville, près Neuf-
Château, étant attaqué depuis long-temps de
la gravelle, sans avoir pu jusqu'alors se procurer aucun soulagement, se trouvant pour le
moment dans un de ses paroxismes violens, qui
ne le laissoient reposer ni jour, ni nuit, ne pou-
vant être assis ni marcher, étant obligé de se
tenir debout, comme courbé & appuyé sur les
bras de deux personnes, me consulta par lettres. Après avoir détaillé l'état terrible où il se
trouvoit, il m'y faisoit le narré exact des remedes qu'il avoit employés, & toujours, disoit-
il, sans succès. Ni la saignée, ni les bains,
ni les fomentations émollientes, ni la tisane
pectorale & apéritive, n'avoient pu même adoucir ses douleurs : il n'urinoit point ; & quand
il parvenoit à pouvoir le faire, ce n'étoit que
goutte à goutte. Voyant que ce malade avoit
employé tous les remedes que la Médecine-pratique indique, je me déterminai à lui conseiller l'usage de l'*uva-ursi ;* & comme cette plante
ne se trouvoit pas dans le pays qu'il habitoit,

je lui en envoyai auſſi-tôt par l'Exprès qui m'avoit remis ſa lettre. Je lui en donnai en branches & pulvériſée ; je lui preſcrivis tous les jours , matin & ſoir , un gros de ſa poudre dans un gobelet de tiſane pectorale. Le malade ne fit uſage qu'une ou deux fois de cette plante pulvériſée , par l'averſion qu'il eut pour cette boiſſon. Au lieu de prendre la bouſſerole en poudre , il la fit bouillir dans des bouillons de mou de veau , & il en prit la décoction pluſieurs fois le jour. Au bout de quatre ou cinq jours qu'il uſa de cette décoction , il ſe trouva ſoulagé ; il rendit des urines épaiſſes & chargées de gravier ; & le quinzieme jour de l'uſage de ce remede , il lui ſortit par le canal de l'uretre une petite pierre , mais néanmoins aſſez groſſe pour ne pouvoir ſe donner facilement iſſue ; le malade fut même obligé de recourir à un Chirurgien pour s'en faciliter la ſortie. Auſſi-tôt que cette pierre fut évacuée , M. Rigué ſe trouva totalement ſoulagé ; il bénit encore tous les jours le Seigneur , dit-il dans une de ſes lettres , de lui avoir procuré un remede auſſi merveilleux. Je communiquai dans le temps , en faveur de l'humanité , les lettres qui annonçoient l'entiere guériſon du malade , au Profeſſeur Royal de Botanique de Pont-à-Mouſſon , qui fit ſoutenir à l'inſtant une Theſe ſur les vertus lithontriptiques de l'*uva-urſi.*

Un Religieux Tiercelin de la Maiſon de Nancy , âgé de 74 ans , attaqué depuis près de vingt ans de la gravelle , dont il n'avoit pu ſe guérir malgré tous les ſecours de la Médecine , vint me conſulter ; à peine pouvoit-il marcher , même avec une canne , lorſqu'il ſe rendit chez moi , tant il étoit accablé du poids

des années & de la chaleur du mâl. Je lui con-
feillai pour lors matin & foir un gros de la
poudre d'*uva-urfi*, dans un gobelet de tifane
pectorale. Il en fit ufage pendant près de fix
femaines, & s'en trouva fi bien, qu'il quitta
fa canne, & marcha auffi droit qu'un jeune
homme qui jouit de la fanté la plus parfaite :
il s'eft toujours rendu depuis ce temps aux
exercices de fon état, chofe qu'il n'avoit pu
faire depuis long-temps.

Une fille, âgée d'environ 24 à 25 ans, attaquée depuis long-temps de colique néphrétique, qui la tourmentoit vivement, vint me
confulter, il y a auffi environ deux ou trois
ans, fur cette maladie. J'eus recours à cette
plante, dont j'avois remarqué à différentes fois
le fuccès ; je la lui prefcrivis à la dofe & de la
façon ci-deffus. Le remede opéra ; dès le troi-
fiéme jour elle fe trouva foulagée.

Je ne finirois pas, Monfieur, fi je voulois
vous rapporter toutes les différentes cures que
j'ai opérées par le moyen de l'*uva-urfi*. Les
trois que je viens d'expofer, fuffifent pour vous
démontrer les vertus de ce remede.

L'*uva-urfi* eft fort commun en Lorraine fur
les montagnes de Remiremont. *Voy.* notre
Tournef. Lothar. Il croit auffi dans les Alpes,
fur les montagnes de Geneve, le Mont Credo,
le Mont Pila, dans les Pyrénées & aux environs de Vienne en Autriche.

On trouve auffi en Lorraine une autre efpece
de plante, qui a la même vertu que l'*uva-urfi*,
& qui eft fort commune aux environs d'Epinal.
Cette plante fe nomme dans le pays brimbelle :
*Vitis idæa, foliis oblongis, crenatis. Pin. Vacci-
nium myrtillus. Linn.* On emploie fes baies

pour teindre le vin. M. Thierry, Médecin Confultant du Roi, me fit remarquer que la brimbelle étant à peu-près de la même nature que l'*uva-urfi*, pourroit fort bien en avoir les propriétés; qu'il fe rappelloit qu'étant enfant, il mangeoit en quantité des baies de cet arbufte, & qu'il n'urinoit jamais fi bien que quand il en avoit beaucoup mangé. Sur cet avis, je m'informai dans le pays d'Epinal fi cette plante avoit conftamment une vertu diurétique; j'appris fur les lieux qu'on n'avoit jamais vu d'enfans, parmi ceux qui avoient mangé journellement les baies de brimbelle, avoir eu la gravelle; que même cette maladie étoit fort rare dans le canton. Je conclus donc pour lors, avec M. Thierry, qu'on pourroit employer, au lieu d'*uva-urfi*, le *vitis idœa*. Je ne manquai pas d'en faire ufage à la premiere occafion qui fe préfenta.

Un homme âgé d'environ cinquante-cinq ans, attaqué depuis long-temps de la gravelle & d'une colique néphrétique, ayant par conféquent beaucoup de peine à uriner, vint me confulter fur la fin de Septembre de l'année précédente; je lui prefcrivis pour tout remede de la décoction de feuilles, bois & baies de brimbelle, matin & foir. Le malade en fit ufage pendant environ un mois ou fix femaines, au bout duquel temps il fe trouva entiérement guéri.

On a renouvellé auffi de nos jours un remede pour la gravelle, qui eft l'infufion théiforme de la femence de carotte fauvage. Un Curé affure, dans les Nouvelles publiques, s'en être fervi avec fuccès. Nous avons quelques exemples de perfonnes qui s'en font bien trouvées, & notamment un Habitant de Claye, à quelques lieues de cette Capitale ; mais comme la femence de carotte fauvage eft de la claffe des femences chaudes, il y a à craindre qu'elle ne devienne trop irritante dans une une maladie où il ne s'agit que d'adoucir & de relâcher. C'eft par rapport à cet inconvénient qu'on ne fait plus actuellement ufage de la chauffe-trappe, dont on a fi fort exalté le mérite dans le Languedoc, de même que de la racine de Carline, qui eft trop échauffante. Il n'en eft pas de même, Monfieur, de l'*uva-urfi*, ni du *vitis idæa*. Ces deux plantes n'ont en elles aucun principe capable d'irriter ; leurs baies paffent même pour rafraîchiffantes. Mais comment ces plantes agiffent-elles dans le calcul ? C'eft-là le problême qu'il n'eft pas facile de réfoudre. Du moment que nous voulons entrer dans la théorie des médicamens, nous devons commencer à reconnoître notre ignorance. Combien d'effets ne voit-on pas tous les jours dans la nature, dont on ignore les caufes ?

Je fuis, &c.

Paris, ce 8 Octobre 1768.

LETTRE XIV.

Sur les Bourgeons de Sapin & de Pin.

UN remede, Monsieur, fort usité depuis quelque temps dans cette Capitale, sont les bourgeons de sapin & de pin du Nord: c'est à à M. de Saint-Sauveur, Consul de France en Russie, que nous sommes redevables dans ce Royaume de la connoissance des vertus de ces bourgeons, pour différentes maladies; il est le premier qui nous en a envoyé. On s'en est servi depuis à Paris avec succès pour guérir les ulceres & autres affections scorbutiques. Les pulmoniques en ont encore reçu beaucoup de soulagement, par l'usage qu'ils en ont fait. M. le Clerc, ancien Médecin des Armées du Roi, entre dans des détails fort intéressans au sujet de leurs propriétés. Comme depuis long-temps vous m'avez témoigné, Monsieur, le desir que vous avez d'être instruit sur tout ce qui concerne le Regne Végétal, je vais vous rapporter ici les observations de cet habile Médecin sur les vertus de ces bourgeons en plusieurs maladies chroniques.

J'ignore, dit M. le Clerc, dans une de ses lettres, comment les bourgeons de sapin & de pin ont fait fortune en Médecine; mais le fait que je vais rapporter pourroit bien en être l'époque.

Vous savez qu'un grand nombre de Peuples, différens les uns des autres, forment le corps de l'Empire de Ruffie; c'eft d'un de ces Peuples que nous avons fans doute appris les vertus anti-fcorbutiques du fapin. Les Finois d'Europe, qu'on appelloit autrefois Czoud, & qui habitent toute la partie occidentale de la Ruffie, ont produit trois branches. Les Finois propres dans la Carlie & l'Ingrie; les Eftons, dans l'Eftonie; & les Lapons, qui poffèdent un pays de plus de mille verftes, ou deux cents lieues de France, depuis Kandalacs juf-qu'à Kola; leur nombre n'eft compofé que de douze cents familles. Le pain que les Habi-tans mangent eft compofé d'écorce de fapin, mêlée avec de la farine. Ce pain n'eft pas agréa-ble au goût, mais il eft bon contre le fcor-but: on en a fait des expériences. Il préferve les Lapons des maladies que produiroient leur nourriture, & l'huile de morue dont ils abu-fent. Il eft impoffible, ajoute notre Obferva-teur, de jetter un coup-d'œil attentif fur la maniere d'être, de fe nourrir, & de fe guérir dans différens climats, fans en tirer quelques fruits. L'inftinct des Peuples fauvages a éclairé plus d'une fois la raifon des Européens en ce genre.

Après cette réflexion, M. le Clerc paffe aux indications des bourgeons de fapin, & à la maniere avec laquelle on les emploie dans le Nord.

Ce remede eft indiqué, dit-il, dans tous les cas où il faut dépurer le fang & en émouf-fer l'acrimonie; il procure des excrétions par les pores de la peau ou par les urines. Il eft fur-tout indiqué dans le fcorbut, *in contractura fcorbutica*, dans toutes les maladies des glan-

des & de la peau , dans la phthifie commen-
çante, dans la langueur chronique , la goutte
vague, &c. Les fuccès que j'en ai vu réfulter
dans ce dernier cas, continue notre Auteur,
me font foupçonner qu'on trouvera peut-être
un jour dans les remedes de cette nature le
fpécifique d'une maladie prefqu'incurab'e.

Il faut que ces bourgeons foient cueillis au
printemps & féchés à l'ombre. On les confer-
vera dans un lieu fec, & en peut s'en fervir
de pluſieurs manieres : celle d'Hoffmann eſt
bonne dans le fcorbut encore avancé; en voici
la formule.

Prenez bourgeons de pin trois poignées ;
faites-les cuire pendant un quart-d'heure dans
une livre & demie d'eau ; quand cette décoction fera froide , ajoutez-y pareille quantité de
bon vin blanc vieux ; laiffez macérer encore le
tout enfemble pendant un jour , exprimez enfuite. La dofe à prendre eſt d'une once , de
deux , de trois & même plus.

Dans la goutte , je retranche le vin , dit
M. le Clerc , de la décoction , & j'y fubftitue
une partie de lait ; dans la phthifie , j'ordonne
deux parties de lait fur une de décoction.

Après avoir rappellé l'obfervation de M. le
Clerc , permettez moi , Monfieur , de vous
faire part dans cette lettre de l'extrait d'une
lettre écrite de Paris le 5 Février 1752 par
M. de Villardeau , ci-devant Conful de France
en Ruffie , à M. de Saint-Sauveur , alors Com-
miffaire de la Marine de France à Amfterdam.
Cette lettre ne fervira pas peu à vous confirmer
dans les idées avantageufes que vous avez dû concevoir pour ces bourgeons, par les obfervations
de M. le Clerc. Pour fatisfaire , dit M. de

Villardeau, dans fa lettre à M. de Saint-Sauveur. le défir que vous avez d'être inftruit de la maniere dont on ufe des bourgeons de fapin, je vous envoie ci-jointe copie du Mémoire qui me fut donné, il y a environ vingt ans, en Ruffie par M. Thorn, lorfqu'à la follicitation de ce Chirurgien je me déterminai à en faire ufage dans une grande & longue maladie de langueur que j'eus à Mofcou. Après avoir inutilement éprouvé tous les fecours de la Médecine, il opéra en moi un changement fi confidérable & fi prompt, que je m'en fuis toujours fouvenu depuis, avec un véritable regret de m'en trouver dépourvu dans les maladies que j'ai eues à Paris.

Les bourgeons que vous m'avez envoyés l'année derniere, ont été d'un excellent ufage, non-feulement pour ma fanté, mais auffi pour celle de quelques perfonnes auxquelles j'ai fait part de vos bienfaits. Entr'autres cures qu'ils ont opérées, il y en a une furprenante en la perfonne d'une pauvre créature couverte d'ulceres de la tête aux pieds.

Voici actuellement, Monfieur, la maniere de faire ufage des bourgeons des fapins du Nord, fuivant M. Thorn : il faut avoir un vafe ou coquemar de terre verniffée en dedans, & rempli d'une pinte d'eau : on y mettra fix gros & trois quarts d'once de bourgeons ; enfuite on luttera le couvercle du coquemar avec de la pâte de farine, pour empêcher l'évaporation, & l'on mettra le coquemar devant un petit feu pendant vingt-quatre heures, fans que la liqueur puiffe bouillir. On aura foin d'entretenir toujours la chaleur égale.

Les bourgeons ayant infufé tout ce temps,

le malade en boira l'eau tiede, fans la faire paſſer par le tamis; il en prendra trois gobé-lets, le matin à jeun & le reſte dans l'après-midi, en faiſant en forte qu'il lui en reſte un gobelet à boire en ſe couchant.

L'on ſe comportera, par rapport au régime, de maniere que l'on ne mange aucune crudité & que l'on ne faſſe aucun excès. Ceux qui feront uſage de cette boiſſon ne doivent point être ſurpris, dit l'Auteur de ce Mémoire, ſi dans les commencemens elle porte à la tête, ou cauſe une peſanteur d'eſtomac. Cette boiſ-ſon eſt ſouveraine contre les étourdiſſemens, les vapeurs, les langueurs chroniques; elle convient auſſi dans les maladies qui ſuivent l'âge critique des femmes; mais ſur-tout elle eſt ſpé-cifique dans le ſcorbut, qu'elle guérit radica-lement, pourvu qu'on en uſe ſans interruption. L'uſage de ce remede n'exige point de ſaignées ni de purgations, ſoit avant, ſoit après. Les gens en ſanté qui en prennent par précaution, s'en trouvent beaucoup plus agiles.

Le Mémoire de M. Thorn donne encore une autre méthode pour préparer l'infuſion de ces bourgeons. Mettez-en, dit M. Thorn, une demi-once dans une théiere de faïance ou de porcelaine, qui contienne quatre à cinq taſſes ordinaires; verſez-y de l'eau bouillante juſqu'à la moitié de ſa capacité, & faites infuſer pen-dant un bon quart-d'heure. Après ce temps, on boit une taſſe chaude de cette infuſion, que l'on remplace ſur le champ avec une taſſe d'eau bouillante, & ainſi de ſuite d'heure en heure, juſqu'à ce que l'on en ait bu quatre à cinq fois dans la matinée. On continue ce remede pendant plusieurs semaines, selon le besoin.

M. Johan Van-Woenzel, Médecin à Harlem, dans une de ses lettres à M. de Saint-Sauveur, s'exprime ainsi, en parlant des bourgeons de sapin : « J'en éprouve de jour en jour
» les effets les plus salutaires ; entr'autres j'en
» ai eu une preuve bien convaincante dans la
» femme de Jean-George Wistke, natif de
» Hambourg, Maître Tailleur dans cette Ville ;
» elle est âgée de 36 ans, a été depuis long-
» temps valétudinaire, & attaquée de divers
» symptômes, qui accompagnent ordinaire-
» ment le scorbut, comme lassitude & douleur
» dans les membres, mais principalement dans
» les inférieurs ; putréfaction dans la bouche,
» corruption des dents, dégoût, douleurs de
» reins, d'estomac & de ventre, continuelle
» constipation, & enfin des ulceres considéra-
» bles aux deux jambes, qui rendoient jour-
» nellement une humeur ichoreuse, si âcre,
» qu'elle rongeoit les linges appliqués. Ces
» ulceres furent déclarés incurables par le Chi-
» rurgien, après l'usage de plusieurs anti-scorbu-
» tiques vantés dans la Pharmacie, dont elle n'a-
» voit éprouvé que très-peu d'effets ; enfin, elle
» a bu, par mon conseil, pendant trois mois,
» trois fois par jour avant le repas, la moitié
» d'une chopine de l'infusion de bourgeons de
» sapin : elle se trouva tout-à-fait rétablie de
» ses incommodités, & les ulceres aux jambes
» se sont guéris, sans le secours du Chirur-
» gien, qui l'avoit abandonnée. Sa boisson
» étoit composée de deux onces de sommités
» de sapin, infusées sans bouillir durant vingt-
» quatre heures dans trois pintes d'eau. Quant

au régime qu'elle a gardé, elle s'eſt abſtenue de
» lard, de viandes fumées, & d'autres alimens
» de dure digeſtion, comme auſſi de ce qui eſt
» trop ſalé, poivré & aromatiſé ».

M. le Clerc finit la lettre qu'il adreſſe à M.
ſon pere, en lui obſervant qu'en Ruſſie on
fait fermenter les bourgeons de ſapin avec de
la biere, & que dans chaque Province, l'A-
mirauté a ſoin d'en faire proviſion, & d'en
diſtribuer aux Matelots. Quelques-uns, ajoute-
t-il, ſe ſervent encore de ces bourgeons ſecs à
la doſe d'une demi-once, qu'ils font bouillir
pendant une demi-heure, avec une once de
miel, dans cinq demi-ſetiers d'eau.

Les propriétés du pin & du ſapin ne réſident
pas, Monſieur, uniquement dans leurs bourgeons : on emploie l'écorce du premier comme
un excellent remede aſtringent & deſſicatif. En
Flandres, on coupe par petits morceaux des
cônes de pin, ou de l'écorce même de l'arbre :
on les fait infuſer dans de la biere, & on
réduit cette liqueur, par l'ébullition, juſqu'à
la moitié ou au tiers. La doſe eſt de deux ou
trois onces d'écorce, ou d'une poignée de
morceaux de cône ſur un pot de biere. On
en conſeille tous les matins la décoction dans
les contractions des membres, les douleurs
vagues & autres ſymptômes ſcorbutiques.

Si on diſtille les pommes de pin encore vertes,
on en obtient une eau qui efface les rides de
la peau, à ce qu'on dit ; on lui attribue encore
d'autres vertus qui ne ſont pas encore aſſez
conſtatées pour vous en faire part. Pluſieurs Auteurs conſeillent de manger ſouvent des fruits
de pin qu'on nomme pignons. C'eſt, diſent-ils,

un excellent préservatif contre les accès de sciatique & de paralysie; mais il faut, ajoutent-ils, laisser macérer auparavant les amandes dans de l'eau froide. La décoction des jeunes branches de sapin fournit un excellent gargarisme pour la putridité des gencives : ses jeunes pousses servent à faire des tisanes vulnéraires.

Si vous lisez, Monsieur, les Mémoires de l'Académie de Suede, vous trouverez l'observation d'une hydropisie guérie par l'usage des feuilles de pin. Un paysan, âgé de 53 ans, rapporte-t-on dans cette observation, avoit été attaqué, pendant l'été de 1755, d'une phthisie qui se termina en jaunisse Il fut guéri de la jaunisse par l'usage d'une infusion de chardon-bénit : mais, pendant l'usage de cette infusion, les pieds commencerent à s'enfler, l'enflure monta peu-à-peu, & s'étendit par tout le corps : la peau étoit si distendue, que le malade étoit incapable de tout mouvement. Il s'étoit joint à cela une douleur cuisante, une insomnie, une soif dévorante : le malade buvoit copieusement, contre l'ordonnance du Médecin, & sans pouvoir étancher sa soif ; l'enflure s'accrut de plus en plus, parce qu'il n'évacua rien par les urines : on le regarda comme désespéré. Ce Paysan, sachant que les moutons peuvent être guéris de l'hydropisie par l'infusion de mauve, espéra le même effet de ce remede : il en prit inutilement. On lui proposa enfin les feuilles de pin : il en fit chercher les meilleures qu'on put trouver alors ; c'étoit le 27 Décembre : il en fit bouillir une livre dans une pinte d'eau, l'espace de trois heures ; on filtra la décoction, & ce malade en prit tous les matins la huitieme partie, au moyen de quoi les urines cou-

lerent abondamment. Il continua le remede, &
quinze jours après il se leva & fut entiérement
guéri.

En vous parlant, Monsieur, des vertus du
pin, je croirois vous manquer essentiellement,
si je passois ici sous silence les bonnes qualités
de l'huile qu'on tire de ses pommes. J'ai souvent éprouvé, dit le Docteur Ehrenfild Ha-
gendorn, Physicien de Gorlitz, combien cette
huile étoit salutaire dans la goutte vague. Je
l'associe quelquefois alors à l'esprit - de - vers
terrestres & de fourmis ; & lorsque les douleurs
sont dans leur plus grande violence, temps auquel les antiarthritiques operent le plus promptement & avec le plus de succès, je fais souvent frotter la partie affectée avec cette huile,
& je fais cesser les frictions, dès que les douleurs sont calmées. Dans les engourdissemens
de membres, la paralysie, je procure aussi un
grand soulagement aux malades, en leur faisant faire des frictions sur les parties privées
de sentiment, avec cette même huile mêlée
avec du vin. Elle m'a, continue-t-il, également bien réussi dans les douleurs de sciatique
& les coliques néphrétiques ; &, après avoir
fait les remedes généraux à un jeune homme
désespéré des Médecins qui avoit une hydropisie ascite, occasionnée par une fievre quarte,
je l'ai guéri, en lui en faisant prendre quelques
gouttes tous les jours dans la biere chaude.
Dans les coliques, après avoir donné un lavement au malade, on parvient à en calmer les
douleurs ; de sorte que je suis très persuadé,
ajoute cet Auteur, que dans toutes les maladies où l'usage des sels volatils & des huileux

paroît indiqué, ce remede sera toujours donné avec succès.

Pour que l'huile de pomme de pin soit bonne, il faut, Monsieur, qu'elle soit d'une belle couleur d'or, d'une odeur agréable, & d'un goût amer. Le célebre Crugnerus est de tous les Auteurs celui qui donne la meilleure méthode de distiller les pommes de pin. Le goudron est une substance que nous fournit le pin ; il est résineux, liquide, noir, d'une consistance à-peu-près semblable à celle de la térébenthine, & contient beaucoup d'huile essentielle. On prépare avec cette matiere une eau qui a eu sa vogue dans son temps, comme la plupart des remedes nouveaux, & dont on n'a sans doute discontinué l'usage, qu'à cause de sa mauvaise saveur ; car elle a, sans contredit, de grandes vertus : on en a même fait des expériences heureuses. Cette eau est douée d'une qualité légérement savonneuse, balsamique : elle convient à la suite des gonorrhées ; elle est bonne pour le scorbut ; de plus, elle est anti-putride, tonique, & très-propre dans les rhumatismes goutteux, dans l'asthme & les maladies de la peau. La dose est d'une pinte par jour, à prendre en huit ou dix petits verres.

Voici actuellement, Monsieur, comme on prépare cette eau. Vous mettez dans une cruche de grès une livre ou deux de goudron de Norwege : vous versez pardessus environ seize pintes d'eau ; vous laissez infuser ce mêlange pendant huit jours, ayant néanmoins soin de l'agiter tous les jours avec une spatule de bois ; vous séparez alors l'eau de dessus le goudron, vous la filtrez ensuite au travers d'un papier gris , & vous la confervez dans des bouteilles , pour vous en fervir au befoin.

Dans un Livre Anglois, qui a paru il y a environ vingt ans, on a peut-être, Monfieur , un peu trop outré les vertus de l'eau de goudron. Pour vous en laiffer le juge , je vais vous rapporter ici , & c'eft par où je finis, ce qu'en dit l'Auteur de ce Traité. Cette eau convient, felon lui , dans la petite-vérole ; elle produit encore un très-bon effet dans les ulceres des inteftins, des reins, dans la toux phthifique, dans la pleuréfie & dans les érélipeles : c'eft un excellent ftomachique ; elle eft très-bonne pour les indigeftions , & donne de l'appétit ; elle n'eft pas moins propre contre l'afthme , la pierre & la rétention d'urine ; elle foulage les hydropiques, guérit la fievre, purifie le fang, fortifie les nerfs ; elle fait auffi très-bien dans les obftruCtions & les coliques , même les néphrétiques ; elle n'eft pas moins efficace dans les crampes , la paralyfie, la foibleffe des nerfs. L'Auteur Anglois la vante encore dans la goutte & dans le flux de fang. Les vertus de cette eau font, comme vous voyez, Monfieur, trop univerfelles ; mais ce qu'il y a d'agréable dans fon ufage, c'eft qu'elle n'aftreint le malade à aucun régime ; il peut vaquer à fes affaires, & prendre une nourriture telle qu'il le juge à propos.

LETTRE XV.

Sur le Millet d'Afrique.

LA Botanique ne feroit, Monfieur, qu'une Science de pure fpéculation, fi on fe contentoit uniquement de la connoiffance des plantes, comme font quelques Botaniftes de nos jours, qui, pour avoir donné une defcription vaille que vaille d'une plante, croyent qu'ils font les premiers Savans de l'Europe C'eft aux vertus des plantes qu'il faut principalement s'attacher; c'eft aux rapports qu'elles peuvent avoir avec nous que nous devons porter notre attention. Il y a une certaine liaifon entre les êtres qui conftituent ce vafte Univers, d'autant que tous tendent à une même fin; ils font créés pour l'homme, foit médiatement, foit immédiatement, & toutes les actions de l'homme doivent fe rapporter au Créateur: mais il s'agit de favoir à quel ufage ces êtres font deftinés; c'eft-là où doit agir notre raifon, qui a fouvent bien de la peine à remplacer l'inftinct des animaux. J'eus dernièrement un entretien avec une de ces perfonnes zélées pour le foulagement des Pauvres; cet entretien rouloit fur les plantes qui pouvoient fervir à remplacer le bled dans les années de difette; nous difcutâmes fur ce fujet avec chaleur. Comme cette converfation fut très-intéreffante, je vous la deftine , Monfieur, pour le fujet de cette Lettre.

Vous êtes Botanifte, me dit ce Particulier; vous voyez à quelle mifere le Peuple eft réduit par la cherté des vivres. Parmi le grand nombre de végétaux qui couvrent la furface de la terre, n'en pourroit-on pas trouver quelqu'un qu'on pourroit fubftituer au bled ? Oui, fans doute, Monfieur, lui repartis-je; il s'en trouve même plufieurs. Si vous lifez les Nouvelles publiques, vous avez dû voir combien on y préconife la terre – noix, connue plus communément fous le nom de *Bulbocaftanum :* on nous l'y donne comme une plante , dont la racine peut fervir d'aliment à l'homme. Vous avez pareillement eu connoiffance dans le temps du pain économique qu'a propofé M. Muftel (*pain qui a été renouvellé depuis peu par M. Parmentier, comme une nouvelle découverte*). Un Curieux de Bordeaux vient de nous faire voir, dans un petit Traité qu'il a mis au jour, quel avantage on pouvoit tirer de la graine d'*arum.* Nos Ancêtres fe fervoient auffi de la racine de cette plante pour faire du pain: on en a fait auffi avec le chou-navet, & même avec la racine de chiendent. Toutes ces plantes, comme vous voyez, Monfieur, peuvent nous devenir utiles, & remplacer le bled; mais ce ne font pas encore celles qui doivent fixer nos recherches. Je veux vous en indiquer une entr'autres qui mérite à tous égards la préférence; elle fait partie de la famille des graminées: on peut même la mettre au rang des bleds; elle feule fournit la nourriture aux Habitans d'une étendue immenfe de pays. Vous faites naître en moi, interrompit ce Monfieur,

une envie démefurée de connoître une plante
auffi intéreffante au genre humain. D'où vient-
elle ? Eft-elle indigene ?.... Vous êtes curieux de la connoître, lui dis-je; vous le feriez
bien davantage, fi je vous avois détaillé feulement la moindre partie des reffources qu'elle
peut nous fournir. Je ne vous ai pas encore
obfervé que de toutes les plantes connues, aucune, fi on en excepte le bled de Smyrne,
ne produit auffi abondamment ; pour un grain
que vous en femez, vous en recueillez au moins
cent foixante. Cette production végétale n'eft
pas fujette aux infultes des oifeaux ; elle vient
dans toute forte de terreins ; elle n'exige ni
beaucoup de fumier, ni une culture pénible ;
elle n'épuife point les terres où on l'a femée à
proportion de fon grand produit. On fait avec
fa graine un pain paffablement nourriffant,
mais cependant un peu pefant & friable; auffi
ne l'emploie-t-on guere à cet ufage. On prépare avec fa farine une efpece de bouillie excellente, d'un goût exquis & très-alimenteufe.
Plufieurs perfonnes préferent même cette bouillie à la meilleure préparation du riz; cinq livres de fa farine, avec fuffifante quantité de
lait, peuvent fournir un repas au moins à vingt-
cinq perfonnes.... Vous ne me rapportez,
Monfieur, tant d'avantages de cette plante,
continua mon Interlocuteur, que pour me
faire plus defirer d'en favoir le nom. Me laif-
ferez vous donc encore long-temps en fufpens?
Quelle eft donc cette plante divine?... Elle
nous vient, lui dis-je, d'Afrique, d'où elle a
été portée en Efpagne. C'eft l'aliment de la
plupart des Maures & des Negres ; c'eft le
vrai bled de Guinée; il fe nomme forgho ,

grand millet noir, millet d'Afrique, millet d'outremer; milloco en Bordelois, & chez les Botanistes, *milium arundinaceum, subrotundo semine nigricante, sorgho nominatum. Pin. Holcus sorghum Linn.*

Cette plante, Monsieur, est originaire d'Afrique, repartit ce Monsieur; vous n'ignorez donc pas quelle est la chaleur de ce pays. Jamais une pareille plante ne pourra se naturaliser dans nos contrées: adieu donc tous les avantages que vous en promettez.... N'ayez, lui dis-je, Monsieur, aucune inquiétude à ce sujet; le sorgho croît aussi bien dans les pays froids que dans l'Afrique son pays natal. C'est dans la Suisse où j'en ai vu pour la premiere fois, & d'où je l'ai apporté dans le jardin Royal des plantes de Nancy. Cependant la Suisse n'est pas à beaucoup près aussi chaude que Paris : on y en cultive néanmoins des champs entiers: on m'a dit même dans le pays que la premiere graine de sorgho qu'on y avoit semée venoit encore d'un pays plus froid, puisqu'on l'avoit tirée de la Poméranie.... Mais, Monsieur, ce que vous avez avancé sur le produit immense que rapporte la graine de sorgho, est-il bien véritable ? n'est-ce pas une supposition de votre part ?... C'est si peu une supposition, que pour vous convaincre de cette vérité, lui repartis-je, je ne veux vous citer aucune de mes observations ; mais je vous rapporterai des faits qui ne pourront vous être suspects: ils sont détaillés tout au long dans les Mémoires de la Société Economique de Berne.

Au mois de Mai 1760, je semai, dit un fameux Cultivateur de ce canton, du millet d'Afrique : je n'en avois pour lors qu'environ une cuillerée ; je répandis cette femence dans un terrein graveleux, pierreux & dur, très-expofé au vent du nord, & qui, l'année précédente, n'avoit produit que de l'épéautre mal conditionné. Cependant, j'avois eu foin de faire fumer ce terrein au mois de Février avec du fumier de latrines, & je lui avois fait donner une culture légere, avant d'y femer ma graine. Je l'y femai fort clair, n'en ayant que très-peu ; j'eus la fatisfaction de voir les tiges de mon millet monter à la hauteur de plus de huit pieds, & donner des épis d'environ dix pouces de longueur ; à la récolte, je me trouvai riche de huit livres de grains, pour une fimple cuillerée de femence ; & j'en aurois eu fans doute le double, fans un accident de grêle qui brifa une partie de mes tiges.

Je femai une livre de cette graine au mois de Mai de l'année fuivante 1761, dans un terrein de vingt pas de long fur dix de large. Ce terrein avoit été nouvellement dégazonné, & j'en avois fait brûler les mottes. Lorfque le temps de la moiffon vint, & même bien avant, je remarquai que mon terrein n'étoit pas affez étendu pour la quantité de graines que j'y avois femées ; qu'il étoit même trop petit, au moins des deux tiers ; les tiges de mon millet y étoient fi ferrées & fi confufes les unes dans les autres, qu'elles ne purent prendre tout l'accroiffement néceffaire ; auffi ne monterent-elles qu'à cinq pieds de haut, & les épis en étoient auffi beaucoup plus courts que ceux que j'avois femés en 1760 ; cependant j'en recueillis cinquante-quatre livres de semences, c'est-à-dire, plus de cinquante pour un.

En 1762, j'ai réitéré, continue toujours cet Agriculteur, de semer cette graine ; & au lieu d'une livre, j'en ai semé quatre ; je l'ai répandue dans un assez bon fond, contenant environ un cinquieme d'arpent. Le terrein avoit été planté l'année d'auparavant de pommes de terre ; je n'y mis pour lors aucun engrais ; je ne la fis pas même labourer avant l'hiver, & je ne fis donner à mon champ qu'un simple labour, même très-léger, avant d'y faire répandre ma graine. Je pensois que pour cette fois je l'avois semée assez clair : mais point du tout ; je me suis grossiérement trompé ; mon millet a levé presque aussi épais que l'année précédente. J'aurois dû pour lors le faire éclaircir ; mais l'ayant négligé, il a été plus court en tiges & en épis que celui que j'avois semé la premiere année ; cependant j'en ai recueilli six cents quarante livres pour quatre que j'avois semées. Mon terrein m'a donc rapporté cent soixante pour un.

De ces observations, on peut conclure qu'un terrein médiocre, semé fort clair de millet d'Afrique, & convenablement préparé, peut produire, année commune, trois mille deux cents livres par arpent, puisque ce Cultivateur en a recueilli autant, proportion gardée de la grandeur du terrein, & cependant il n'avoit donné presqu'aucune culture à sa terre, & l'avoit semé plus épais qu'il ne convenoit. N'est-ce pas là, Monsieur, un produit immense & presqu'incroyable, de quelque façon qu'on l'envisage ? Où sont les plantes, parmi celles que nous cultivons dans nos campagnes, qui rapportent cent cinquante pour un?

Je ne puis, Monsieur, me refuser à des faits aussi évidens que ceux que vous venez de détailler; je suis obligé de convenir avec vous du grand rapport de cette plante : mais je suppose pour un instant que cette récolte en soit abondante; que me servira-t-elle, si ce grain n'est pas de débit, & n'entre pas dans le commerce? .... Je ne veux vous donner pour réponse, lui repartis-je, que ce que l'on a vu pareillement pratiquer en Suisse au commencement que l'on a semé cette graine; personne n'en vouloit: mais dès qu'on en a connu l'utilité, chacun en a fait l'acquisition; elle s'y vend même actuellement aussi cher que le froment: il en sera de même en France, lorsqu'on l'y cultivera. Ainsi, à tous égards, c'est une chose intéressante pour un Agriculteur de s'adonner à sa culture, puisque ce millet rapporte davantage qu'aucune autre plante; qu'il se vend aussi bien, joint à cela qu'on n'a pas besoin de beaucoup de graines pour ensemencer un arpent; dix livres suffisent.

Mais ce millet ne peut produire en aussi grande quantité qu'il n'affrete la terre.... Point du tout; je vous en donne encore pour preuve ce qui est rapporté dans les Mémoires de la Société Economique de Berne. La portion de terre que j'avois semée en 1760 & en 1761, dit notre Cultivateur Bernois, a produit l'année suivante du trefle de Hollande de toute beauté, & du foin en aussi grande abondance que les champs voisins, où on n'avoit point semé de millet; conséquemment le terrein n'en avoit pas été épuisé. Ce millet épuise

fi péu le terrein où on le feme, qu'en Angleterre on s'en fert comme d'engrais, fuivant que
le rapporte Miller dans fon Dictionnaire. On
feme donc du millet dans les terres que l'on
veut engraiffer : on retourne la terre , lorfque
cette plante eft encore verte; fa tige paroît pour
lors , & donne un fuc plus abondant qu'aucune autre plante qu'on a coutume d'employer
à cet ufage. Si on femoit dans ces terres du
millet d'Afrique, de combien n'augmenteroit-
on pas l'engrais, puifqu'il eft plus fucculent
que le millet ordinaire, autre avantage réel
de cette plante? Mais ce n'eft pas encore tout.
Quand on veut garantir des vers le bled en-
femencé, il n'en faut femer que dans les faifons qui ont produit l'année d'auparavant, ou
la même année, du millet, & fur-tout celui
d'Afrique ; jamais ce bled ne fera mangé de
vers dans ces fortes de champs, les vers préfé-
rant la racine de millet d'Afrique, qui fera
reftée en terre. Ces racines leur fourniffent affez
de nourriture, au moins pendant deux ans:
auffi dans quelques pays, au lieu d'arracher les
tiges de millet , on les fauche, & on laboure
enfemble la terre & le chaume ; ce chaume
fournit même un bon engrais.

Voilà, Monfieur, bien des avantages que
vous m'avez détaillés fur cette plante, & vous
ne me l'avez pas encore fait connoître : j'en
attends de vous la defcription. Sa racine, lui
dis-je, eft fibreufe; fa tige eft cylindrique, de
la hauteur d'environ cinq à fix pieds, articulée,
droite, un peu penchée à fon extrémité fupérieure; fes feuilles font fimples, entieres, pointues, écrafées dans le bas, embraffant la tige
par leur bafe , & partant des nœuds de chaque

articulation; les fleurs sont placées au sommet de sa tige, & disposées en grosses panicules rameuses; elles n'ont point de pétales, renferment trois étamines, & sont hermaphrodites ou mâles sur le même pied. C'est en cela principalement que le sorgho diffère du millet ordinaire, qui a toutes ses fleurs hermaphrodites. Les fleurs mâles sont composées d'une balle bivalve, qui renferme une seule fleur velue, ayant la valvule extérieure ovale, concave, embrassant l'intérieure, qui est ronde & roulée à ses bords; dans la balle on remarque deux autres valvules velues, molles, plus petites que le calice, dont l'extérieure est ornée d'une barbe, l'intérieure plus petite; on peut les considérer comme une corolle. Les fleurs mâles n'ont qu'une fleur bivalve & velue, & sont stériles; les hermaphrodites se changent en une semence ovale, noire ou blanche, couverte par l'espece de corolle. Le sorgho, qui a une semence blanche, se cultive à Malte, & y est connu sous le nom de *corambasse*. La tige de cette espece, ou plutôt de cette variété, est repliée par le haut en forme de crochet. Les Botanistes ont placé pendant long-temps le sorgho dans la classe des millets; mais actuellement, depuis qu'ils ont découvert la diversité des caractères de fructification de sa fleur, ils en ont fait un genre particulier.

Je n'ai plus, Monsieur, qu'une chose à apprendre de vous, au sujet de cette plante; c'est sa culture: j'espere que vous ne refuserez pas de m'instruire sur cet objet... Sa culture est la même que celle du millet ordinaire. La seule chose à laquelle on doit porter plus d'attention, c'est de bien espacer

cette

cette plante. Pour l'ordinaire , on donne un pied de distance d'une plante à l'autre.

Le sorgho reussit très-bien, Monsieur, dans une terre pierreuse & sablonneuse ; il ne demande qu'un seul labour , & n'exige presqu'aucun fumier ; il se seme en Avril & Mai : on se regle là-dessus suivant la circonstance du temps , car cette plante est sujette à la gelée. On seme ce millet fort clair ; quand il est semé, on herse la terre ; on casse toutes les mottes, & on passe pardessus le dos de la herse ; un mois après qu'il est semé , on l'éclaircit & on l'espace : on sarcle toutes ces mauvaises herbes. Voilà toute la façon qu'il demande jusqu'à l'instant de sa maturité. Il est ordinairement venu au commencement ou à la fin de Septembre , à-peu-près dans le temps des semailles ; il reste quatre mois en terre. Pour faire cette moisson, on coupe les épis avec un couteau au sommet de la tige : on en lie plusieurs ensemble par paquets, & on les suspend pendant quelques jours à des perches , pour mieux sécher ; ou bien on les met en tas dans la grange & le grenier ; on les couvre d'un drap, & on les y laisse ainsi cinq ou six jours, après quoi on les bat avec le fléau : on le passe ensuite au van, & on finit par le mettre sécher de nouveau au soleil ; car pour peu qu'il restât d'humidité , , la graine se corromproit fort vîte. Mais quand il est une fois bien sec, il se conserve long-temps & aisément ; il n'est pas même sujet aux charansons ; il suffit de le remuer souvent. On fauche ensuite la tige qui est restée au champ : on la fait sécher, & on l'emploie, ou pour brûler au four en guise de bois, & on en tire des cendres, qui , répan-

Tome I. Premiere Epoque.   K

dues sur la terre, forment un très-bon engrais ; ou pour faire de la litiere, & par-là du fumier. Cæsalpin prétend que cette paille, lorsqu'élle est seche, est très-bonne pour les bœufs, & qu'elle leur est très-pernicieuse lorsqu'elle est verte. Aussi-tôt que ces animaux en ont mangé en verd, ils enflent & meurent pour l'ordinaire.

Je finirai, Monsieur, l'article de cette plante, en vous observant, avec l'Amiral Anson, qu'on peut tirer des tiges du millet d'Afrique du sucre, en les travaillant de même que les cannes à sucre.

Encore un mot, Monsieur, & je n'aurai plus qu'à vous remercier. Je voudrois vous demander la vraie façon d'employer la graine de millet d'Afrique.... Quand on en donne pour nourriture aux oiseaux, tant de voliere que de basse-cour, on le laisse en coque ; mais si on veut en user en iguise d'aliment pour l'homme, il faut le nettoyer de sa coque. On le réduit en une espece de gruau ou de grosse farine, & on s'en sert en potage par préférence plutôt qu'en pain ; il est pour lors d'une grande épargne. Je suppose qu'on vende 3 sols la livre de cette graine, elle peut nous donner six terrines de potage : on en peut donner en campagne aux Journaliers & aux Pauvres du lieu. Ce millet foisonne en cuisant ; il ne lui faut qu'un instant pour acquérir son véritable degré de cuisson. Le mets qu'on prépare avec ce gruau & le lait, ressemble pour la bonté au riz, on l'associe quelquefois avec la farine de bled de Turquie : on a pour lors un très-bon potage ; au lieu que le bled de Turquie sans millet est trop fort. On a observé que la graine

de millet émondée & cuite avec du lait, est
diurétique, & resserre un peu le ventre. La
viande fraîche & les médicamens ne se conservent jamais si bien qu'en un tas de millet
qui n'est pas dépouillé de sa coque.

Voilà, Monsieur, tout notre entretien ; je
crois que le fruit que vous pourrez en tirer,
sera de multiplier cette graine dans vos domaines. Vous avez beaucoup de terres sablonneu-
ses, qui ne vous rapportent presque rien ; souvent vos bleds sont endommagés pendant l'hiver. Vous remédierez à ce dernier inconvénient, en semant du millet au printemps, &
vous profiterez de votre plus mauvais terrein
pour en tirer de bonnes récoltes. En attendant que vous pratiquiez ces moyens,

Je suis, &c.

Paris , ce 22 Novembre 1768.

LETTRE XVI.

Sur le peu de certitude des doses des Mé-
dicamens tirés des Plantes pour l'Art
Vétérinaire.

Vous avez cru, Monsieur, que les plantes
n'étoient bonnes que pour la Médecine humaine : mais vous vous êtes trompé ; elles ne
sont pas moins utiles dans l'Art Vétérinaire.
Cependant, il y a si peu de certitude pour les
doses qu'on en prescrit aux animaux, qu'elles

ont encore befoin de plus grandes obfervations à ce fujet. M. l'Abbé Rozier nous en a donné des preuves couvainquantes, dans une de fes lettres en date du 16 Février 1766.

Quant à la partie médicinale des plantes, eu égard aux beftiaux, j'ai cherché, dit-il, à la fuivre de très-près, dans mes Démonftrations à l'ufage de l'École Vétérinaire, & j'ofe affurer qu'on n'a encore démontré rien de pofitif à ce fujet ; que l'efficacité des remedes varie même à l'infini, fur-tout pour ce qui concerne la dofe : vous en pourrez juger par ces exemples.

Le fuc de concombre fauvage, *momordica elaterium*, *Linn.*, connu dans les boutiques fous le fimple nom d'*elaterium*, a été donné à un cheval morveux pendant feize jours : on a commencé par la dofe d'un gros, & par progreffion jufqu'à celle d'une demi-once, fans qu'on en ait apperçu le moindre effet, tandis que pour l'homme, on ne le donne que depuis un grain jufqu'à deux.

La pulpe de coloquinte, *cucurmis colocynthis*, *Linn.* a été donnée à un cheval morveux depuis une demi-once jufqu'à deux onces & demie, & elle n'a agi que comme altérante. Cependant, on ne la prefcrit à l'homme que depuis cinq grains jufqu'à un demi-fcrupule, & pour lors elle eft purgative ; c'eft même un remede dont nous ne devons faire ufage qu'avec beaucoup de circonfpection, à caufe de fon âcreté, qui fouvent peut nous occafionner des fuperpurgations. Cependant, je peux hafarder de dire que c'eft-là le feul remede qui jufqu'à préfent ait produit quelque changement fenfible dans l'animal. Le temps & l'expérience pourront peut-être un jour seconder nos recherches.

L'exemple de la grande ciguë (*cicuta major, Linn.*) n'est pas moins singulier sur un mulet morveux. On a commencé à lui donner un gros de l'extrait de cette plante : on a été graduellement pendant l'espace de vingt jours jusqu'à douze gros. Cette derniere dose a un peu purgé l'animal. On a continué pendant vingt-cinq jours ; chaque jour la purgation diminuoit : au 26 on a donné quatorze gros, ce qui a occasionné des tranchées assez vives : deux onces n'ont ensuite rien produit jusqu'au trente-unieme jour ; mais au trente-deuxieme, pareille dose a excité une sueur générale ; l'animal avoit les oreilles froides & fut dégoûté : on a continué la même dose jusqu'au quarantieme jour , & la dose de trois onces jusqu'au quarante-quatrieme, le tout sans effet

Un cheval morveux a aussi été traité avec le laurier-cerise, *prunus lauro-cerasus , Linn.* On a commencé par deux gros, & par progression jusqu'à huit onces ; le vingt-septieme jour, on lui en donna neuf, & l'animal eut des coliques, qui le tourmenterent pendant un quart-d'heure seulement. Les trois jours suivans, on poussa jusqu'à treize onces, ce qui ne produisit néanmoins aucun effet. Pour le mouton au contraire, la liqueur du laurier-cerise devient mortelle, ainsi que pour l'homme & pour le chien. M. Duhamel a donné une cuillerée d'une liqueur distillée de feuilles de laurier-cerise à un chien, qui en est mort aussitôt. Si on ne faisoit avaler par jour que quelques gouttes seulement de cette liqueur à un animal de cette espece, il n'en mourroit

point ; mais au contraire, il engraifferoit, &
fon appétit augmenteroit. Combien d'autres
exemples, continue M. l'Abbé Rozier, pourrois-je vous fournir, qui m'autorifent à dire
que nous voyons bien peu clair dans la connoiffance des plantes pour l'Art Vétérinaire !
Il y a fur tout beaucoup d'obfervations à faire
fur les purgatifs âcres donnés aux chevaux.
Treize onces de laurier-cerife & trois onces
de pulpe de coloquinte, ainfi que nous venons de le dire, n'ont agi fur eux que comme
fimple altérant, tandis que deux onces de réfine
de jalap donnent la mort à l'animal. On ne
peut donc, Monfieur, & je vous le répete avec
M. l'Abbé Rozier, être trop circonfpect pour
prefcrire les purgatifs âcres. La Médecine Vétérinaire deviendra peut-être un jour affez
éclairée pour fixer les dofes de ces purgatifs.
Cependant, on peut donner la racine de jalap
en poudre au cheval depuis deux onces jufqu'à
trois, & la réfine depuis un gros jufqu'à deux.

Je vous entretiendrai dans la fuite des remedes végétaux qu'on peut employer dans l'Art
Vétérinaire ; en attendant,

Je fuis, &c.

Paris, ce 29 *Novembre* 1768.

LETTRE XVII.

Sur la Doradille & la Bousserole.

JE vous ai, Monsieur, entretenu précédemment de l'Acmelle & de plusieurs autres plantes qu'on regarde comme spécifiques dans la pierre, le calcul, la gravelle & la colique néphrétique. Ces maladies sont si graves, & souvent si difficiles à traiter, qu'on ne peut assez multiplier les secours qu'on y peut apporter. La doradille, qui sera l'objet de cette lettre, est encore un des moyens que la Botanique-pratique nous a fait connoître depuis peu pour la cure de cette maladie.

Cette plante, qu'on nomme aussi dorade, daurade, l'herbe dorée, & plus communément cétérach, a pour caractere une racine fibreuse & brune, des feuilles presque aîlées, découpées en lobes alternes, unis par leur base, obtus, sinueux, ondés ; les feuilles, sur-tout de la racine, sont en grand nombre, longues de trois ou quatre pouces, vertes en dessus , & d'un jaune brun sur la surface inférieure qui porte la fructification. Cette fructification de la plante est disposée en ligne droite sur le disque des folioles. La doradille est connue en Botanique sous les noms d'*asplenium*, *sive ceterach. J. B. Asplenium ceterach. Linn.*

Vous trouverez, Monsieur, cette plante dans les endroits pierreux , sur les murailles & les

rochers : elle eſt meilleure & plus commune
dans les pays chauds. Les montagnes d'Anda-
louſie , Caſtille , Arragon , Catalogne & Va-
lence en ſont couvertes ; c'eſt de ces montagnes d'où je vous conſeille de la tirer par préférence. Les années pluvieuſes ſont celles où
elle multiplie le plus : on la trouve rarement
dans les grandes ſéchereſſes.

La doradille fait partie de la famille des capillaires , & pour cette raiſon a été miſe au
nombre des plantes béchiques & pectorales :
on lui a auſſi attribué une vertu apéritive. Sa
principale propriété eſt , ſuivant les anciens
Botaniſtes, d'être ſplénique, c'eſt-à-dire, propre pour les maladies de la rate : mais on a
découvert de nos jours dans cette ſimple une
propriété beaucoup plus intéreſſante à l'eſpece
humaine : on a reconnu en elle un excellent
diurétique. M. Morand , Chirurgien-Major de
l'Hôtel Royal des Invalides, eſt le premier
qui a rendu publique en France cette heureuſe
découverte : il a donné , dans le Dictionnaire
Encyclopédique , un article ſur cette plante ;
il y rapporte la guériſon de M. le Comte
d'Auteuil, Chef d'Eſcadre des Armées navales
d'Eſpagne , qui s'eſt ſervi, avec le plus grand
ſuccès, de la doradille , contre la gravelle
qui le tourmentoit à l'excès.

La doradille qu'on nous envoie d'Eſpagne,
eſt ou toute entiere avec ſes feuilles, ſes tiges
& ſes racines , ou toute préparée , c'eſt-à-dire ,
ſeulement ſes feuilles dépouillées de la tige. Ce
ſont uniquement ces dernieres dont on ſe ſert
en Médecine.

La maniere d'uſer de ſes feuilles eſt de les
faire infuſer à la doſe d'une bonne pincée, dans

deux taſſes d'eau bouillante, comme on fait
le thé. (Vous ſavez, Monſieur, que les feuilles
& les fleurs des plantes n'ont de vertu qu'autant
qu'elles ſont ſimplement infuſées). On prend
ces deux taſſes d'infuſion le matin à jeun, &
plus ou moins long-temps, ſuivant ſes effets.
Cela n'exclut point les autres remedes qui ſe-
roient néceſſaires en même temps pour d'autres indications.

Par les obſervations faites, dit M. Morand,
ſur-tout à Paris, à Verdun & à Grenoble, où
l'on en fait beaucoup d'uſage depuis peu, il
paroît que cette infuſion charroie doucement
les ſables, diſſipe les embarras dans les reins
qui accompagnent ordinairement les maladies
néphrétiques, & adoucit les douleurs qu'elles
cauſent dans les voies urinaires.

M. Miſſa, Médecin de Paris, m'a dit avoir
conſeillé pluſieurs fois, avec ſuccès, à ſes malades de la doradille, ſans en avoir remarqué aucun inconvénient. Une perſonne en place, qui
étoit fort tourmentée de la gravelle, qui avoit
ſouvent des paroxiſmes de colique néphrétique ,
& dont M. Miſſa eſt Médecin, fait uſage de
cette infuſion depuis près d'un an (1767), ce
qui l'a beaucoup ſoulagé ; il a même rendu de
petites pierres par le canal de l'uretre.

Malgré l'autorité d'une perſonne auſſi éclairée que M. Morand, duquel nous tenons la
vertu de ce remede, je penſe, Monſieur , que
nous ne devons pas encore accorder à la doradille une vertu lithontriptique ; elle n'eſt
tout au plus qu'un léger diurétique, ainſi que
tous les capillaires, dont elle fait partie. Au
reſte, elle ne peut nuire, même dans les paroxiſmes de la colique néphrétique. Si parmi

K v

les plantes, il s'y en trouve quelques-unes
qui aient une vertu lithontriptique, c'est sans
contredit la bousserole ; les expériences qui en
ont été faites dans différens pays, par différens Médecins, & sur plusieurs malades, ne
permettent pas même de mettre en problême la
vertu lithontriptique de cette plante. Je vous
ai, Monsieur, rapporté précédemment trois
cures, que j'ai opérées par son moyen ; mais je
croirois vous manquer essentiellement, si je ne
faisois pas mention ici, pour vous confirmer de
plus en plus sur les vertus de cette plante, de
quelques observations que j'ai extraites uniquement pour vous d'un Livre qui vient de paroître, imprimé à Strasbourg.

En 1734, je fus consulté, dit M. Quer, Auteur de ce Traité, & premier Professeur de Botanique au Jardin Royal des Plantes de Madrid, par le sieur Joseph Calvo, Orfévre de
Naples : il étoit attaqué depuis long-temps de
la gravelle, qui avoit résisté à tous les remedes
qu'il avoit pu prendre jusqu'alors ; les paroxismes de cette maladie étoient pour lui périodiques, & si douloureux, qu'à peine pouvoit-il les supporter. Après avoir examiné at-
tentivement la constitution du malade, la
quantité & la qualité des matieres calculeuses
qu'il déposoit par l'uretre, & tous les différens symptômes qui constituoient sa maladie,
je lui conseillai de faire usage de feuilles de
bousserole, plus connue sous le nom d'*uva-ursi* ;
je lui en fis prendre tous les matins à jeun deux
gros, infusés dans un grand verre d'eau : il s'en
trouva si bien, qu'il en continue toujours l'u-
sage (1758), & qu'il la préconise à tous ceux
à qui il a occasion de parler.

En 1740 , continue notre Obſervateur, me trouvant à Barcelone , j'eus la curioſité d'aller à la découverte des ſimples que produit la faıneuſe montagne de Notre-Dame de Montſerrat ; je pris pour compagnon de voyage le célebre Botaniſte Dom Jean Minuart mon Collegue. Nous employâmes enſemble vingt-deux jours à nos herboriſations ; pendant cet intervalle de temps , mon ami fut attaqué d'un accès de néphrétique, dont les douleurs étoient périodiques. Nous nous trouvions alors au ſommet de la montagne ſur laquelle nous étions allés à la découverte ; notre malade étoit ſi fortement tourmenté, qu'on ne put qu'avec peine le tranſporter au Monaſtere voiſin de cette montagne. En la deſcendant, j'eus le bonheur de trouver de la bouſſerole ; j'en cueillis, & auſſi-tôt l'arrivée du malade au Monaſtere, je lui fis faire la décoction ſuivante.

Prenez deux gros de feuilles de bouſſerole , un demi-gros de fleurs de camomille, un ſcrupule de nitre raffiné ; mêlez le tout enſemble dans un vaſe, ſur lequel vous jetterez une livre d'eau de fontaine ; le vaſe bien bouché, mettez-le ſur le feu , & faites-lui faire pluſieurs bouillons ; après l'avoir retiré du feu , laiſſez-le repoſer ſans le découvrir ; ajoutez à la colature un morceau de ſucre d'une demi-once.

Mon ami uſa deux fois par jour de cette décoction, le matin & le ſoir, ce qui fit auſſitôt évanouir les ſymptômes de ſa maladie : il en continua l'uſage, & fut en état de pourſuivre avec moi vos recherches botaniques.

Un Particulier de Madrid, & c'eſt la troiſieme obſervation de M. Quer , d'un tempé-

rament fec, bilieux, & d'une conftitution délicate, accoutumé dès l'enfance à de violens
exercices pédeftres & équeftres, & ayant fait
des excès de viandes falées & de groffes viandes,
fe reffentit, à l'âge de 28 ans, de grands
maux de reins. On qualifioit ces maux de rhumatifmes. Au bout de deux ans, les douleurs
augmenterent : on le traita pour lors comme
attaqué de maladies vénériennes : on lui fit
prendre en conféquence un purgatif mercuriel ;
& foit par la force de ce remede, foit par les
évacuations de fang qui fuccéderent, il rendit
deux pierres d'inégale grandeur. La maladie
pour lors connue, on chargea de batterie, &
on lui prefcrivit tout ce qu'on a coutume de
faire dans pareil cas, & toujours fans fuccès.
Il ne fe paffoit pas un mois d'un paroxifme à
l'autre ; la faignée, les diuretiques, les laxatifs,
& même les eaux minérales qu'on prefcrivit
au malade pendant deux printemps confécutifs,
ne firent que le rebuter. Il paffa deux ans dans
cette trifte fituation, lorfqu'enfin il s'adreffa à
moi ; je lui confeilla. pour lors l'ufage de la
boufferole : il prit tous les jours un demi fetier
de décoction de deux ou trois gros de fes
feuilles dans de l'eau ; infenfiblement les fymptômes fe diffiperent, ainfi que les douleurs de
reins. Cependant, comme le malade reffentoit
toujours dans cette région une efpece de pe-
fanteur fourde & inquiétante, je préfumois
pour lors qu'il y avoit quelque pierre. L'é-
vénement juftifia la conjecture, car peu de
mois après il reffentit de cruelles douleurs dans
l'uretre ; & en effet, au moyen de la faignée,
des laxatifs & des diurétiques anodins, le cal-

cul defcendit dans la veffie ; de-là il paffa au col de ce vifcere ; & eu égard à fon volume, il refta quelque temps dans le détroit que forme le fphinéter ; mais à force de lavemens balfamiques, laxatifs, la pierre fortit enfin par l'uretre. Cette pierre étoit de la groffeur d'une moyenne aveline, armée de pointes brillantes & aiguës. Après qu'on eut réparé les défordres intérieurs que cette pierre avoit caufés, le malade continua l'ufage de la boufferole ; & pendant deux ans & demi qu'il ne ceffa d'en prendre, il ne lui furvint pas le paroxifme le plus léger.

Vous voyez, Monfieur, par ces obfervations, combien eft recommandable l'ufage de ce végétal ; c'eft un remede fimple, fûr, & en même temps le plus efficace. Il n'exifte encore aucun fpécifique, ou du moins on n'en connoît point de plus falutaire que celui-ci pour la gravelle. Je pourrois, Monfieur, vous adreffer, à l'occafion de cette plante, les paroles par lefquelles M. Quer finit fi heureufement fa Differtation : *Lege, utere, & vale.*

Je fuis, &c.

Paris, ce 7 Décembre 1768.

LETTRE XVIII.

Sur le Creſſon de Roche, ou le Creſſon doré.

Une plante infiniment ſupérieure au thé, tant pour le goût que pour les vertus, eſt, Monſieur, le *creſſon de roche*, connu communément en Alſace ſous le nom de *creſſon doré*, & aux environs de Bourmont en Lorraine, ſous celui d'*herbe de l'Archamboucher*, parce qu'il s'y en trouve beaucoup dans un bois qui eſt ainſi nommé. Cette plante eſt du genre des ſaxifrages ; elle ne porte qu'improprement le nom de creſſon ; auſſi les Auteurs lui donnent-ils ſimplement celui de ſaxifrage ou d'hépatique doré. Tournefort la déſigne ſous la phraſe de *chryſoſplenium foliis amplioribus auriculatis* ; & Linnæus ſous celui de *chryſoſplenium oppoſuifolium*. Sa racine eſt noueuſe, blanchâtre, rampante, garnie de fibres capillaires ; ſa tige part de ſa racine ; elle eſt herbacée, rameuſe & écailleuſe ; ſes feuilles ſont oppoſées, pétiolées, arrondies, en forme d'oreilles, ſemblables à celles du lierre terreſtre, mais plus petites, dentelées en leurs bords, un peu velues, pleines de ſuc, d'un goût un peu ſtiptique & amer ; aux extrémités de ſes tiges & de ſes rameaux naiſſent de petites fleurs ſans corolle, dont le calice eſt diviſé en cinq par

ties, garnies de huit étamines très-courtes à
sommets simples. Quand les fleurs sont passées,
il leur succede des capsules à deux cornes, bi-
valves, qui renferment des semences menues,
d'un rouge brun. On a soutenu, il y a quelques années, une These sur le cresson de roche, dans les Ecoles de Médecine de l'Université de Strasbourg. Les premiers paragraphes de
cette These roulent sur l'étymologie des différens noms de la plante. Je ne m'étendrai pas,
Monsieur, avec son Auteur, sur un pareil objet, qui tient plus du curieux que de l'utile;
je vous observerai seulement dans cette lettre
que le nom botanique *chrysosplenium*, signifie
plante à fleur couleur d'or, & propre en même
temps pour les maladies de la rate; & en effet,
la couleur de la fleur de cette plante est d'un
beau jaune doré, & on lui attribue une vertu
pour guérir les obstructions de ce viscere. Le
Continuateur de la Matiere Médicale de Geoffroy, prétend qu'elle a une qualité vulnéraire
& apéritive; elle convient, dit-il, dans les
obstructions du foie & des autres visceres; sa
dose est d'une poignée dans les bouillons apéritifs, qu'on prescrit pour ces maladies. Le
cresson de roche a le même goût & les mêmes
vertus, ajoute cet Auteur, que l'hépatique
commun. Cette plante divise de même les humeurs épaissies; elle donne du ton aux solides;
elle adoucit l'acrimonie du sang & cicatrise
souvent les plaies, pourvu néanmoins qu'elles
ne soient pas considérables: elle n'est pas moins
bonne, à ce qu'on prétend, dans l'éthisie des
enfans, la phthisie, la jaunisse & les maladies
de la peau. Boecler la recommande dans le

calcul, & lui attribue avec tous les autres une propriété splénique & hépatique.

Telles sont, Monsieur, la plupart des vertus que les Praticiens reconnoissent dans cette plante; mais elles se trouvent rapportées dans leurs Ouvrages d'une maniere si vague, qu'à peine peut-on en déduire des notions certaines. L'Auteur de la fameuse These que je viens de vous annoncer sur le cresson de roche, l'examine sous tous les différens aspects, & c'est d'après cet examen qu'il en pose les principes. Je vais vous faire part des différens procédés dont il a fait usage pour mieux en découvrir les propriétés.

Les feuilles de cresson de roche ont, dit cet Auteur, une saveur légérement âcre & un peu astringente, sans néanmoins aucune amertume; ses tiges sont d'une saveur plus douce. Quand la plante est desséchée, & lorsqu'on la prend en infusion, on s'apperçoit beaucoup mieux de sa saveur; elle est pour lors même très agréable, à un petit goût de moisi près, qui se dissipe à l'instant. Les Habitans de Strasbourg font souvent usage de cette infusion, & même avec beaucoup de plaisir; ils la préferent à celle du capillaire. Quant à l'odeur de cette plante, elle n'en a d'autre que celle d'herbacée. Pour m'assurer plus particuliérement de ses vertus, continue notre Auteur, je ne m'en suis pas tenu uniquement à son odeur & à sa saveur, mais j'ai encore fait sur elle diverses expériences.

J'ai d'abord commencé par en faire sécher seize onces; quand elles l'ont été suffisamment, elles se sont trouvées reduites à deux &

demie. Cependant, il s'en manquoit beaucoup
que la plante fût desséchée au point de pouvoir se pulvériser. J'ai pris encore cent vingt
onces de la même plante ; j'en ai exprimé le
suc, & j'en ai tiré soixante-douze onces. Ce suc
étoit d'une saveur salée & néanmoins douceâtre. J'ai fait dessécher le marc & je l'ai ensuite pesé ; il ne pesoit plus que seize onces.
J'ai fait consommer par le feu le marc, & j'ai
fait bouillir les cendres que j'en ai tirées avec
de l'eau ; elles m'ont fourni par la lixiviation
quatre scrupules de sel alkali fixe. Ce qui m'est
resté de tous ces différens procédés, n'étoit plus,
suivant le langage des Chymistes, qu'une simple
terre morte.

Par toutes ces différentes expériences, vous
devez, Monsieur, nécessairement conclure,
avec l'Auteur de la Thèse que j'analyse, que
le cresson de roche contient beaucoup de terre
& d'eau, & qu'il renferme pareillement un
acide & un principe inflammable ; car, de l'a-
veu de tous les Chymistes, c'est de ces deux
derniers principes que se forme le sel alkali fixe.
Cette conséquence est d'autant plus vraie,
qu'elle se trouve même confirmée par la distillation qui a été faite de la plante. J'ai pris
pour cette distillation (c'est toujours notre Auteur qui parle) deux onces de suc exprimé de
cresson de roche ; je n'ai augmenté le feu pour
ce procédé que par degrés. J'en ai tiré d'a-
bord une assez grande quantité d'eau insipide,
qui n'avoit d'autre odeur que celle qui est commune à toutes les eaux qu'on tire des sucs par
la distillation ; il m'est ensuite venu une liqueur d'une légere saveur, à la quantité d'environ une once. Cette liqueur étoit un peu

empyreumatique ; elle devint verdâtre par son
mêlange avec les sucs bleus des végétaux ; &
lorsque je l'eus associée avec de l'alkali fixe ,
elle exhala une odeur très-forte ; mise en effervescence avec l'acide nitreux , elle répandit une
fumée blanchâtre. A cette liqueur en succéda,
par la distillation, une autre , qui étoit on ne
peut pas plus empyreumatique , mais qui n'a
pas changé par son mêlange la couleur du syrop de violettes. Cette même liqueur n'est pas
non plus entré en effervescence avec l'acide
nitreux; j'ai seulement observé qu'il lui surna-
geoit quelques gouttes d'une huile brune très-
épaisse. Ce qui resta dans la cucurbite après la
distillarion, étoit d'une saveur évidemment salée ;
& par le moyen de la lixiviation, j'en obtins
un gros & demi de sel alkali fixe. Vous êtes,
Monsieur, assez versé dans la Chymie, pour
connoître, par le détail du procédé que je viens
de rapporter, les divers principes qui consti-
tuent la substance du cresson de roche, & qui
sont, comme vous n'en pouvez pas douter,
les mêmes que ceux dont je vous ai entretenu
il n'y a qu'un instant. En vain entrerois-je donc
avec l'Auteur dans les raisonnemens qu'il fait
à ce sujet ; ce ne seroit qu'alonger inutilement une matiere qui vous est si connue.

Après tous les procédés chymiques, vous
pourriez peut-être croire que ce sont les seuls
qu'ait employés notre Auteur pour découvrir
la vraie nature de cette plante ; ils paroissent
effectivement plus que suffisans pour tout autre
que pour lui : mais en vrai scrutateur de la
Nature, il ne s'en est pas contenté. J'ai, dit-
il , versé sur quatre gros de cresson de roche,
autant d'esprit-de-vin qu'il en faut pour en

pouvoir extraire la teinture. Celle que j'en ai
obtenne par ce moyen, étoit on ne peut pas
plus verte, & n'avoit néanmoins d'autre faveur ni odeur que celle qui fe trouve propre
à l'efprit-de-vin. J'ai laiffé évaporer cette liqueur; il en eft refté quarante-huit grains
d'une réfine verdâtre, qui étoit prefque totalement dénuée de faveur, & fufceptible de l'humidité de l'air ; quant au réfidu de la plante,
qui s'eft trouvé après en avoir tiré la teinture
& l'efprit-de-vin, j'ai verfé de l'eau pardeffus,
& je l'ai renouvellé, en la faifant même
bouillir autant de fois qu'il fallut pour qu'elle
en fût plus teinte & qu'elle n'eût plus aucune
faveur. J'ai fait évaporer enfuite toutes les
différentes teintures aqueufes à un feu lent, ce
qui m'a pour lors donné quarante-deux grains
d'un extrait aqueux, connu en terme de l'art
fous le nom de fecondaire. Ce procédé fini,
j'ai paffé à un autre; j'ai pris une demi-once
de creffon de roche deffléché; j'ai mis de l'eau
pardeffus de la même façon que précédemment, pour en tirer une teinture aqueufe.
Celle que j'en obtins pour lors étoit d'une
couleur brune & d'une faveur fpécialement
propre à la plante. J'ai fait évaporer cette
teinture, en l'expofant fur le feu ; il m'eft refté
cent cinq grains d'un extrait aqueux. J'ai verfé
fur le réfidu de la plante qui a fervi à la teinture, de l'efprit-de-vin , & l'extrait réfineux
que j'en ai pour lors obtenu fe trouva en plus
petite quantité que dans le procédé précédent,
ce qui démontre invinciblement que l'eau eft le
vrai menftrue de cette plante.

J'ai encore réduit par la coction en confiftance de gelée, seize onces exprimées de suc de cresson de roche ; je l'ai ensuite mis en digestion avec de l'esprit-de-vin ; j'en ai tiré dix grains de sel essentiel, & il restoit adhérente à ce sel une espece de substance résineuse, dont il étoit même teint. Cette substance résineuse ne put jamais se dissoudre dans l'eau simple, ni même dans l'eau de chaux ; d'où l'on peut conclure que l'acide se trouve dans le cresson de roche sous deux formes différentes : une partie est unie avec l'huile, & prend la forme de résine ; l'autre est développée & se trouve dispersée dans tout le suc de la plante.

Réunissons actuellement, Monsieur, avec l'Auteur, tous les résultats de ces procédés, pour en déduire les différentes propriétés du cresson de roche. L'extrait aqueux de cette plante est de beaucoup plus abondant que son extrait spiritueux ; ce premier est même le seul qui en conserve la saveur ; l'eau est conséquemment le vrai menstrue qui lui convienne. L'huile que contient le cresson de roche devient résine par le moyen de l'acide avec lequel elle est unie : c'est ce qui résulte encore des procédés ci dessus. L'extrait aqueux qu'on obtient par une premiere teinture, pese beaucoup plus que l'extrait gommeux, qu'on ne se procure que secondairement, ce que vous avez dû encore remarquer dans les expériences précédentes. Il y a par conséquent dans le cresson de roche quelque substance savonneuse, adhérente à la résine ; car on appelle *savon* ce qui rend la résine soluble dans l'eau. Le savon peut, il est vrai, se dissoudre dans l'esprit-de-vin, mais en très-petite quantité. Le cresson de roche contient donc, suivant les différens procédés chymiques, une gomme résine diffoute dans beaucoup de phlegme avec beaucoup de particules terreftres, & unie en même temps avec un peu de fel effentiel.

La nature de cette plante connue, il eft facile d'en découvrir les vertus : par l'abondance de phlegme qu'elle contient, elle eft propre pour relâcher les folides, divifer les fluides, & faciliter les différentes excrétions aqueufes. L'expérience l'a auffi toujours démontré ; mais ce ne font pas là toutes fes propriétés. Perfonne n'ignore que les gommes réfineufes font les meilleurs favonneux : elles conviennent non-feulement pour diffoudre les matieres vifqueufes qui fe trouvent adhérentes aux premieres voies, mais encore pour les évacuer ; elles produifent auffi de grands effets dans les différentes maladies aiguës & chroniques. Mais je vous ai fait voir, Monfieur, que le creffon de roche contenoit, fuivant fon analyfe chymique, une gomme-réfine. Il eft donc très-bien indiqué dans tous les cas où l'on prefcrit ces efpeces de remedes ; fon ufage eft même pour lors beaucoup plus fûr que celui de différentes gommes-réfines que nous tirons des Indes, & qui fouvent, au lieu de produire l'effet que nons en attendons, ne font qu'augmenter la maladie. Le phlegme qui fe trouve dans le creffon de roche, uni avec la réfine, ne contribue pas peu à le rendre réfolutif, atténuant, abfterfif & apéritif. Les parties terreftres qui fe rencontrent auffi dans cette plante lui donnent encore d'autres vertus. Suivant les principes de l'art, toute fubftance terreftre qui s'introduit

dans notre corps, & qui s'incorpore à ses différentes parties solides, donne de la force à
ces parties. C'est donc par cette raison qu'on
peut dire que le cresson de roche est doué d'une
vertu roborative. La saveur même de cette
plante fait connoître assez cette qualité ; aussi
la place-t on dans la classe des remedes toniques & roboratifs ; elle est conséquemment
très-bien indiquée dans toutes les maladies où
il faut employer les toniques , & c'est en sa
qualité de tonique qu'on lui a attribué une
vertu apéritive.

Mais il ne suffit pas, Monsieur , de vous
exposer les vertus du cresson de roche par la
simple déduction des principes dont il est composé, il faut encore que l'expérience devienne
notre guide ; c'est même la seule à laquelle
nous devons nous rapporter , pourvu néanmoins
qu'elle se trouve accompagnée de la raison :
or l'expérience journaliere nous confirme les
vertus de cette plante. On l'emploie par toute
l'Alsace avec succès dans les différentes maladies
que j'ai indiquées au commencement de cette
Lettre. La plupart des Praticiens la vantent
sur-tout beaucoup dans le calcul ; & en effet,
qu'y a-t-il de meilleur pour cette maladie qu'un
médicament tout-à-la-fois & absterfif & robo-
ratif, propre à prévenir la formation de la matiere calculeuse, & à empêcher que son volume augmente ; tous les Auteurs se réu-
nissent pour conseiller cette plante dans les
obstructions du foie , & dans les différentes
maladies qui en sont les suites. Et en effet,
par les principes qu'elle contient, elle est très-
propre pour donner de la fluidité aux humeurs

qui font trop épaiffes , & en même temps pour
donner du ton aux vaiffeaux du bas-ventre ; &
ce font-là les vraies indications qui conviennent dans les maladies fufdites.

Mais on n'eft pas feulement dans l'habitude
en Alface de prefcrire cette plante dans les obftructions du foie : on l'ordonne encore avec
fuccès dans les différentes maladies de poitrine;
elle donne du ton aux poumons ; elle divife
la matiere muqueufe ,. les confolide; elle convient même , fuivant les Habitans de cette
Province , dans les pleuréfies. Les Villageois
des environs de Saverne , de Phalzbourg, de
la Marche , de Bourmont , ne fe fervent prefque d'aucun autre remede dans la plupart de
leurs maladies. J'en ai été témoin plufieurs
fois en herborifant dans ces cantons. Le fimple
ufage de cette plante en infufion , guérit prefque toutes les pleuréfies qui regnent dans le
pays, fans même recourir à la faignée. Errhard
lui attribue une vertu vulnéraire : elle convient, fuivant lui, dans toutes les plaies légeres, tant internes qu'externes. Et en effet,
qui peut difputer cette qualité aux médicamens
abfterfifs & légérement aftringens, tel qu'eft
le creffon de roche. Quelques Praticiens le
recommandent encore dans la fuppreffion
menftruelle. Cette maladie n'eft occafionnée
ou que par l'épaiffiffement des humeurs , ou
par la foibleffe des vaiffeaux de l'utérus , ou
par un vice dans la circulation du fang par la
veine-porte. Or, dans ces différens cas , quel
meilleur remede peut-on trouver que cette
plante ? Elle n'a d'ailleurs aucune acrimonie,
comme quelques perfonnes ont ofé l'avancer

imprudemment. La vraie façon d'en faire uſage eſt en infuſion théiforme ; la doſe eſt d'une pincée par taſſe. Si vous ſouhaitez vous en procurer, il faut la tirer des environs de Phalzbourg, de Saverne, de Blamont & de la Marche, où cette plante eſt des plus communes. Vous en trouverez encore ſur les montagnes d'Auvergne, ſur le Mont Pila ; & enfin , ſur les Pyrénées. On dit qu'il s'y en trouve auſſi en Normandie ; mals je ne l'ai jamais remarqué dans cette Province, quoique j'y aie ſouvent herboriſé.

Pour ce qui concerne les uſages économiques du creſſon de roche , on n'en connoît aucun. Schwenfeld rapporte néanmoins que les vaches qui s'en nourriſſent , donnent du beurre beaucoup plus jaune ; elles en ſont même trèsfriandes. Cette plante croît ſur les montagnes ; elle eſt donc pour ces animaux infiniment plus ſucculente que les plantes des bas prés. On a toujours obſervé que quand les vaches pâturent ſur les hauteurs, elles donnent beaucoup plus de lait , & d'une meilleure qualité.

Je ſuis , &c.

Paris , ce 14 Décembre 1768.

LETTRE XIX.

Sur les Feuilles d'Oranger, propres dans les Convulsions & les Affections vaporeuses.

Parmi le nombre infini de maladies qui attaquent le genre humain, les plus communes sont les affections vaporeuses & les convulsions : ces maladies sont comme autant de Prothées qui se manifestent sous différentes formes ; elles n'épargnent personne : les Grands du monde, au milieu de l'éclat & de la splendeur, n'en sont pas exempts ; ils y sont même encore plus sujets que le pauvre dans sa cabane. La Médecine pratique a cherché en vain jusqu'à présent des remedes propres à cette maladie. Quelques Médecins modernes ont conseillé les eaux spiritueuses ; d'autres ont eu recours aux bains : mais ni les uns ni les autres n'ont encore pu parvenir à remplir totalement les indications dans ces maladies. Je vous offre ici, Monsieur, un remede parmi les végétaux, qu'on peut regarder comme le vrai & même comme le seul spécifique dans ce cas. Il n'est point uniquement bon pour les vapeurs, mais il fait encore merveille dans toutes les maladies qui reconnoissent pour cause un vice dans le genre nerveux : il convient dans l'hydropisie. Ce remede se prépare avec les feuilles d'oranger. Les Médecins praticiens ont toujours regardé les fleurs,

Tome I. Premiere Epoque. L

le fruit, tant l'écorce que la pulpe de cet arbre, comme un excellent médicament en plusieurs cas : mais ils n'avoient pas encore mis les feuilles au rang des remedes internes. C'est aux célebres Médecins de Vienne que nous sommes redevables de la connoissance du spécifique que je vais vous indiquer.

Des personnes de la premiere distinction communiquerent, il y a plusieurs années, à M. Werterhoff, habile Médecin à la Haye, un remede pour les maladies convulsives, en lui imposant la condition de ne le faire connoître à personne, qu'avec le consentement de l'Inventeur. Ce Médecin en donna une petite quantité à M. de Haen, Médecin de Leurs Majestés Impériales & Royales, en l'assurant qu'il en avoit éprouvé d'excellens effets. M. de Haen trouva au mois de Janvier 1761, une occasion d'essayer ce nouveau remede qui réussit au-delà de ses espérances. Ce grand Praticien, si renommé par ses savantes Observations, apprit, quelque temps après, par le moyen du célebre Oculiste Wincel, & par la voie de M. Velse, Médecin & Conseiller à la Haye, que ce prétendu secret n'étoit autre chose que la feuille d'oranger. Sur ces témoignages, M. le Baron Van-Swieten, premier Médecin de Leurs Majestés Impériales & Royales, en fit ramasser une quantité, & en envoya à tous les Hôpitaux pour en faire des expériences. MM. de Haen & Beher ont publié leurs Observations. Je vais, Monsieur, vous les rapporter d'après leurs écrits. Vous remarquerez par-là de quelle utilité sont ces feuilles pour les convulsions, & même pour l'épilepsie. Après ces Observations, je vous ferai part de quelques-unes des miennes, qui vous démontreront que, si ces feuilles sont bonnes dans les convulsions & l'épilepsie, elles sont encore plus efficaces dans les affections vaporeuses qui reconnoissent la même cause, mais dans un degré de beaucoup inférieur.

Une fille de 18 ans, dit M. de Haen, avoit des convulsions si surprenantes & si terribles, qu'il y a très-peu d'exemples d'un pareil état : il n'y avoit même point de genre de convulsion dont elle ne fût attaquée. Aucune partie de son corps n'en étoit exempte, & des symptômes nouveaux & extraordinaires changeoient presque tous les jours cette terrible scene. Elle s'élevoit souvent en l'air, & faisoit des sauts aussi hauts, que si des hommes robustes l'eussent élevée. Pendant environ trois semaines, un célebre Médecin de Vienne mit constamment en œuvre toutes les ressources que l'art & sa pratique ont pu lui suggérer ; mais ce fut en vain. L'Impératrice-Reine m'ordonna de me joindre à ce Médecin pour soulager cette fille qu'elle honoroit de sa protection. J'engageai mon Collegue de faire prendre à la malade de la poudre de M. Werterhoff, qui, loin de pouvoir lui être nuisible, avoit souvent produit des effets très-surprenans. Nous lui en prescrivîmes d'abord un scrupule que nous mêlâmes avec du chocolat. Dès le même jour, ses convulsions, qui duroient ordinairement douze heures, se terminerent en trois : le second jour qu'elle en prit, leur durée fut uniquement d'une demi-heure ; à peine eut-elle le troisieme jour un léger pressentiment de ses accidens précédens : les jours suivans, elle ne sentit plus rien du tout. Bientôt après les forces lui revinrent, ainsi que la vivacité & la gaieté ; ce qui ne nous empêcha pas néanmoins, moi & mon Collegue, de lui faire continuer jusqu'au quatorzieme cette poudre à pareille dofe. Depuis ce temps, ajoute M. de Haen, elle a toujours été en bonne fanté.

Une jeune fille fut auffi guérie entiérement des reftes de la danfe de S. Vite dont elle étoit attaquée, après avoir pris intérieurement, pendant dix jours, un fcrupule de cette poudre. M. Wincel, continue M de Haen, affure que le fecret de cette poudre n'eft autre chofe que des feuilles d'oranger, & que par conféquent on pouvoit avec autant de fuccès délayer, dans une boiffon convenable, la poudre de ces feuilles. Voici, Monfieur, comme il en faut faire la décoction, lorfqu'on n'en veut pas faire ufage en poudre, fuivant M. Velfe. C'eft toujours d'après les écrits de M. de Haen que je parle.

On prend cent vingt feuilles d'oranger, c'eft-à-dire, environ une once fix gros; on les fait cuire dans vingt onces d'eau de pluie, pendant l'efpace de deux ou trois heures, dans un vaiffeau fermé : on paffe ; on ajoute à la colature dix onces de vin rouge, & de fucre une fuffifante quantité pour rendre la boiffon agréable. Le malade en prend chaque jour deux, trois ou quatre fois, fuivant que le cas l'exige, à la dofe de deux ou trois onces. Ce remede, fuivant M. Velfe, fortifie finguliérement les malades ; quelquefois même il adoucit confidérablement les douleurs de la colique de poitrine. Il fait ceffer les vomiffemens qui font un des fymptômes de cette maladie. Cette décoction opere même plus efficacement que les opiats & les purgatifs. M. Velfe prétend auffi qu'elle eft très-bonne dans les convulfions léthargiques. Un enfant de deux ans, dit M. de Haen, d'après M. Velfe, avoit, depuis un an, tous les jours, de longues convulſions ; depuis ſix mois il avoit même des attaques qui lui faiſoient jetter des eſpeces de cris convulſifs : il ſe reſſenſoit encore d'épilepſie, & quelquefois même de catalepſie. Cet enfant prit trois fois par jour, pendant l'eſpace de vingt jours, de la décoction de feuilles d'oranger ſans ſoulagement ſenſible : mais dans la ſuite ce remede produiſit un tel effet, qu'au bout d'un mois il n'avoit pas la plus légere apparence de mal ; il paroiſſoit gai, doux & dans l'état naturel.

J'ai éprouvé, continue M. de Haen, l'efficacité de cette décoction d'oranger. Un homme de 50 ans, à la ſuite d'une migraine ou mal de tête violent, ſe trouvoit attaqué d'horribles convulſions du viſage qui ſe répétoient vingt & trente fois le jour : il avoit en outre tellement perdu la mémoire, que quoiqu'il connût tous les objets qui l'environnoient, il ne pouvoit ſe rappeller leur nom. Deux onces de cette décoction, données de deux heures en deux heures, changerent ſenſiblement ſon état ; & dans l'eſpace de ſix jours, la maladie fut entiérement diſſipée, ainſi que tous les ſymptômes, & toutes ſes fonctions ſe trouverent rétablies.

Une fille de 16 ans, c'eſt toujours d'après M. de Haen, ayant été attaquée d'une fievre ſcalatine ou pourprée, au mois de Septembre 1760, avec des convulſions le 7 Octobre, devint paralytique du côté droit, & perdit entiérement la voix. Les ſecours qu'on a coutume d'employer en pareil cas n'ayant produit aucun ſoulagement, M. Van-Swieten me l'adreſſa pour être appliquée à une machine électrique. Ce remede ne produisit en elle qu'un très-petit changement. Je me déterminai pour lors à lui donner par jour trois fois de la décoction de feuilles d'oranger, ensuite de la poudre. Pendant ce temps, elle étoit électrisée tous les jours exactement. Ce traitement a déja duré un mois, disoit M. de Haen dans ses écrits : la malade recouvre la voix d'une maniere qui étonne, de façon qu'il y a espérance que la voix reviendra entiérement, & que la paralysie se dissipera totalement. Cette Observation m'a déterminé, & c'est par où finit M. de Haen, à donner des poudres de feuilles d'oranger à tous ceux que je fais électriser maintenant, pour voir si je pourrois recueillir un plus grand nombre de preuves, qu'au moyen de feuilles d'oranger la vertu électrique peut avoir de plus heureux succès.

Des Observations de M. de Haen, je passe à celles de M. Locher, aussi Médecin de Vienne, qui constatent la vertu des feuilles d'oranger dans l'épilepsie. Avant de prescrire ce remede aux épileptiques, M. Locher fait faire une saignée du pied pour opérer la révulsion des humeurs ; ensuite il prescrit les feuilles d'oranger : il les ordonne sous deux formules différentes ; ou en poudre, à la dose d'un demigros, à prendre en une seule dose, matin & soir ; ou en décoction, à la dose d'une poignée, qu'on hache & qu'on fait cuire dans une livre d'eau de fontaine, jusqu'à réduction de moitié. On en fait prendre la colature le matin à jeun dans une seule dose au malade, & on n'en prend point le soir.

Le nommé..... âgé de 15 ans, dit M. Locher, étant tombé, il y a 7 ans, au moment où il s'y attendoit le moins, dans un vaisseau profond & froid, en fut si fort épouvanté, qu'il fut à l'instant attaqué d'un accès d'épilepsie, & depuis cet accident, il avoit presque tous les jours un violent accès de ce mal qui duroit plusieurs heures. J'ai commencé par lui faire prendre des feuilles d'oranger au commencement du mois d'Avril 1760. Pendant tout ce mois, ainsi que pendant tous les suivans, il n'a eu que trois, quatre ou cinq accès d'épilepsie; il n'en eut point pendant le mois de Décembre, & il n'en ressentit qu'un très-léger au mois de Janvier 1762.

Le nommé . . . . . âgé de 15 ans, que l'effroi d'une chûte inattendue avoit rendu épileptique six ans auparavant, avoit, depuis ce temps, un accès de cette maladie deux ou trois fois par semaine. Comme je soupçonnois que ce jeune homme avoit des vers, je lui fis prendre une poudre anthelmintique ou vermifuge, dans laquelle entroit de l'*assa fœtida*. Le malade alla plusieurs fois à la selle, & rendit des ascarides. Je lui fis continuer l'usage de cette poudre, jusqu'à ce qu'il ne rendît plus de vers; mais les accès d'épilepsie n'étoient point diminués.

Le 15 Avril il commença l'usage de la poudre des feuilles d'oranger : il eut des convulsions le 21 Avril & le 16 Mai. Il y a maintenant dix mois qu'il prend ce remède; il est entièrement guéri de sa maladie. Pendant les deux derniers mois, il n'a pris de la poudre de feuilles d'oranger que trois jours de la semaine, & une seule fois ces jours-là.

Le nommé . . . . . âgé de 17 ans, ayant vu un épileptique dans un accès, en eut un violent dès le même jour. Les convulsions ayant ensuite augmenté de jour à autre, on l'apporta à mon Hôpital. Lorsqu'il eut commencé à faire usage de la poudre de feuilles d'oranger, il fut pendant dix-huit jours sans ressentir aucun accès d'épilepsie. L'accès qui revint alors fut beaucoup moins violent. Je lui fis continuer le même remede pendant deux mois, & on ne remarqua plus aucun symptôme d'épilepsie.

Le nommé ..... âgé de 18 ans, qui avoit eu un accès épileptique presque tous les jours pendant une année entiere, vint à mon Hôpital le 9 Mai 1761. Je lui fis prendre de la poudre de feuilles d'oranger. Bientôt les convulsions cesserent; & le remede ayant été continué l'espace de deux mois, elles ne reparurent pas davantage. Le jeune homme se trouvant en bonne santé, quitta l'Hôpital.

Le nommé ..... âgé de 22 ans, qu'une peur avoit rendu épileptique, avoit des accès de ce mal tous les jours. Il a commencé à faire usage du nouveau remede à la fin du mois d'Avril 1761, & depuis ce temps il est tellement soulagé, qu'il est maintenant deux ou trois semaines sans accès; & quand il en a, ils sont toujours moins violens que les précédens. Il y a aujourd'hui six semaines qu'il n'a eu d'accès, & toutes ses fonctions se font bien.

M. Locher rapporte encore plusieurs observations que je passe sous silence, pour éviter la diffusion dans une Lettre. Peut-être, Monsieur, me suis je déja trop étendu sur ces objets. L'Auteur finit, en concluant que les feuilles d'oranger, soit en poudre, soit en décoction, ont eu des effets merveilleux, même dans les fortes épilepsies; & elles sont, dit-il, si efficaces, que dans plusieurs cas elles ont diminué la violence de l'épilepsie, ont rendu les intervalles entre les accès beaucoup moins longs que de coutume, & que dans certains cas elles ont entiérement dissipé la maladie. Enfin, de tous les remedes connus précédemment comme usités dans l'épilepsie, & que j'ai éprouvés, ajoute-t-il, il n'y en a point qui ait produit un effet aussi constant que les feuilles d'oranger.

J'en ai prescrit moi-même, Monsieur, dans l'épilepsie, & je m'en suis très-bien trouvé. Une fille, âgée d'environ 30 ans, vint me consulter en 1765, pendant un de mes séjours à Metz. Elle étoit fortement attaquée d'épilepsie ; les paroxismes de cette maladie se succédoient presque les uns aux autres. Je lui conseillai une saignée du pied ; je lui fis ensuite prendre un vomitif, & je lui prescrivis un opiat avec le quinquina, le cinabre factice, la racine de valériane & de pivoine mâle, le gui de chêne & les feuilles d'oranger, de chacune parties égales ; le tout incorporé avec une suffisante quantité de syrop de capillaire : elle en prit tous les matins un gros, & pardessus une décoction de feuilles d'oranger. Elle continua l'usage de cette décoction pendant environ cinq ou six mois. J'ai appris, il n'y a pas long-temps, qu'elle étoit totalement guérie.

Réfléchissant, M., sur les vertus des feuilles d'oranger dans les convulsions & même dans l'épilepsie, je fus dès l'instant persuadé que ce remede seroit très-efficace dans la passion hystérique & les affections vaporeuses dont le siege est dans le genre nerveux, ainsi & de même que les convulsions & l'épilepsie. Je me déterminai donc de prescrire la décoction de ces feuilles dans toutes les maladies qui reconnoissent pour cause quelque vice dans ce genre. De toutes les per-

fonnes auxquelles j'ai ordonné de ces feuilles,
ou qui en ont fait un ufage ordinaire, il ne
s'en eft trouvé que fort peu qui n'aient pas
été radicalement guéries.

Je fuis, &c.

Paris, ce 21 Décembre 1768.

LETTRE XX.

*Sur l'Arnica, connu plus communément
en Lorraine fous le nom de Tabac des
Vofges.*

J'AI appris, Monfieur, depuis peu, du malade même, la guérifon d'une hémophthifie par
le moyen de l'arnica. J'avois ouï vanter plufieurs fois les vertus de cette plante, fur-tout à
Strafbourg; mais je n'en avois jamais fait ufage
ni vu faire : je ne la connoiffois même que fort
fuperficiellement, fur-tout quant à fes propriétés, lorfque M. Morat, Directeur des Pompes à
incendie pour la Ville de Paris, me fit l'honneur de venir chez moi, accompagné de M. Mar-
candier. Le motif de la vifite de M. Morat étoit
pour me charger, comme ayant habité pendant
long-temps la Lorraine, de lui faire venir des
montagnes des Vofges quelques livres de fleurs
d'arnica. Je demandai à l'inftant à M. Morat
ce qu'il vouloit faire d'une auffi grande quantité de fleurs de cette plante. Il me répondit
qu'il en faifoit journellement ufage en infufion

théiforme ; qu'il lui étoit en quelque façon redevable de la conservation de sa vie, & qu'il
tàcheroit toujours d'en avoir chez lui, tant pour
sa personne, que pour celles qui sont à ses
ordres. Je réitérai mes instances pour apprendre
de M. Morat la maladie dont il étoit attaqué.
Je crachois, me dit-il, presque continuellement du sang, & même un sang pur, vermeil
& écumeux. Une fois, entr'autres, m'ajouta-
t-il, j'eus un crachement de sang si abondant,
qu'on fut obligé de me saigner plusieurs fois :
& au lieu de diminuer par des saignées réitérées,
il augmentoit encore : il fut même accompagné
d'une grande fievre, & ce ne fut qu'avec peine
que le Médecin auquel je confiai ma santé,
put parvenir à faire cesser cette fievre,
& à appaiser ce crachement de sang qui ne fut
pas long-temps sans reparoître.

On me conseilla pour lors l'usage théiforme
de l'arnica : je ne différai pas d'un moment de
me rendre à cet avis, & depuis que j'ai usé
de cette plante, mon crachement de sang s'est
arrêté totalement. Il n'a plus reparu, & je me
porte pour le présent assez bien, ainsi que vous
en pouvez juger en me voyant ; & en effet
M. Morat paroît actuellement jouir d'une très-
bonne santé, & être d'une constitution la plus
saine. Sa maladie, ainsi qu'il est aisé de s'en
convaincre par les symptômes, étoit une vraie
hémophthisie. Vous pouvez donc, Monsieur,
ajouter l'usage de l'arnica aux différens remedes
qu'on prescrit pour cette maladie : la dose doit
être d'une bonne pincée de ses fleurs pour un
demi - setier d'eau mesure de Paris, à prendre
soir & matin. Ce remede est des plus simples,
des plus faciles, & en même temps des plus

efficaces, ainsi que le constate l'observation présente. J'ai prié M. Morat de me permettre, en faveur de l'humanité, de vous en faire part, afin de la rendre publique, comme vous avez coutume de faire de toutes les observations que je vous communique. Il m'a accordé cette faveur de la façon la plus obligeante; & ce n'est qu'en vertu du consentement qu'il m'en a donné, que j'insere ici l'histoire de sa guérison, sans quoi je ne l'aurois pas fait. Quelle estime ne devons-nous donc pas avoir pour l'arnica, après une pareille cure? Nous voyons souvent, dit le Docteur Jean - Michel Fehr, en parlant de cette plante, que tandis que nous recherchons avec trop de soin la nomenclature de certaines plantes, ou nous perdons presque de vue la plante elle-même avec ses vertus les plus vantées, ou nous les laissons à discuter & à juger aux Parfumeurs & aux femmelettes. C'est ce qui est arrivé au sujet de l'arnica, plante si excellente & si salutaire. Dodoëns, ce fameux Botaniste, n'en connoissoit pas le véritable nom, & la croyoit très-rare ; &, après lui, Bauhin : cependant elle étoit déja connue du vulgaire, principalement des Mariniers. L'usage de cette plante étoit chez eux même plus fréquent que chez quelques Médecins & Botanistes. Il est fâcheux, continue ce Docteur, qu'on fasse quelquefois de grandes dépenses, & qu'on emploie beaucoup de temps & de travaux pour tirer des entrailles de la terre, même en danger de sa vie, quelque remede qu'on prépare ensuite selon l'art, & qu'on purifie par la force du feu pour le rendre simple, ou en faire un composé informe que l'on distribue en grains ou par petits paquets, souvent même avec ostentation, tandis que l'on néglige des

remedes domeſtiques, & qui ſe trouvent par-
tout. Ne vaudroit-il pas bien mieux, à l'imi-
tation des premiers inventeurs de la Médecine
& des Modernes qui la pratiquent heureuſe-
ment à la Chine, dans le Japon & dans les
autres parties des Indes, & même dans notre
Continent, où l'on trouve ſouvent dans les
plantes de très bons remedes, & même de ſpé-
cifiques ; ne vaudroit-il pas bien mieux, dis-je,
ſe ſervir contre les maladies de remedes ſûrs,
ſimples & éprouvés, que de formuler de grandes
ordonnances qui ſouvent ſe contrediſent par
les remedes qu'on y fait entrer ? Combien de
plaies n'a point guéries avec ſon ſeul *chiro-
nium* le Médecin Chiron ? combien d'ulceres
Telephe, Roi de Myſie, avec ſon *telephium* ?
combien de coliques & de paſſions hyſtériques
Arthémiſe, Reine de Carie, n'a-t-elle point
appaiſées, aſſoupies, guéries radicalement avec
la ſeule *arthemiſia* ? Le remede appellé *moxa*,
ſi célebre chez les Chinois & les Japonois pour
guérir la goutte, ſe fait uniquement avec une
herbe deſſéchée qui porte le même nom, &
qu'on enveloppe de coton en forme de cylindre
ou de pyramide ?

Pour en revenir à l'arnica, il convient dans l'aſthme & le catharre, dit le
Savant déja cité : il fait éternuer, provoque
puiſſamment les regles & les urines ; il appaiſe
les coliques & les douleurs hyſtériques, conſo-
lide les vaiſſeaux rompus : il eſt encore excellent pour chaſſer les graviers & le calcul ;
il excite facilement la ſueur & quelquefois le
vomiſſement ; c'eſt pourquoi il eſt très-bien indiqué dans les maladies chroniques & les fievres
continues : mais dans les contuſions & les chûtes

il est d'une si grande vertu, & passe pour si efficace pour dissoudre les grumeaux de sang arrêtés qui gênent le mouvement & la respiration, qu'à peine trouveroit-on dans les trois regnes un remede simple aussi salutaire dans ces cas. On peut donc regarder cette plante comme un spécifique dans les chûtes ; car, aussi-tôt qu'on en a pris, elle se porte avec tant d'impétuosité vers le lieu affecté, & pénetre si fort les grumeaux de sang, qu'on a observé qu'elle y avoit excité de violentes douleurs, & quelquefois une grande difficulté de respirer, sur-tout lorsque la dose est trop forte, & que le mal est opiniâtre & invétéré. Cependant on calme bientôt ces accidens, ou par un vomissement spontané, ou par l'ouverture de la veine. On fait usage de sa racine, de ses feuilles & de ses fleurs : la dose ne doit pas excéder deux bonnes pincées pour les personnes les plus robustes ; elle est pour l'ordinaire d'une, ainsi que nous l'avons déja observé. On l'emploie communément en décoction dans de la biere, ou en infusion dans de l'eau ordinaire. On peut aussi la faire infuser dans un vin médicinal avec d'autres drogues, pour plusieurs maladies du bas-ventre, de la matrice, de la rate & de la vessie. On prépare encore une poudre sternutatoire excellente avec ses feuilles & sa racine : mais sa principale vertu consiste à dissoudre le sang. C'est ce que prouve très-bien le Docteur Jean-Michel Fehr, par plusieurs observations que je vais, Monsieur, vous rapporter ici, d'après cet Auteur, pour vous convaincre des vertus de cette plante, & vous engager par-là d'en faire usage pour les personnes qui ont fait des chûtes, & qui ont des contusions.

Une vieille femme, c'est la premiere obfervation de ce Médecin, fe plaignoit, depuis long-
temps, d'une douleur de côté, avec difficulté
de refpirer, provenante d'un grand effort qu'elle
avoit fait. Après avoir tenté en vain plufieurs
remedes, elle ne recouvra fa fanté, qu'en faifant
ufage d'une décoction chaude d'arnica dans de
la biere ; elle rendit beaucoup de férofités par
les urines & par les fueurs, & fe trouva parfaitement guérie.

Un Secrétaire, d'ailleurs robufte (deuxieme
obfervation), & dans la force de l'âge, pour
avoir bu en été beaucoup de biere très froide,
reffentit auffi-tôt des douleurs à la tête, à l'é-
pine du dos, & des points de côté. Il demeura,
pendant quelques jours & pendant quelques
nuits, comme immobile & attaché fur fon lit
(ainfi qu'il s'eft exprimé), avec une toux opiniâtre, un enrouement & une difficulté de refpirer. Après avoir fait ufage continuellement de
différens altérans & expectorans, il prit une décoction d'arnica avec de la biere. La douleur
augmenta à la vérité, avec la difficulté de refpirer ; mais ces deux fymptômes ayant fuccédé
pendant deux heures, on obferva à l'inftant que
tous les fymptômes s'évanouirent, & qu'il rendit une grande quantité d'urine. Il fe trouva à
l'inftant guéri.

Albert Stumpf, Fermier, âgé de 60 ans,
ayant été long-temps affligé d'un catharre, avec
une toux, fut guéri prefque de la même maniere ; il répéta fouvent ce remede, toujours
avec fuccès, parce que tous les printemps &
toutes les automnes il fe trouvoit attaqué de
ce mal.

Un Jurifte, âgé de 26 ans, étant tombé de

cheval, fe plaignoit de douleurs continuelles par tout le corps, & cela pendant l'efpace de près d'un mois. Par l'ufage d'une décoction de notre plante, les douleurs s'évanouirent, après une fueur abondante.

Une Payfanne ayant été pouffée violemment contre un mur par le timon d'une voiture, & bleffée confidérablement dans la poitrine & le dos; après avoir ufé inutilement d'autres remedes deftinés à guérir ce mal, fut heureufement rétablie par la feule décoction d'arnica.

Nicolas Ott, Laboureur, dormant fur fon char, & étant tombé, la roue lui paffa fur le milieu de la poitrine, ce qui lui fit naître une difficulté de refpirer & une enflure de l'abdomen. Il ne fut foulagé par aucun remede, tant interne qu'externe, qu'on lui adminiftra. Ce ne fut que par la décoction d'arnica qu'il fut guéri.

Gafpard Kempf, Charbonnier, fut bleffé tellement au dos & à la cuiffe, par la chûte fubite d'un arbre qu'il avoit coupé, qu'il fe tint long-temps affis dans la maifon, fans pouvoir fe remuer de fa place, quoiqu'il fe fervît continuellement de plufieurs onctions. Il recouvra enfin fa fanté par l'ufage de l'arnica, de même que fa femme, qui avoit été long-temps malade d'une cruelle douleur de hanches, caufée par un trop grand effort.

Pierre Schirmer d'Oberndorff, ayant été frappé à la poitrine d'un pied de cheval, fut auffi guéri par cette plante.

Un enfant pétulant fe heurta par hafard fortement la tête contre une pierre, d'où lui furvint une tumeur, même avec vomiffement, & le troifieme jour une petite fievre, accompagnée de délire. On lui mit un emplâtre de bétoine sur la tête ; on lui donna deux ou trois fois une décoction d'arnica , & il guérit , après une diarrhée spontanée , & avoir rendu de l'urine comme sanguine.

Un Meûnier, homme colere, battit sa femme à coups de bâton , d'où elle eut une grande difficulté de respirer, un crachement de sang, une tumeur à la tête. Lui ayant donné une décoction d'arnica, elle rendit de l'urine sanguinolente , & fut soulagée sur le champ.

Une sage-femme étant tombée d'un escalier, sua beaucoup après avoir pris de cette décoction, & se porta bien , sans qu'il s'ensuivît aucun symptôme.

Leonard Tragard, accoutumé à porter & à lever des fardeaux très-lourds , éprouvant de très-grandes diminutions de force , se plaignit d'une violente douleur dans le dos & les reins jusqu'au périné. La douleur augmenta par-tout, à la suite d'une trop forte dose d'arnica , avec crainte de suffocation ; mais ayant pris un bouillon de safran & de mars , il respira aussi-tôt plus librement : la douleur s'appaisa ; & lui ayant ouvert la veine du bras, elle se dissipa entiérement.

André Pena , Cordonnier, d'un tempérament foible, dont la tête & les pieds étoient attaqués réciproquement de dartres & d'enflure, n'ayant pu se procurer aucune sueur, y réussit enfin très-bien par le moyen d'une décoction d'arnica dans de la biere.

Le Docteur Michel Fehr, du mémoire duquel j'ai tiré ces observations, a donné, avec le même succès, la même décoction à une dame de distinction qui tomba, pendant l'hiver, sur la glace, & qui fe plaignoit, depuis affez long-temps, d'une douleur de reins. Il en donna auffi à un jeune homme qui avoit une fievre invé-térée, avec la rate gonflée, & qui retomboit fouvent dans cet état par fon mauvais régime. Ce jeune homme rendit, au moyen de cette plante, par le vomiffement & les felles, beau-coup d'humeurs, & il fe porta à la fuite très-bien. Ce Médecin ajoute qu'il pourroit encore citer d'autres exemples de perfonnes guéries par l'arnica; mais qu'il en a fuffifamment rap-porté pour en faire connoître les vertus. Je crains même, Monfieur, que cette énumération ne devienne pour vous trop ennuyante; mais j'ai cru être obligé de la faire d'après ce Doc-teur, pour vous engager à mettre en ufage une plante auffi précieufe.

Je finis cette Lettre, en y joignant l'extrait de celle de M. Morand, Médecin de la Faculté de Paris, adreffée de Plombieres, où il étoit alors, à M. Camus, auffi Médecin de cette Fa-culté, à l'occafion de l'arnica. C'eft une plante, dit M. Morand, qui fe trouve très-abondam-ment aux environs de cette petite Ville, & principalement dans les plus hautes montagnes des Vofges que je gravis de temps en temps, d'où lui vient, entre plufieurs noms, celui de *tabac des Vofges*. A Nancy & dans toute la Lorraine, on n'en fait pas feulement ufage comme d'un fternutatoire; mais on la prefcrit auffi comme alexitere, pour rétablir & augmen-ter, dans toute l'habitude du corps, le mou-vement du fang & des efprits ralenti par leur épaiffiffement ou par leur ftagnation dans quel-ques parties. On s'en fert encore dans les fievres malignes. Feu M. Kaft, premier Médecin de feu le Roi de Pologne, s'en fervoit dans quelques maladies de poitrine, lorfqu'il étoit queftion de recourir aux incififs : la dofe eft de fix grains, ou pour les fujets foibles d'une petite pincée, fur laquelle on verfera quatre verres d'eau chaude. On m'a affuré dans ce pays ci que cette plante produit un effet fingulier fur ceux qui en prennent, foit qu'on doive l'attribuer à une trop forte dofe, foit qu'elle agiffe de cette maniere : elle caufe d'abord un petit étourdiffement, quelquefois même une efpece de catalepfie légere & momentanée. Elle eft commune non-feulement dans ces montagnes des Vofges, mais elle croît encore plus communément dans les Alpes, fur la montagne de la Lance, auprès de Reveils, dans plufieurs endroits de la forêt d'Orléans : elle fe trouve fur-tout en abondance dans la Sologne. Les Solognois & les bucherons de la forêt d'Orléans l'appellent grande bétoine, & la prennent en guife de tabac. C'eft dans ces endroits qu'un Botanifte doit chercher cette plante en fleurs pour l'avoir dans fon beau & dans fon naturel ; car elle n'aime que les terreins cultivés, & elle ne fe plaît jamais dans les jardins : elle n'y vient qu'avec peine. Feu M. Salerne, Médecin d'Orléans, faifoit accommoder fes feuilles en carottes comme du tabac, & s'en fervoit avec fuccès dans les maux de tête invétérés, pour des fujets pituiteux. Je fouhaite, Monfieur, que cet extrait de la Lettre de M. Morand, par les recherches qui y font inférées, vous faffe autant de plaifir qu'à moi.

M. Collin, Médecin à Vienne, dit s'être fervi avec fuccès de l'arnica dans les fievres putrides, dans les fievres intermittentes dégénérées, dans les paralyfies & les dyffenteries, dans les engorgemens, les obftructions. Les cas d'épidémie font ceux où il raconte en avoir éprouvé les plus grands fuccès, & même fur des milliers de foldats confiés à fes foins à l'Hôpital de Pazenana; il employoit les feuilles, les fleurs & les racines. Il prefcrivoit les fleurs en infufion, en extrait & en opiat. L'infufion fe prépare avec une once de fleurs pour une pinte d'eau. On l'édulcore avec un fyrop approprié, & elle fe donne par verrées de deux heures en deux heures, pendant un, deux ou trois jours. L'extrait préparé à la maniere ordinaire fe donne depuis un jufqu'à quatre gros en vingt-quatre heures, délayé dans quelque eau diftillée. L'opiat eft une préparation des fleurs d'arnica en poudre, incorporées avec une fuffifante quantité de miel & de fyrop. La dofe en eft depuis trois jufqu'à neuf gros pendant quarante-huit heures. Dom Michel Alberti & M. Collin ont publié l'un & l'autre en Latin une Differtation fur les vertus de cette plante.

Je fuis, &c.

Paris, ce 27 Décembre 1768.

LA NATURE

CONSIDÉRÉE

SOUS SES DIFFÉRENS ASPECTS;

OU

JOURNAL DES TROIS REGNE

DE LA NATURE.

Par M. BUC'HOZ, Médecin de MONSIEUR.

Année 1769.

ANECDOTES *concernant la Vie de l'Auteur.*

En 1769.

LE 10 Avril 1779, l'Académie de Metz le reçut au nombre de ses Associés libres.

Il continua, pendant le courant de cette année, ses *Lettres sur la Méthode de s'enrichir promptement & de conserver sa Santé par la Culture des Végétaux :* elles sont au nombre de 52, & contenues en deux volumes, faisant les tomes 2 & 3 de ces Lettres.

Il commença au même mois de la susdite année à publier périodiquement de nouvelles Lettres, sous le titre de *Lettres Périodiques, curieuses, utiles & intéressantes sur les avantages que la Société économique peut retirer de la connoissance des Animaux.* Ces Lettres sont pareillement au nombre de 52, & forment deux tomes in-8°.

Nous diviserons la réimpression de cette année en deux parties ; la premiere partie comprendra les 52 Lettres sur les Végétaux ; & la seconde, les 52 Lettres sur les Animaux :

nous en retrancherons tout ce qui n'avoit rapport qu'au temps où elles ont été publiées , ou
ce qui ne nous paroît pas des plus utiles. Ces
différentes Lettres, qui ont été traduites en
plusieurs Langues, paroîtront seulement à présent pour la seconde fois , tandis que celles de
1768 ont déja été réimprimées deux fois.

LETTRES
SUR LA MÉTHODE

DE
S'ENRICHIR PROMPTEMENT,
ET DE CONSERVER SA SANTÉ;

Par M. Buc'hoz, *Médecin Botaniste & de quartier de* Monsieur.

SECONDE ÉDITION.
PREMIERE PARTIE.

Année 1769.

LETTRES

SUR LA MÉTHODE

DE

S'ENRICHIR PROMTEMENT,

ET DE CONSERVER SA SANTÉ

PAR LA CULTURE DES VÉGÉTAUX.

LETTRE PREMIERE.

Sur les différentes couleurs qu'on peut tirer des Végétaux, tant pour la Peinture que pour la Teinture.

Vous avez, Monsieur, un goût décidé pour tout ce qui est d'une utilité premiere. Vous dédaignez les connoissances qui ne tendent pas au bien de l'humanité ; aussi ai-je grand soin dans mes Lettres de ne vous entretenir que de choses vraiment intéressantes. Le sujet que je me propose de discuter dans celle-ci est spécialement de cette classe. Il s'agit des couleurs, & en même temps des végétaux qui peuvent nous les procurer.

Les couleurs ne sont pas dans les objets coloriés; la Physique moderne le démontre : elles sont formées par les rayons de la lumiere. Suivant qu'ils sont plus ou moins réfléchis, plus ou moins absorbés, ils donnent différentes nuances. La superficie & la structure des corps donnent lieu à ces réflexions, & sont conséquemment les causes occasionnélles des couleurs.

Rien ne nous frappe plus que la lumiere ; cependant, c'est de toutes les substances corporelles celle qui nous paroît la moins sensible : c'est par le moyen de ses rayons que nous appercevons ce vaste univers, que nous admirons sa magnificence, sa beauté & sa grandeur. Nous ne connoissons parfaitement le prix de la lumiere que quand nous en sommes privés. Personne n'a goûté un plaisir plus grand que cet Anglois né aveugle, lorsqu'il parvint, par le secours des Oculistes, à jouir des rayons du soleil. L'aspect des corps qui l'environnoient fut pour lui un spectacle si nouveau & si inopiné, qu'il le jetta dans un entier évanouissement, tant il ressentit de joie.

Supposez-vous, Monsieur, pour un moment sur une haute montagne, où vous puissiez appercevoir, dans un beau jour d'été, une vaste plaine émaillée de fleurs de diverses nuances qui se disputent à l'envi leur éclat; que peut-on voir, que peut-on même desirer de plus beau, de plus agréable qu'une pareille vue? Ces fleurs sont comme autant d'étoiles dont la terre paroît toute émaillée. Pouvez-vous voir sans admiration les belles nuances de la queue d'un paon, qu'il dispose à sa volonté en forme de roue? On y remarque toutes les couleurs de l'arc-en-ciel. Je ne veux, pour vous convaincre de l'effet que produisent sur vous les couleurs, qu'un lis de Guernesey ou de Saint-Jacques? Quelle fleur peut-on lui comparer? Ce lis est revêtu de pourpre, & décoré de l'or le plus brillant : il égale le soleil par son éclat; aussi le regarde-t-on comme la Reine dés fleurs. Jamais Salomon, dans sa plus grande magnificence, dit le texte sacré, n'a été revêtu si artistement & avec tant de majesté que le lis. Quand la Sagesse Divine veut nous donner une idée de son éclat & de sa beauté, c'est toujours des fleurs qu'elle emprunte l'allégorie.

Les hommes, voulant imiter la nature, ont cherché dans ces fleurs les diverses nuances de couleur dont ils pourroient varier leurs habillemens : les esprits les plus sublimes se sont même fait un mérite de s'appliquer à perfectionner & à préparer les couleurs; ils en ont fait un art, dont l'objet est si étendu, qu'à peine la vie de l'homme peut y suffire.

On divise cet art dans la Peinture qui emploie les couleurs à l'extérieur, & dans la Teinture qui l'incorpore, pour ainsi dire, dans la substance des corps. Le Teinturier exerce son art sur les cuirs, les toiles, les étoffes de laine & de soie.

Je pourrois, Monsieur, vous expliquer (& c'est ici l'endroit) les causes physiques des couleurs : mais vous possédez si bien le systême de Newton, que ce seroit abuser de vos momens en vous le retraçant; cet habile Physicien a développé la matiere *ex professo*. Je ne m'étendrai pas non plus dans cette Lettre sur les différentes préparations des couleurs : j'aurai souvent occasion d'en parler. Tout ce que je me propose, c'est de vous indiquer uniquement les végétaux qu'on peut employer dans la Teinture & la Peinture. Cet essai sera pour l'art de teindre, ce qu'est la matiere médicale pour la Médecine.

Vous n'ignorez pas, Monsieur, combien de temps la matiere médicale a été enveloppée dans d'épaisses ténebres : ce n'est que depuis peu qu'elle commence à acquérir quelque degré de perfection. On ne connoissoit point les remedes dont on se servoit ; on ne savoit d'où ils venoient ; ou ignoroit même de quel regne ils étoient ; & quand ils se trouvoient être du regne végétal, on ne pouvoit découvrir quelle étoit la partie de la plante dont ils étoient tirés : on ne pouvoit même distinguer la plante par ses caracteres génériques & spécifiques. La matiere de la Teinture est actuellement, Monsieur, dans le même état que la matiere médicale : les Artistes ne connoissent pas les matieres qu'ils emploient ; les Auteurs ne nous donnent que des descriptions confuses, plus capables d'embrouiller les choses que d'y répandre de la lumiere. On ignore presque totalement toutes les teintures qui nous viennent des Indes. M. de Linnée, notre grand maître dans l'étude de la Nature, est le premier qui a commencé à développer cette matiere. J'ai puisé dans ses écrits immortels la plus grande partie de ce qui est contenu dans cette Lettre. Si je donne dans quelque écart, dit ce célebre Naturaliste, sur ce qui concerne les plantes étrangeres propres à la Teinture, du moins aurai-je l'avantage de faire naître à quelques Voyageurs l'envie de découvrir la vérité ou la fausseté de ce que j'avance,

& de procurer par-là quelques lumieres fur cette partie de l'Hiftoire Naturelle qui eft prefque totalement ignorée.

J'admets, Monfieur, dans la Teinture fix couleurs primitives ; le blanc, le jaune, le verd, le bleu, le rouge & le noir. Je ne les confidere pas comme fondamentales dans le fens des Phyficiens ; je ne leur donne le nom de primitives, qu'autant que la nature nous les fait remarquer très-diftinctement dans prefque tous les corps, & que de leurs affemblages ou combinaifons on peut en former toutes les autres couleurs. Cependant on pourroit, à ftrictement parler, retrancher de ces couleurs la verte ; elle n'eft qu'un alliage du jaune avec le bleu. Qu'on mette un linge jaune & un linge blanc dans une préparation de teinture bleue, & qu'on les y laiffe un temps fuffifant, le linge jaune fe changera en un brun verd, & le blanc deviendra bleu. Qu'on mette au contraire un linge bleu dans une décoction de teinture jaune, il prendra une couleur verte, mais un peu obfcure. Cette expérience prouve que la couleur verte n'eft pas une couleur primitive. Je ne l'ai rangée parmi les couleurs, que parce qu'elle eft répandue fur toute la furface de la terre. Toutes les feuilles des plantes, arbres & arbuftes, en font décorées ; c'eft, proprement dit, la couleur de la nature même, En alliant le noir avec le blanc, on a la couleur cendrée : le blanc avec le bleu donne l'opale ; la couleur de rofe eft l'alliage du rouge avec le blanc ; le pourpre, du bleu avec le rouge ; & le violet, du noir avec le bleu : le verd eft la combinaifon du jaune avec le bleu, ainfi que je l'ai obfervé plus haut. La couleur bleue, principalement celle qui vient des végétaux, si on en excepte néanmoins la plante à indigo, se change par les acides & les alkalis ; les acides la rendent rouge & les alkalis verte. On emploie rarement la couleur blanche dans la Teinture ; elle est comme naturelle dans les linges & étoffes. Il suffit uniquement de savonner & nettoyer les étoffes blanches d'elles-mêmes ; l'art n'en exige pas davantage.

Rien n'est plus ami de la vue que le verd ; aussi le Créateur a répandu cette couleur partout. Le jaune la fatigue considérablement : c'est peut-être une des raisons pour laquelle on ne l'emploie que rarement dans la Teinture. Quand on se sert du jaune, ce n'est pas pour l'ordinaire des plantes qu'on tire cette couleur, quoique plusieurs plantes puissent nous en fournir. Les plantes indigenes nous donnent rarement la couleur bleue ; on est obligé d'avoir recours aux exotiques. La belle couleur rouge plaît beaucoup ; on la rend plus vive par les acides. Quant à la noire, les Teinturiers ont recours, pour la préparer, aux minéraux. Ils y ajoutent des végétaux styptiques & astringens.

Pour avoir un beau noir en fait d'étoffes, & qui soit de longue durée, il faut auparavant lui donner une teinte bleue.

La première couleur dont nous indiquerons les végétaux est le jaune. Les Anciens se servoient de l'acanthe pour teindre en cette couleur. Cette plante est indigene à l'Italie & à la Provence. Le bois de garou, qui vient dans presque tous nos bois, a aussi été anciennement en usage par les Teinturiers pour colorer en jaune. En le faisant bouillir avec le pastel indigo, ils en tiroient une couleur verte. Le bois

néphrétique, qui nous vient de l'Amérique &-
de la Nouvelle-Espagne, mérite l'attention d'un
Physicien. Faites-le infuser dans l'eau : cette
eau, mise dans un vase transparent, paroît d'un
beau jaune, pourvu que le vase soit placé entre
l'œil & la lumiere. Mais si vous tournez le dos
au jour, l'eau paroîtra bleue. Mêlez une liqueur acide dans le vase, le bleu disparoît ;
& l'eau, vue de quelque façon que ce soit,
est toujours d'une couleur d'or. En y ajoutant
un sel alkali, vous lui rendez sa couleur bleue.

Linder donne une maniere de faire avec les
feuilles de bouleau une couleur jaune propre
à la Peinture. Les feuilles de bouleau noir de
Laponie donnent une plus belle couleur que
celle de notre pays.

On emploie les panicules des feuilles de caillelait pour teindre les étoffes de laine en jaune.
Cette plante est commune dans nos campagnes :
on pourroit se servir de ses racines pour teindre
en rouge, & les substituer à celles de garance.
Ces racines teignent en rouge les os des animaux qui en mangent. La gomme gutte, qui
est le suc que l'on tire par incision d'un arbre
qui croît à Cambaye, à la Chine, près de Siam,
& dans l'Isle de Ceylan, est d'un grand usage,
tant chez nous que chez les Indiens, pour la
Peinture ; mais elle est peu usitée dans la Teinture. La couleur qu'elle nous donne est d'un
beau jaune.

L'ombelle de cerfeuil teint en jaune. Si on
cueille cette plante avant qu'elle soit en fleur,
on en peut tirer une très-belle couleur verte.
Les Teinturiers de France se servent de l'écorce
de charme pour leur teinture jaune. La plante
que l'on nomme corneille ou lysimachie, & qui

vient sur le bord de nos étangs & de nos ruis-
seaux, est très-bonne pour teindre en jaune
les étoffes de laine. On pourroit aussi faire
avec l'eupatoire aquatique une pareille teinture. La racine d'épine-vinette, macérée dans
la lessive, donne une belle teinte jaune à certaines étoffes de laine. C'est de l'écorce de cet
arbrisseau dont se servent les Polonois pour
teindre leurs cuirs en un jaune aussi agréable
qu'ils le font. On prépare avec les baies de fusain des couleurs jaunes, vertes & roussâtres;
en les faisant bouillir dans la lessive, elles peuvent servir à donner aux cheveux une couleur
blonde.

En parlant du fusain, vous ne serez peut-
être pas fâché d'apprendre, Monsieur, la maniere de faire avec ce bois des crayons. On
prend un petit canon de fer; on le bouche
par les deux bouts; on le remplit de baguettes
de fusain; on le met dans le feu; le fusain
s'y convertit en un charbon tendre & très-
propre pour les esquisses. Lorsqu'on taille ces
crayons, il faut faire la pointe sur un des
côtés, pour éviter la moëlle.

Le fustet est un arbrisseau qui croît en Italie & dans nos Provinces méridionales; l'é-
corce de sa tige est très-propre pour teindre
les toiles en jaune: on retire de l'écorce de sa
racine une belle couleur roussâtre.

Vous savez, sans doute, Monsieur, que la
belle couleur de chamois nous vient de la
gaude? cette plante nous est indigene: on la
cultive aussi dans nos champs, à cause de son
utilité pour la teinture; elle est d'un grand
usage; la plus menue est la plus estimée. Les
Teinturiers l'emploient encore pour les teintures

vertes, en faifant paffer dans le bain de gaude
les étoffes qui fortent de la cuve du paftel.

Les fleurs du genêt des Teinturiers peuvent
auffi s'employer dans les teintures jaunes,
pourvu que ce foit pour des chofes de peu de
conféquence. Cette fleur, pour fe conferver,
doit être cueillie dans fon vrai état de maturité.
Rien n'eft plus commun en Suede que de voir
les gens de campagne employer les racines
de la grande ortie pour jaunir les œufs. La
graine d'Avignon, qui nous vient des Provinces méridionales, eft auffi d'un grand ufage
pour teindre les étoffes en jaune. Les Peintres
à l'huile & en miniature fe fervent encore de
cette graine ; ils incorporent la teinture
qu'on en tire dans une matiere terreufe, qui eft
fouvent la bafe de l'alun, & ils en font pour
lors ce qu'ils appellent *ftil de grain*. L'arbriffeau d'où nous tirons cette graine eft le petit
nerprun. On cueille cette graine avant fa maturité, lorfqu'elle eft encore verte.

La graffette eft très-propre pour donner aux
cheveux une teinte blonde. On peut fe procurer
avec l'herbe à épervier une teinture jaune ; elle
n'eft pas en ufage. On fubftitueroit très-bien à
la farrette la jacée des prés pour teindre en jaune.
La lampourde donne auffi aux étoffes une belle
couleur jaune ; les anciens s'en fervoient pour
teindre leurs cheveux en blond.

Le lichen de genevrier eft fort ufité en
Suede pour donner aux habits une couleur
jaune. On pourroit employer pour le même
ufage le lycopode, qui eft une efpece de
mouffe, de même que la marguerite dorée,
plus connue fous le nom de *chryfanthemum*,
qui eft fi commune dans l'Allemagne, l'Angle-

terre & le pays de Liege. On auroit encore, en faifant fécher les feuilles de mors de diable, autrement de la fcabieufe des bois, & en les faifant bouillir, une teinture jaune : mais on n'a pas la méthode de s'en fervir. On eftime beaucoup dans le Nord la teinture jaune qu'on tire des fleurs de l'œil de bœuf; elle eft très-brillante. Les racines & les feuilles de la rhue des prés, donnent une teinture jaune propre aux laines. L'écorce du poirier & du prunier pourroit auffi dans un befoin nous donner une couleur jaune.

Vous connoiffez la belle couleur jaune qu'on tire des ftigmates du fafran. Les Peintres s'en fervent pour laver leurs plans. Si cette couleur n'étoit pas fi chere, & en même temps fi paffagere, les Teinturiers l'emploieroient plus qu'ils n'ont coutume de faire. Anciennement on tiroit du fantal citrin une couleur jaune qu'on eftimoit beaucoup. Une des meilleures teintes en cette couleur pour la foie eft celle qui nous vient de la farrette; cette plante nous eft indigene. Le fantal au contraire eft un bois qui nous vient de la Chine & du Royaume de Siam.

· Qui croiroit qu'en faifant deffécher les feuilles de faule, on pourroit en tirer une couleur jaune affez brillante? Cependant, la chofe eft réelle. Perfonne n'ignore que les pétales de foucy donnent une teinture & une encre jaunes. Les pétales de *populago* ou foucy des marais produifent auffi le même effet. Si on en croit Linder, l'ortie morte des bois peut auffi teindre en jaune. On prétend que le *lapathum* maritime, qui vient fur les bords de la mer, ainfi que fon nom l'indique affez, peut encore donner une couleur jaune. La parelle des

murailles , efpece de lichen , eft très-propre
pour les groffes étoffes de laine qu'on veut
teindre en cette couleur. On pourroit teindre
les draps en un jaune rougeâtre avec la perficaire. Le fumach, qui eft un arbriffeau qui
nous vient de la Syrie & de la Paleftine, &
qui fe naturalife facilement dans nos climats ,
eft encore utile dans la Peinture. L'écorce de
fa tige teint les linges en jaune , & celle de fa
racine leur donne une couleur rouffâtre. La
décoction de fes grappes s'emploie auffi quelquefois pour teindre les étoffes. Il fort du tronc
de cet arbriffeau une fubftance réfineufe , qui
a beaucoup de rapport au vernis de la Chine.

Il croît dans la Jamaïque & le Bréfil une
efpece de mûrier, dont le bois teint très-bien
en jaune. Outre le fafran oriental , il y a encore deux efpeces de fafran des Indes, connues
fous les noms de cucurma rond & long ; la
racine du long donne une couleur auffi brillante que le fafran oriental , mais qui paffe
auffi vîte. Les Indiens emploient cette racine
dans leur teinture. Le cucurma rond ne teint
pas fi bien que le long , fi on s'en rapporte
aux Teinturiers, aux Gantiers, aux Parfumeurs & à d'autres Artiftes. Cependant , on a
trouvé le moyen de fixer fa teinte jaune fur
certains métaux, pour leur donner une couleur d'or: on s'en fert auffi pour jaunir les
boutons de bois, qu'on veut couvrir de fil ou
de trait d'or. Le turbith bâtard , qui croît dans
nos Provinces méridionales, aux bords de la
mer, s'emploie en Efpagne pour teindre la
laine en couleur jaune: on fe fert de l'ombelle
de fa fleur.

Les Orientaux peignent les parties de leurs corps avec la couleur qu'ils tirent des feuilles deſſéchées d'un troëſne, qui vient communément en Aſie & en Afrique, & qu'on cultive en Egypte. Si on prépare de la racine de cette plante avec de la chaux vive, on acquiert une belle couleur de roſe brillante, dont les Orientaux ſe ſervent pareillement pour colorer leurs dents, leurs ongles & leurs viſages. Les Payſans de la Suede teignent avec la vulnéraire leurs habits en jaune. Les fleurs de cette plante, en ſéchant, deviennent blanches. On ſe ſert du vinaigre pour tirer du fer une couleur jaune ; il eſt auſſi très-propre pour aviver les couleurs rouges.

Je ne peux mieux terminer l'article qui concerne les teintures jaunes, que par une obſervation du Pere Cotte ſur la teinture qu'on peut tirer du millepertuis ; il en a fait l'eſſai ſur la ſoie, la laine, le coton & le fil. Il a commencé par faire bouillir pendant un quart-d'heure les matieres dans une diſſolution d'alun de roche, pour les diſpoſer à recevoir la teinture ; après quoi il les a lavées avec de l'eau fraîche, & les a enſuite égouttées. Il a fait en même temps cuire deux onces ſept gros de fleurs de millepertuis fraîches dans deux tiers de pinte d'eau de ſeine. Cette décoction eſt devenue d'un beau rouge, ce qui lui faiſoit penſer que les matieres prendroient cette couleur : il les mit dans cette décoction, & les y laiſſa pendant environ vingt minutes d'ébullition. Ces matieres prirent une couleur jaune, tandis que la liqueur conſervoit ſa couleur rouge. Le contraire ſeroit arrivé, ſi on n'avoit

pas fait bouillir ces fleurs, & qu'on les eût
feulement pilées ; elles auroient donné une
couleur rouge à ces fubftances.

Le premier effai ne fut pas trop fatisfaifant
pour le Pere Cotte. La laine étoit teinte d'un
jaune foncé, tirant fur le verd ; le coton & le
fil avoient pris une nuance de jaune plus clair,
mêlé d'un peu de rouge ; à l'égard de la foie,
la couleur devint indéfiniffable.

Le Pere Cotte, comme un vrai Naturalifte,
ne fe contenta pas de cet effai ; il fit faire le
lendemain une autre décoction de quatre onces de fleurs fraîches fur une pinte d'eau de
feine ; il y plongea les mêmes matieres ; elles
y prirent une couleur plus foncée ; il les fou-
mit enfuite à l'expérience du débouilli. Il les
laiffa donc bien fécher ; & après avoir fait
un fort débouilli, compofé d'une pinte d'eau
de feine & d'une once trois gros de favon
blanc, il y plongea les étoffes, & les y laiffa
bouillir pendant huit minutes, quoique l'ordonnance n'en exige que cinq. La foie, par
cette tentative, acquit un beau jaune citron ;
la couleur de la laine devint plus foncée & plus
pleine ; mais le coton & le fil perdirent abfo-
lument le peu de couleur qu'ils avoient auparavant. On peut donc, Monfieur, employer
en toute fûreté les fleurs de millepertuis pour
teindre en jaune les laines & les foies ; c'eft la
conféquence qu'on doit tirer des expériences
du Pere Cotte. Il feroit à fouhaiter qu'on ten-
tât plufieurs de ces expériences, fur-tout fur
les végétaux ; on trouveroit dans ce regne une
infinité de nuances de couleurs, qui s'afforti-
roient les unes & les autres.

Je ne doute pas, Monfieur, qu'il ne fe

trouve encore des plantes propres à nous donner des teintures jaunes, outre celles dont j'ai donné le détail ; d'autres plus éclairés dans cette partie pourront vous en donner connoiſſance.

Je paſſe actuellement aux végétaux qu'on peut employer pour la couleur rouge, pourpre & de roſe. La premiere plante qui nous fournit un beau rouge, qui approche du carmin, eſt un arbriſſeau qu'on nomme *bixa*, & qui croît dans le Bréſil. On ſe ſert, pour tirer cette couleur, des fécules de ſes ſemences. Les Américains emploient ce rouge pour peindre leur corps.

Le bois de Bréſil eſt d'un grand uſage dans la teinture ; il teint d'un beau rouge pourpre ; il nous vient de différens endroits. Celui qu'on tire des Iſles Antilles s'appelle breſillet ; c'eſt celui qu'on emploie le plus communément. On ſe ſert auſſi dans la teinture d'un bois qu'on nomme *bois rouge* ou de ſang ; il vient de l'Amérique, & ſe trouve auprès du golfe de Nicaragua. Le bréſil de Fernambouc donne auſſi une teinte rouge, mais qui diſparoît auſſi-tôt : il faut le faire bouillir pour en extraire la couleur. On retire de ce bois, par le moyen de l'alun, une eſpece de carmin : on en fait auſſi de la laque liquide pour la miniature.

Vous avez ſouvent ouï-parler, Monſieur, du cachou, ſans le connoître : c'eſt un ſuc gommeux & réſineux, fait & durci par art en morceaux gros comme un œuf de poule ; il eſt opaque, d'une couleur noirâtre extérieurement, marbré intérieurement : il nous vient de Malabar, de Surate, de Pegue & des autres côtes des Indes ; c'eſt proprement dit l'extrait d'une femence qu'on nomme *arec*, & qui fe trouve dans le fruit d'une efpece de palmier qui croît fur les côtes maritimes des Indes orientales. Ce cachou donne une couleur rouge : on l'emploie beaucoup plus dans la Médecine que dans la Teinture.

Les racines de caille-lait du Nord font fort ufitées en la Finlande pour teindre les laines en rouge; l'effai en a été fait à l'Académie de Stockholm. Les pétales des fleurs de carthame, préparés avec l'acide, donnent une jolie couleur de rofe propre à teindre les étoffes de foie. On tire auffi du carthame les belles nuances de couleur de cerife & de ponceau. C'eft par le moyen de cette fleur qu'on acquiert le rouge dont les Dames font fouvent ufage pour imiter le bel incarnat naturel qui manque quelquefois à leur vifage. On appelle cette fubftance poudre rouge, ou vermillon d'Efpagne & de Portugal : on la nomme auffi laque de carthame. Les racines de la cinanchine ou petite garance teignent très-bien en rouge ; elles font d'un grand ufage dans les Ifles de la mer Baltique. L'Académie de Stockholm a fait auffi des effais fur ces racines.

La racine de comaret, qui eft une efpece de quintefeuille, donne auffi une teinte rouge. La croifette de Portugal a des racines qu'on pourroit fubftituer à celles de la garance, pour teindre en rouge. On tire auffi de la cufcute un rouge foible, & par cette raifon très-peu ufité. La racine de garance eft de toutes les plantes celle qui eft le plus d'ufage pour teindre en rouge. On vante beaucoup le rouge de bourre, ou *nacarat*, qu'on en prépare. L'*azala* ou l'*izari* de Smyrne, qu'on emploie à

Darnetal & à Aubenas, pour faire les belles teintures incarnates à la façon d'Andrinople, eſt une vraie garance. On prétend que la garance d'Oizel en Normandie donne une auſſi belle couleur que l'*azala*. Quand les racines de cette plante ſont fraîches, elles rendent plus de teinture que lorſqu'elles ſont ſeches. On a obſervé que les os des animaux qui en mangent, deviennent rouges.

On emploie beaucoup la racine d'orcanette dans la Pharmacie, pour teindre les huiles & les graiſſes; elle donne une couleur rouge, mais de peu de durée. Les ſommités d'Origan ſont très-utiles en Suede pour teindre les laines en rouge & pourpre. L'orſeille de Tartarie, qui eſt une eſpece de lichen, fournit auſſi un très-beau pourpre pour la préparation. La racine d'orſeille teint en rouge les décoctions pharmaceutiques; on ne s'en ſert pas néanmoins dans le Teinture.

Le paroſeroca eſt une plante de la Martinique & du Bréſil. Le ſuc de ſon fruit teint en rouge; ſi on y ajoute un peu de ſuc de citron, on aura pour lors un beau violet. La racine de cette plante, bouillie dans l'eau, teint encore en jaune. La racine d'Arménie eſt d'un grand commerce en Perſe & aux Indes: on s'en ſert au Mogol pour teindre les toiles en rouge; elle eſt ſur-tout commune ſur les frontieres de la Perſe, proche la Ville d'Eſtabac. Le raiſin d'Amérique, qui croît naturellement dans la Virginie, teint en couleur de roſe, mais dans une couleur très-paſſagere. Le ſang de dragon, qui eſt d'un ſi beau rouge, vient, à ce qu'on prétend, du roſeau de Rotang, qu'on trouve dans les forêts des Indes, le long des fleuves. Le roucouyer, qui eſt un arbre exotique, de la grandeur du noiſettier, donne une graine dont l'enveloppe eſt d'un beau rouge. C'eſt de cette graine dont on tire une pâte ou un extrait, qu'on nomme roucou. Je compte, Monſieur, flatter votre curioſité, en vous donnant ici la méthode qu'on emploie pour préparer cette pâte.

On retire de dedans la gouſſe de roucou les grains & tout ce qui l'environne ; on les écraſe avec des pilons de bois dans des canots, qui ſont des troncs d'arbres creuſés ; on jette de l'eau deſſus en ſuffiſante quantité, pour que la matiere y trempe ; on la laiſſe pendant ſix jours, afin que l'eau puiſſe diſſoudre la ſubſtance rouge qui eſt adhérente aux grains ; on coule enſuite la liqueur, d'abord dans un crible du pays, qu'on nomme *bibichet* ou *manaret*, enſuite par trois autres cribles plus fins faits de jonc ou de groſſe toile, dont les trous ſont quarrés : on laiſſe égoutter pendant vingt-quatre heures le marc, qu'on appelle *roucou calé* ; puis on le met de nouveau dans un canot, qu'on a ſoin de couvrir, & on l'y laiſſe fermenter pendant huit jours, pour que ce qui reſte de la matiere rouge colorante puiſſe plus aiſément s'en détacher & s'extraire. On jette à cette fin un peu de nouvelle eau ſur la matiere : on l'agite juſqu'à ce qu'elle commence à ſe gonfler & à former des bulles d'air qui couvrent la ſurface : on diminue pour lors le feu ; on laiſſe refroidir le roucou juſqu'au lendemain matin ; on le tire de la chaudiere, & on l'étend dans des caiſſes, qu'on tâche de garantir de la pouſſiere. Le roucou ſéché à l'ombre par le vent, eſt infiniment plus coloré

que celui qu'on expose au foleil. Les Teinturiers emploient par préférence la pâte de roucou, qui nous vient de la Cayenne. La leſſive
ne peut enlever ſur le linge la couleur du roucou ; & quand un linge en eſt une fois teint,
il tache tous les autres linges qui ſe trouveroient avec lui dans la leſſive ; cependant le
foleil fait paſſer cette couleur.

On trouve dans nos bois une plante qui ſe
nomme tormentille ; ſa racine eſt très-bonne
pour tanner les cuirs ; elle leur donne même
une couleur rouge. Rien n'eſt ſi commun dans
les pays de vignobles, pour teindre le vin,
que d'employer les baies de troëſne. Ces baies
fourniſſent une aſſez belle couleur pourpre, très-
propre pour peindre les cartes à jouer. On
trouve le troëſne dans nos forêts & dans nos
haies : on le cultive auſſi pour orner nos jardins.

On ne trouve parmi les végétaux que huit
plantes qui puiſſent nous donner une couleur
bleue : celle par excellence eſt l'anil, ou la
plante à indigo. Les autres plantes qui teignent
en bleu, ſont le bluet ; ſon nom indique aſſez
la propriété qu'il a ; il croît dans les champs de
bleds : on tire de ſes pétales une encre bleue.
L'écorce du frêne a auſſi la propriété de donner une couleur bleue propre à teindre. On
prépare avec le galega de Ceylan une couleur
qui approche de celle de l'indigo.

La maurelle, qui croît aux environs de Montpellier, eſt cette plante d'où l'on tire une pâte
bleue, ou laque ſeche, qu'on nomme tourne-
fol en pain ou en pierre. Cette laque eſt d'u-
ſage pour les teintures médicinales & pour colorier le papier : on l'emploie ſur-tout pour

analyfer les eaux minérales ; elle change de couleur felon qu'elle fe trouve mêlée avec des acides ou des alkalis.

La petite campanule, plante qui nous eft indigene, peut fervir pour faire de l'encre bleue, en exprimant le fuc de fes fleurs ; & fi on veut avoir de l'encre verte, il n'y a qu'à ajouter à ce fuc de l'alun. Le pied d'alouette peut aufli s'employer au même ufage.

Tout le monde fait que les pains de paftel ne font que les feuilles de la guede pourries en maffe. Cette guede eft une plante qui croît fur les bords de la mer ; nos Manufacturiers la cultivent dans leurs jardins. Les anciens Bretons peignoient leur vifage en bleu avec le paftel, fi on en croit la tradition du pays. Nos Teinturiers s'en fervent actuellement pour teindre les laines en bleu de Roi, ce qu'ils appellent *gueder*. Quand on parle dans le Languedoc du cocagne, c'eft du pain de paftel dont on veut parler.

Pour faire avec la guede les pains de paftel, on choifit le temps de la maturité de la plante : on en coupe toutes les feuilles : on les met en tas, afin qu'elles flétriffent, obfervant de les tenir à l'abri du foleil & de la pluie : on les broie fous la meule d'un moulin, jufqu'à ce qu'elles foient réduites en pâte : on fait enfuite au dehors du moulin des piles avec cette pâte ; pour cela, on la preffe bien avec les pieds & les mains : on l'abat & on l'unit, de peur qu'elle ne s'évente ; quinze jours après, on ouvre les petits monceaux ; on les broie de nouveau avec les mains, & on mêle avec le dedans la croûte qui s'étoit formée deffus ; enfuite on fait avec cette pâte de petites pelotes.

On nomme ce travail *mettre en coque*, c'eſt-à-dire, qu'on met cette pâte dans des petits moules de figure ovale. On fait ſécher de nouveau ces coques; elles deviennent fort dures , & c'eſt pour lors qu'elles entrent dans le commerce ſous le nom de *paſtel de voüede*. Quand on veut en faire ce que les Teinturiers appellent la cuve, on les met tremper dans de l'eau.

La plante à indigo ou l'anil , que je vous ai annoncé fournir le plus beau bleu, croît dans le Bréſil : on en tire deux ſubſtances, dont l'une ſe nomme proprement indigo, & l'autre inde. Cette derniere eſt une fécule, ou un ſuc épaiſſi bleu, ou de couleur d'azur foncé, qu'on nous apporte en maſſes des Indes occidentales. On extrait cette pâte féculente des feuilles d'anil. L'inde de Serquiſſe ou de Cirkeſt , nom d'un Village Indien , eſt le plus eſtimé. Pour qu'il ſoit bon , il faut qu'il ſoit en morceaux quarrés , applatis , peu durs , nets, nageant ſur l'eau , inflammable , d'une belle couleur bleue ou violette foncée, ſurchargée de purpurin. L'indigo d'Agra , qui eſt l'inde en marrons, paſſe auſſi pour être d'une bonne qualité. On emploie l'inde dans la teinture & la peinture ; on le broie & on l'aſſocie avec du blanc, pour donner une couleur bleue, ſans quoi il donneroit une teinte noire. Quand on le broie avec du jaune, on a une teinture verte. Rien n'eſt ſi commun que de voir employer par les Blanchiſſeuſes l'inde, pour donner une teinte bleuâtre à leur linge. L'indigo ne differe de l'inde, qu'en ce qu'il eſt extrait de la tige & des feuilles de la plante, tandis que celui-ci n'eſt que le ſimple extrait des feuilles. On vante beaucoup dans le commerce l'indigo, surnommé *gatimalo*; ses qualités, pour être bon, sont à-peu-près les mêmes que celles de l'inde; il doit être net, peu dur; il faut qu'il nage sur l'eau, qu'il s'enflamme, qu'il se consomme presqu'entiérement, & qu'il ait une couleur d'un beau bleu; en le frottant sur l'ongle, il doit y laisser une trace qui imite le coloris de l'ancien bronze. C'est avec l'indigo que les Hollandois font le bleu de Java. Pour préparer l'indigo, on a ordinairement trois cuves posées les unes sur les autres à des hauteurs différentes, & placées près d'un réservoir d'eau. Les Naturels du pays nomment la premiere *trempaire*, la seconde *batterie*, & la troisieme *diablotin*. On macere la plante dans la premiere cuve où elle fermente: on décante l'eau qui est devenue bleue. Dans la deuxieme, on agite cette cuve à force de manivelle, jusqu'à ce que la partie colorante & errante s'agglomere en petits grains. Il s'agit, pour faire cette opération, de saisir l'instant convenable: c'est-là principalement où gît l'adresse de l'Indigotier. Pour cet effet, pendant que les Negres battent cette eau bleuâtre, l'Indigotier tire de cette eau dans une tasse de crystal; il examine avec attention si la fécule se précipite, ou si elle est encore errante. Quand'elle se précipite, il fait discontinuer de battre ; & au contraire il fait continuer, quand elle est errante. Lorsque les Negres ont cessé de battre, l'eau s'éclaircit, la fécule se précipite, on lâche l'eau, & on fait aller la fécule ou la matiere boucuse dans la troisieme cuve, où elle se rassied. Quand elle est reposée, on la prend dans une cuiller, & on en remplit des chausses de figure conique, de la

longueur de quinze à vingt pouces ; l'humidité s'évapore, & l'indigo acquiert une con-.
fiftance de pâte : on vuide alors les chauffes
dans des caiffons quarrés ou oblongs, d'environ
deux ou trois pouces de profondeur : on fait
fécher cette pâte à l'air, mais à l'ombre ; on
la coupe en petits pains quarrés, & c'eft ainfi
qu'on nous l'envoie.

Pour ce qui concerne la teinture violette,
on emploie en Allemagne les baies d'airaille ou
de myrtille pour teindre les toiles & les étoffes
dans cette couleur. Rien n'eft fi commun chez
les Aubergiftes, que d'employer ces mêmes
baies pour rougir le vin. Quand on veut avoir
une belle couleur violette, on fe fert du fuc
des baies de bafelle ; cette couleur eft néanmoins de peu de durée. Notre orfeille chevelue nous donne une teinture violette, de
même que l'orfeille ou la perelle brodée, connue plus communément fous le nom d'orfeille
d'Auvergne. Ces orfeilles font des efpeces de
lichen. Celui qu'on eftime le plus pour cette
couleur, eft celui qui croît dans les Ifles de Canaries, fur les rochers maritimes. C'eft avec
le lichen qu'on prépare une pâte molle d'un
rouge violet, parfemée de taches, & comme
marbrée. Cette pâte s'appelle orfeille de Canarie : on l'emploie pour la teinture pourpre
& colombine, de même que pour les nuances
intermédiaires ; elle colore très-bien en pourpre
& violet la laine & la foie.

Pour préparer l'orfeille, on commence à réduire le lichen en une poudre fine ; on la paffe
par un tamis ; enfuite on l'arrofe légérement
avec de l'urine vieille d'homme : on remue plufieurs fois ce mêlange dans le même jour, &

on y jette chaque fois, plusieurs jours de suite, un peu de soude en poudre, jusqu'à ce que la matiere fournisse une couleur colombine. C'est pour lors qu'on la met dans un tonneau de bois dont on garnit la surface, ou d'urine, ou d'une lessive de chaux, ou de gyps : ou bien on prend une livre d'orseille du Levant bien nette ; on l'humecte avec de l'urine, du salpêtre, du sel gemme & du sel ammoniac, de chacun deux onces ; on mélange le tout après l'avoir pilé, & on le laisse macérer pendant douze jours : on l'agite de temps en temps, jusqu'à ce que le mélange soit bien humecté. Deux jours après on y ajoute deux livres & demie de potasse pilée & une livre & demie de vieille urine : on laisse encore reposer le tout pendant huit jours; ensuite on y ajoute une pareille quantité d'urine, & enfin deux gros d'arsenic en poudre. C'est pour lors que la matiere, après avoir bien fermenté, est propre à la teinture.

On reconnoît que l'orseille est bien préparée, lorsqu'après avoir mis cette pâte liquide sur le dos de la main, & l'avoir laissé sécher, on lave l'endroit avec de l'eau froide. Si elle ne disparoît pas, & si elle ne se décharge que fort peu de sa couleur, c'est une preuve qu'on peut employer en toute sûreté cette préparation. Les Teinturiers veulent que la teinture de l'orseille se tire en deux fois. L'orseille des Canaries est très-estimée : elle rend beaucoup de teinture, & la couleur qu'elle fournit est très-belle, & ne se ternit point. C'est un gris de lin qui tire sur le violet d'amaranthe. On peut encore le rendre plus vif par les acides.

Nous avons, Monsieur, une quantité de lichens dont on pourroit tirer des teintures. Si vous voulez favoir s'ils peuvent fe convertir en or-feille, enfermez fimplement la plante dans un petit bocal, & humectez la d'efprit volatil de fel ammoniac, ou de parties égales d'eau-de-chaux premiere, avec une pincée de fel ammo-niac. Au bout de quatre jours la liqueur doit de-venir rouge; & par l'évaporation la plante fe chargera de cette couleur; finon vous n'avez rien à efpérer. M. Bernard de Juffieu a ainfi découvert de l'orfeille dans un lichen des environs de cette Capitale.

On a obfervé que l'efprit de froment deve-noit violet, en y mettant des fleurs de fary-riaine noire. On colore les médicamens phar-maceutiques en violet avec le fyrop de violettes. C'eft de ce fyrop dont on fe fert dans l'analyfe des eaux minérales, pour découvrir par fon moyen s'il y a de l'acide ou de l'alkali.

La belle-dame, fort commune fur les mon-tagnes des Alpes, des Cévennes, eft ainfi nom-mée, parce que les Dames emploient comme cofmétique le fuc ou l'eau bouillie de cette plante. On prétend qu'elle a la vertu de blan-chir la peau. Les Peintres en miniature font macérer le fruit de la belle-dame, & en prépa-rent un très-beau verd. Cette plante eft la pre-miere de celles que je me propofe de vous in-diquer pour la couleur verte. Le bois verd, qui nous vient de la Guadeloupe, eft en ufage chez les Teinturiers pour teindre en verd naif-fant. Si on cueille les baies de bourdaine avant leur maturité, on en obtient une couleur verte propre pour la teinture des laines : l'écorce de ce même arbre teint en jaune. En faifant cuire avec de l'alun les corolles des fleurs de bu-gloffe récemment exprimées, on a une belle couleur verte propre pour la Peinture. On fait aussi avec les pétales de la coquelourde une eau verte. La droue, plante qui croît dans les champs sablonneux & parmi les seigles, teint en verd. On aura un verd foncé, mais de peu de durée, par le moyen de la plante de jacobée. On tire du suc des fleurs d'iris, joint à quelque alkali, une couleur verte, connue sous le nom de *verd d'iris*, qu'on emploie pour les lavis & la gouache. On peut donner à l'esprit-de-vin une couleur verte permanente, en y infusant des feuilles de mélisse. Le verd de vessie, si employé pour les miniatures, est une préparation qu'on fait avec des baies de nerprun. On écrase ces baies quand elles sont noires & bien mûres ; on en exprime le suc, qui est visqueux & noir ; on le met évaporer à petit feu jusqu'à consistance de miel, en y ajoutant un peu d'alun de roche. Pour rendre la matiere plus haute en couleur & plus belle, on la met dans des vessies que l'on suspend dans un lieu chaud, & on l'y laisse durcir pour la garder. Les baies de nerprun donnent, à ce qu'on prétend, différentes couleurs, suivant leurs degrés de maturité. Quand elles ne sont pas encore mûres, en en obtient une couleur jaune & safranée. Lorsqu'elles sont à leur vrai degré de maturité, elles nous donnent un beau verd ; & quand elles commencent à se passer vers le commencement de Novembre, on parvient à en tirer une couleur d'écarlate propre pour teindre les cuirs & enluminer les cartes à jouer. L'écorce de cet arbre teint en jaune, ainsi que la plupart des écorces. Le roseau de marais fournit aux Suédois une teinture verte. On se sert aussi dans plusieurs Provinces de ce Royaume de fleurs du

refle des prés pour teindre les étoffes de laine
en cette couleur.

La derniere couleur dont j'ai à vous entretenir, Monfieur, dans cette Lettre, eft le noir.
L'acajou, qui eft un arbre des Ifles de l'Amérique, du Bréfil & des Indes, produit un fruit
dont le fuc teint le linge en couleur de fer.
Les Teinturiers emploient l'huile qu'on retire
de la noix d'acajou dans la teinture noire. On
fe fert pour cette teinture de l'amedouvier,
efpece d'agaric qui vient fur les bouleaux : on
peut le fubftituer à la noix de galle. Le fuc du
noyau d'anacarde, qui nous vient des Indes
Orientales, de Malabar & des Ifles Philip-
pines, eft quelquefois en ufage pour marquer
les étoffes & autres chofes de cette nature dans
une couleur indélébile. Les fruits verds de l'anacarde, pilés & mêlés avec de la leffive & du
vinaigre, font de l'encre excellente. On en
fait auffi avec les fruits d'aune.

Le bois de campêche, le bois d'Inde, le bois
de Jamaïque, font autant de noms fynonymes.
On nous apporte ce bois de l'Amérique ; on
l'emploie dans la Teinture. Sa décoction eft
rouge lorfqu'on y joint de l'alun : mais fi on
n'y en ajoute point, elle eft fimplement jaunâtre, & devient au bout de quelque temps noire
comme de l'encre. On fait ufage de cette décoction pour adoucir & velouter le noir. C'eft
ce velouté qui fait tout le mérite des draps de
Sedan. On emploie auffi cette décoction pour
le fond des couleurs violettes & gris de lin.

La camarigue eft une efpece de bruyere dont
les baies cuites avec de l'alun teignent les habits d'une couleur noire pourpre. L'écorce de
chêne & fes cupules ne contribuent pas peu
à rendre plus noires les décoctions martiales.

Il croît en Espagne un chêne dont les cupules donnent une couleur propre à noircir les cuirs. C'est sur les chênes du Levant qu'on trouve les noix de galle qu'on emploie pour préparer les étoffes à recevoir les différentes especes de teinture, ainsi que pour faire de l'encre. Les myrobolans embelics sont employés par les Indiens pour tanner les cuirs, les verdir & faire de l'encre. On tire par expression de l'écorce du fruit du genipe d'Amérique ou du Bréfil, avant sa maturité, de même que des jeunes rameaux de cet arbre, une liqueur qui est d'abord claire comme de l'eau, mais qui devient ensuite fort noire. Les Indiens s'en servent pour teindre leur corps quand ils vont à la guerre. On pourroit teindre en noir avec cette liqueur les étoffes & le papier.

L'écorce des grenades change en noir la solution de vitriol, & est conséquemment bonne pour faire de l'encre. On en fait aussi avec le suc cuit des baies de l'herbe de Saint-Christofe & avec l'alun. Le noir d'Espagne est l'écorce de liege que les Espagnols calcinent dans des pots couverts pour le réduire en une cendre noire extrêmement légere. On prétend que la décoction des feuilles de lierre peut noircir les cheveux. On ne peut enlever qu'avec peine ce qu'on a teint en noir avec le suc du marrube aquatique.

Les baies de mélastome, arbrisseau des Indes, noircissent pendant près de quatorze jours la bouche de ceux qui en mangent. Le brou qui entoure les noix fournit aux ouvriers en bois une teinture brune très-solide, propre à donner une belle couleur de noyer aux bois blancs. Les Teinturiers, en y joignant de l'écorce & des feuilles de cet arbre, en font cette teinture fauve qu'ils nomment *racines*. Le noir de fumée se fait avec la terre morte de la poix, qu'on a distillée pour en tirer l'esprit, & avec les immondices qui se trouvent dans les sacs qu'on a employés pour la filtrer sous la presse. On brûle le tout dans un feu qui communique dans un petit cabinet tapissé de toile & extrêmement fermé : la fumée se dépose sur cette toile, & nous donne par-là ce qu'on appelle *noir de fumée*, dont les Teinturiers & plusieurs autres Artistes font usage. On teint en quelques endroits le fil en noir avec la graine de sureau. Les fruits de tamarisc, arbrisseau qui croît aux environs de Strasbourg, font pour la Teinture le même effet que la noix de galle. Les fruits de viorne s'emploient dans la Suisse pour faire de l'encre.

Telles sont, Monsieur, la plupart des plantes dont on peut retirer des couleurs primitives. Les feuilles de la busserole donnent une couleur secondaire ou cendrée. On se sert de la saponaire d'Espagne en guise de savon pour blanchir le linge. J'ai rapporté, Monsieur, dans cette Lettre tout ce qu'on connoît sur la matiere végétale de la Teinture : elle donnera peut-être lieu, en la rendant publique comme vous faites, à faire de nouveaux essais sur ces objets. Je vous en ferai part aussi tôt que j'en aurai connoissance.

Je suis, &c.

Paris, ce 3 Janvier 1769.

LETTRE II.

Sur les vertus conftatées du Trefle d'eau, pour la guérifon de plufieurs maladies, & principalement du Scorbut.

LA plante fur laquelle vous me demandez, Monfieur, des explications, n'eft pas affurément une de celles qui méritent le moins votre attention. Dès l'année 1682, M. Duclos, Membre de l'Académie Royale des Sciences de cette Ville, a fait part à fa favante Compagnie des vertus de fa décoction pour guérir le fcorbut; &, en 1675, J. Val. Willius, Danois de Nation, a publié les expériences qu'il a faites à fon fujet pour la cure de plufieurs maladies. Ce font ces expériences que je vais, Monfieur, vous rapporter ici. Le trefle aquatique ne devroit pas être auffi négligé qu'il a coutume de l'être. C'eft la conféquence que vous ne manquerez pas de tirer du contenu de cette Lettre.

La première maladie pour laquelle le Docteur Willius s'en eft fervi, eft le fcorbut. Plufieurs perfonnes qui en étoient attaquées, de l'un & de l'autre fexe, fe font, dit-il, préfentées à moi pour être traitées. Elles avoient les jambes ulcérées & fi douloureufes, que, malgré l'inclination naturelle que nous avons pour la vie, à peine s'en foucioient-elles. Le trefle aquatique fut le feul remede auquel j'eu pour lors recours. Ce qui m'y engagea fur-tout, étoit l'éloge qu'en faifoit le Docteur Simon Pauli. Je faifois en conféquence bouillir, dans de la petite biere un peu vieille, quelques poignées de fes feuilles, quand c'étoit la faifon de l'été ou de l'automne, & feulement de fes tiges, quand c'étoit celle du printemps ou de l'hiver. Je prefcrivois à mes malades, trois fois par jour, un verre de cette décoction, un le matin, l'autre à midi, & le troifieme en fe couchant. Je leur faifois en même temps laver leurs jambes avec une décoction tiede de toute la plante dans l'eau de mer, en cas néanmoins qu'il ne s'y trouvât pour lors trop d'inflammation. Je leur confeillois en outre d'appliquer fur leurs ulceres des feuilles vertes de cette même plante, &, à défaut de fraîches, d'employer des feches, après les avoir laiffé macérer pendant deux jours dans l'eau diftillée auffi de la même plante. De tous les fcorbutiques que j'ai traités avec cette feule méthode, il ne s'en eft trouvé aucun qui n'ait été guéri, les uns dans l'efpace de huit jours, & les autres un peu plus tard.

La Servante du Meûnier de Drabye (*c'eſt toujours notre Auteur qui parle*) avoit, depuis un an & demi, toute la jambe droite rongée d'un ulcere. Elle me confulta fur fon état : je ne lui prefcrivis pour tout remede intérieur que la décoction du trefle aquatique dans de la biere, & je lui dis en même temps d'appliquer fur l'ulcere, qui fe trouvoit être de la grandeur de la main, des feuilles pilées de la même plante, avec celles du plantain, de l'alliaire & du millepertuis. La malade récupera, par ces feuls remedes, une fanté parfaite.

Le Domestique du Pasteur de Schuldelave portoit, depuis fort long-temps, dans l'aîne une tumeur considérable qui s'étoit ouverte, & avoit formé un ulcere scorbutique de très-mauvais caractere. Il fit usage de la décoction du trefle aquatique, s'en bassina l'ulcere, & se procura en même temps une sueur abondante par le moyen de quinze gouttes d'esprit de corne de cerf, qu'il associa à une once & demie d'eau distillée de la plante dont il s'agit. En peu de temps il se trouva parfaitement rétabli.

Vous pensez peut-être, Monsieur, que le trefle aquatique n'est bon que pour le scorbut : vous vous trompez. Il n'est pas moins salutaire dans l'hydropisie, quelqu'invétérée qu'elle soit ; c'est ce que nous apprend le Docteur Willius.

Un Domestique de Drabye, dit cet Auteur, qui avoit eu trois ans auparavant une hydropisie ascite dont il avoit été guéri, retomba dans la même maladie au commencement de l'hiver de 1674. Insensiblement ses jambes s'enflerent, son ventre se remplit. Il perdit l'appétit ; il lui survint des anxiétés dans toute la région præcordiale : la difficulté de respirer augmenta ; tout son corps s'exténua, & ses forces manquerent au point qu'il fut obligé de garder le lit aux approches du printemps. Ce fut au mois d'Avril que je fus appellé pour le traiter. Je lui prescrivis pour remede l'infusion suivante.

Prenez trefle d'eau, trois poignées ; racines d'aunée & de raifort sauvage, de chacune une poignée ; des feuilles de dompte-venin & de buglosse, aussi de chacune une poignée. Après avoir coupé, haché & lavé toutes ces plantes, faites-les infuſer à chaud dans cinq pots de petit-lait, & donnez-en par jour au malade trois bons verres environ de ſept à huit onces. Quinze jours après que le malade eut commencé l'uſage de ce remede, je le trouvai dans les champs, continue notre Auteur, il travailloit avec ſes camarades aux différens ouvrages de la campagne, de même que s'il n'eût pas été malade. Après m'avoir fait mille remerciemens, il m'aſſura que dès la premiere priſe de l'infuſion ſuſdite, il s'étoit apperçu d'un changement total ; que depuis ce temps il n'avoit ceſſé de rendre de l'urine en abondance ; qu'actuellement il reſpiroit avec toute liberté, & ne ſentoit nulle incommodité, ayant pour tout mal un appétit dévorant. Cependant, je lui conſeillai beaucoup de ménagement, & la continuation de l'uſage de l'intuſion, ſeulement à la doſe de deux verres par jour. C'eſt ainſi que ce malade parvint à récupérer ſon état de ſanté.

Le trefle d'eau eſt encore un excellent remede pour les fievres intermittentes, ſuivant Willius. Il régnoit en 1674, je vous parle toujours, Monſieur, d'après l'Auteur cité, des fievres intermittentes de différens caracteres, tant ſimples que compoſées, qui attaquoient indiſtinctement toute perſonne, de quelque ſexe & de quelqu'âge qu'elle fût. Je faiſois prendre à mes malades, le jour de l'intermiſſion, un grand verre de petite biere, dans laquelle j'avois fait bouillir précédemment quelques poignées de trefle d'eau & de jeunes pouſſes de ſureau, ou même de l'écorce moyenne de cet arbre. Par le moyen de cette décoction, je purgeois copieuſement la plupart de mes malades; quelques-uns même vomirent plusieurs fois. Étant ainsi purgés, je leur prescrivis, aux approches de l'accès, la poudre suivante, ayant sur-tout attention d'en varier la dose, suivant les différens âges.

Prenez du trefle d'eau pulvérisé, un demi-gros; du cryftal minéral, un fcrupule; mêlez & donnez au malade, un peu avant l'accès, dans un verre, une décoction chaude de trefle d'eau.

Par le moyen de ce traitement, je parvins à guérir plusieurs de mes malades, mais tous ne le furent pas. J'éprouvai pour lois plus d'efficacité dans la leffive de cendres de trefle d'eau, que dans aucun autre remede. De vingt-trois malades, continue toujours notre Auteur, auxquels je donnai de cette leffive pour leurs fievres intermittentes, cinq feulement fe trouverent obligés d'en prendre trois fois; deux d'entr'eux furent guéris après deux prifes, & tous les autres n'eurent befoin d'en faire ufage qu'une feule fois. Pour préparer ce remede fi efficace, je prenois deux poignées des cendres de la plante; je les faifois infufer pendant une nuit entiere dans fix onces de l'eau diftillée de la même plante, à laquelle eau je donne le nom d'eau fpiritueufe de trefle aquatique. Je filtrois enfuite cette leffive, & je la cohobois plufieurs fois de fuite. Le jour de l'intermiffion, après avoir donné à mes malades un verre de la décoction dont j'ai rapporté ci-deffus la préparation, je lui faifois prendre de cette leffive tiede, à la dofe de deux ou trois onces pour un enfant, & de trois ou quatre pour un adulte. De tous ceux qui en prenoient, il n'y en avoit aucun qui ne fuât

N vj

abondamment ; quelques-uns rendirent même plus d'urine qu'à leur ordinaire, & tous en général eurent un accès plus court. Il étoit permis aux malades de boire dans le chaud de la fievre, mais uniquement de la décoction de trefle d'eau. Outre les fievres intermittentes bénignes qui régnerent pendant le courant de l'année 1674, il y eut encore des fievres malignes à la fin de l'hiver, & c'est aussi par le moyen du trefle d'eau que notre Auteur les a traitées, ce qui lui a pareillement réussi. Voici, Monsieur, la façon avec laquelle il le préparoit pour ces maladies. On prend, dit-il, à volonté de la rapure de corne de cerf : on verse pardessus de la lessive de trefle d'eau en quantité suffisante, pour que toute la vapeur s'en trouve bien imbibée : on place ce mêlange dans un endroit tempéré pendant un jour; il se change pour lors dans un mucilage glutineux : on coupe ce mêlange par petits morceaux : on étend ces morceaux sur du papier, & on les y fait sécher lentement; après quoi on les réduit en poudre : on imbibe de nouveau cette poudre de la lessive susdite, pour en former une pâte mucilagineuse, qu'on fait sécher, qu'on réduit en poudre, & qu'on humecte de nouveau. Cette opération se recommence jusqu'à trois fois : on a pour lors un excellent remede dans les fievres malignes ; sa dose est depuis un demi-gros jusqu'à un gros, & même quatre scrupules, dans l'eau distillée de la même plante.

La paralysie est une maladie assez difficile à traiter ; cependant le Docteur Willius en a guéri plusieurs par le moyen du trefle d'eau. Un seul exemple suffit pour vous prouver les bons effets de cette plante dans cette maladie.

Un jeune homme de 25 ans, dit Willius, qui avoit passé tout l'été de 1674, sans se ménager d'aucune maniere, fut saisi de froid sur la fin de Septembre, pour avoir eu l'imprudence de sortir par un mauvais temps en habit d'été : il perdit tout-à-coup le mouvement de toutes les parties du côté droit, qui devinrent froides, & il sentit dès l'instant de grandes douleurs dans l'épaule, dans le coude, dans le poignet, dans la hanche, dans le genou & sur le coup de pied (*Cette observation désigne, Monsieur, un rhumatisme plutôt qu'une paralysie*). Dès que le malade fut de retour chez lui, je lui fis garder le lit & en même temps bassiner le côté malade avec la décoction suivante :

On prit pour cette décoction trois poignées de trefle d'eau & une poignée d'yvette : on fit bouillir le tout dans quatre pintes d'eau de mer, ou environ, & on ajouta à la colature huit onces d'eau-de-vie de grain ; je lui prescrivis ensuite intérieurement une forte dose de décoction de trefle d'eau dans de la biere ; le malade sua en quantité pendant la nuit ; le lendemain ses douleurs furent entiérement calmées, & le mouvement lui étoit tellement revenu, qu'il pouvoit déja se tenir un peu sur ses jambes, s'asseoir & écrire. Cependant il but encore le matin un verre de la décoction de la même plante dans l'eau, & se fit bassiner les parties affectées, comme la veille. Le soir il s'exposa encore à l'air froid pendant quelques heures ; mais néanmoins le même accident ne lui revint pas. Cet Auteur rapporte qu'il s'est encore servi pour lui-même du trefle d'eau dans les catharres : il en fumoit pour lors les feuilles en guise de tabac, & elles lui réuffiffoient si bien, qu'après avoir expectoré beaucoup de flegme, sa tête en devenoit plus libre, plus légere & plus propre à l'étude. Plufieurs perfonnes, ajoute-t-il, ont effayé, à mon exemple, de fumer de cette plante, & s'en font fi bien trouvées, qu'elles en faifoient même leurs délices. Willius prétend encore que l'eau diftillée de trefle d'eau convient dans les maladies des yeux.

Un vieillard de foixante ans, qui étoit devenu un peu fourd depuis trois femaines, récupéra l'ouie, tant par l'ufage intérieur de la décoction de trefle d'eau, qu'en inférant dans fes oreilles un peu de coton imbibé de quelques gouttes d'huile effentielle de la même plante.

Un Menuifier, âgé de trente ans, vers la fin de Septembre 1674, fentit une légere douleur dans l'oreille droite ; il en fortit auffi-tôt une grande quantité de matiere fanieufe & purulente ; la douleur ceffa pour lors ; mais il n'entendit plus du-tout de cette même oreille. Le feul foulagement qu'il pût trouver à cette furdité fut de fumer fouvent du trefle d'eau en guife de tabac ; il mettoit néanmoins en même-temps dans fon oreille de l'huile effentielle de cette plante, mêlée avec celle de corne de cerf, & prenoit auffi intérieurement de l'infufion de trefle aquatique dans de la biere.

Outre les propriétés détaillées du trefle d'eau, il a encore celle d'être cathartique ; il purge fouvent par haut & par bas. Willius en rapporte plufieurs exemples. Il donne auffi cette plante comme un remede fouverain pour faciter l'accouchement : mais comme par l'exemple que l'Auteur rapporte, il paroît qu'il a associé le trefle d'eau à d'autres remedes, dont les vertus sont universellement reconnues pour cette maladie, c'est plutôt à ces remedes qu'au trefle d'eau que la femme proposée dans ce cas a dû être redevable de son soulagement.

Le détail dans lequel je suis entré à l'occasion du trefle aquatique, doit, Monsieur, vous convaincre de ses vertus. Le Continuateur de la Matiere Médicale de Geoffroy dit que cette plante contient du sel ammoniac, enveloppé de soufre & de parties terrestres : c'est par cette raison qu'il prétend qu'elle est propre contre la scorbut, la goutte, la cachexie & l'hydropisie. Dans le paroxisme de la goutte, le malade boira de quatre en quatre heures un verre de sa décoction, ayant en même temps la précaution d'en appliquer le marc sur la partie affectée. Sa semence, ajoute cet Auteur, s'emploie contre la toux invétérée & l'asthme humide; elle incise puissamment & détache les humeurs glaireuses, qui farcissent les branches du poumon. Simon Pauli lui donne la préférence sur le cochléaria, pour guérir le scorbut ; il en donnoit ordinairement le suc mêlé avec le petit-lait dans cette maladie, de même que dans l'hydropisie & la goutte. On tire encore de la même plante un extrait, un sel, & l'on en fait aussi un syrop. Toutes ces préparations ont les mêmes qualités, & se prennent commodément, sans causer de danger aux malades.

Les Médecins d'Allemagne regardent le trefle d'eau comme une panacée dans presque toutes les maladies désespérées, & ils emploient.

non-feulement les feuilles & la tige, mais encore les racines. Quand ils prefcrivent celles-
ci, c'eft fous la formule fuivante :

Prenez des racines de trefle d'eau lavées &
ratifiées, une once ; faites-les bouillir doucement dans trois livres d'eau, que vous rédui-
rez à deux ; ajoutez-y fur la fin des feuilles
de cette plante & de creffon de fontaine, de
chacune une poignée ; retirez le vaiffeau du
feu après quelques bouillons, & paffez la liqueur par un linge, pour prendre tiede, de
quatre en quatre heures, à la dofe d'un verre,
dans le fcorbut, la goutte & l'hydropifie.

Après vous avoir fi fort vanté le trefle aquatique, il convient, Monfieur, de vous le
faire connoître ; vous êtes même en droit de
l'exiger de moi. Sa racine eft horizontale &
articulée ; fa tige grêle, cylindrique ; elle s'é-
leve du milieu des feuilles à la hauteur d'un
pied & demi, en fe recourbant ; fes feuilles
font radicales, dont les pétioles font en forme
de gaine ; elles font en outre digitées trois à
trois, ayant leurs folioles ovales & entieres.
Le trefle aquatique ou menyanthe a encore
des feuilles florales en forme de filets, entieres & amplexicaules ; fes fleurs font raffemblées en bouquet, infundibuliformes, décou-
pés profondément en cinq parties ovales,
pointues, velues, recourbées & ouvertes ; fon
fruit eft une capfule ovale, entourée de calice
uniloculaire, renfermant plufieurs femences
ovales & petites. Les Botaniftes nomment cette
plante *menianthes paluftre, latifolium & tri-*
phyllum. Tourn. Menyanthes trifoliata. Linn.
Elle eft vivace, & fe trouve pour l'ordinaire
dans les marais & autres lieux aquatiques, et

terre maigre. Quand elle eſt hors de l'eau , elle ne dure pas long-temps. Vous en rencontre-rez en pluſieurs endroits des environs de cette Capitale ; le temps de ſa fleur eſt en Mai ou Juin.

Je ſuis , &c.

Paris , ce 10 Janvier 1769.

LETTRE III.

Sur l'Apocyn.

EN paſſant, Monſieur, par vos Domaines, j'ai vu avec peine un terrein très-étendu , en fri-che : il eſt vrai que le fonds m'en a paru fort mauvais ; il étoit ſec , aride, ſablonneux , & con-féquemment incapable d'aucune production. Comment, n'y auroit-il pas moyen, ai je dit intérieurement, de rendre utile cette terre in-culte ? Ne pourroit-on pas, parmi les plantes, en découvrir quelqu'une qui pût y végéter & rapporter annuellement du profit ? Non ; il n'eſt pas poſſible de laiſſer un canton auſſi vaſte ſans aucune culture, ſous prétexte peut-être qu'il n'en rapporteroit pas les frais. Plein de ces idées, je paſſai en revue dans mon eſprit une partie des plantes. Je fus aſſez heureux de démêler entr'elles l'apocyn. Cette plante croît dans les plus mauvais fonds ; elle n'exige au-cune culture ; & quand elle eſt une fois plantée dans quelques endroits, ou ne peut plus la dé-

truire. On la reconnoît actuellement pour très-
utile dans les Arts; elle est même devenue une
nouvelle branche de commerce. Vous ne pouvez mieux faire, Monsieur, que d'en ordonner la plantation dans votre mauvais terrein;
vous ne serez pas deux ans sans en tirer du profit : mais gardez-vous bien d'en planter dans
vos bonnes terres; elle traceroit trop, & pourroit devenir très-nuisible à leur fecondité.

L'apocyn, pour être mieux connu, a besoin
d'être décrit. Sa racine est rameuse & fibreuse;
sa tige s'éleve à la hauteur de deux coudées;
elle est simple, herbacée, ses feuilles sont ovales, lancéolées, cotonneuses en dessous, &
opposées; ses fleurs sont en especes d'ombelles presqu'au sommet de la tige, flottantes;
monopétales, campaniformes, découpées & ap-
platies; elles ont cinq nectaires qui enveloppent leur fructification; son fruit est une gaîne
oblongue, pointue, plus large dans le milieu,
renflée, contenant des semences aigretées, en
forme de tuile. L'apocyn est vivace, & connu
pour l'ordinaire sous le nom d'ouate. Les Botanistes le nomment *Apocynum, majus Syria-
cum, rectum; caule viridi, flore exalbido, R. H.
M. Asclepias Syriaca. Linn.* Quoique cette
plante nous vienne de la Syrie & des Pays
chauds, elle ne se plaît pas moins dans nos
climats: on la seme au printemps; elle leve
dès la premiere année, malgré l'opinion commune, qui prétend qu'elle est deux ans en
terre avant de lever. Toute terre est bonne
pour son replant: on choisit même la plus
mauvaise, & celle où il ne peut rien croître.

La ouate n'est pas des plus utiles en Médecine; on ne s'en sert même jamais. L'infusion

à froid & à petites doses de ses graines, de
ses racines & de son écorce, est néanmoins purgative; & en augmentant la dose, elle devient
vomitive. Je ne crois pas, Monsieur, qu'on
feroit sagement d'user de cette plante intérieurement ; elle est trop caustique. Le suc laiteux
qu'on tire de ses feuilles, en les cassant, est un
dépilatoire, appliqué extérieurement.

Le principal usage de cette plante, consiste dans
ses aigrettes. Les Habitans d'Egypte & d'Alexan-
drie les emploient pour garnir leurs habits &
se former des lits. En France, on a essayé d'en
faire des chapeaux. Pour des castors, on a
mêlé les aigrettes ou duvet d'apocyn, auquel
on a donné le nom de poils d'apocyn, avec
une certaine quantité de poils de castor, &
une plus grande de poils de lievre; & pour les
demi castors, on a employé ce duvet en quantité à-peu-près égale avec des poils de lievre:
on a assez bien réussi. M. de Fontanes, Ins-
pecteur des Manufactures, dit avoir fait faire
deux petits chapeaux à Niort, avec le duvet
d'une espece d'apocyn qu'il fit ramasser en
1762, & qui se trouve naturellement dans les
Dunes situées le long de la mer, entre les sables d'Olonne & de Saint-Gilles en bas-Poi-
tou. (*Nous pensons que cette plante n'étoit pas
un apocyn, mais un linagrostis*). On opéra,
dit-il, pour faire ces chapeaux, comme si on
les faisoit avec du poil de castor ; la substance
végétale & aigrettée fut humectée d'eau-forte,
adoucie avec de l'eau naturelle, passée au four,
un peu cardée & harpée. Dans le reste de l'o-
pération, on suivit exactement toutes les mé-
thodes usitées pour les autres especes de cha-

peaux. Ces chapeaux, ajoute M. Fontanes, eurent le défaut d'avoir dans quelques endroits des petits nœuds ou bouchons, ce qui ne leur feroit pas arrivé, continue ce favant Infpecteur, fi on s'étoit fervi du duvet de l'apocyn de Syrie, qui a un pouce de hauteur, au lieu de celui de l'apocyn du Poitou, qui n'a que fix lignes. Ces chapeaux ne prirent pas un bien beau noir: mais il feroit facile de remédier à cet inconvénient.

Depuis quelques années, M. la Rouviere, Bonnetier du Roi (*il eft mort en* 1778), a fu employer encore plus induftrieulement la ouate foyeufe; il la file & en fabrique des velours, molletons & flanelles fupérieures à celles d'Angleterre. J'ai vu ces étoffes; je n'ai pu m'empêcher d'en admirer la beauté, la bonté & la légéreté. Des perfonnes de diftinction fe fervent encore avec plus d'avantage de la flanelle d'apocyn que de celle d'Angleterre pour les rhumatifmes. J'ai été frappé fur-tout d'une efpece d'étoffe imitant le fatin des Indes, qui eft joliment peint. M. la Rouviere en a tapiffé fa chambre & garni une alcove : on ne peut rien voir de plus galant.

On tire encore de la tige de l'apocyn une efpece de filaffe d'une couleur grife, femblable à-peu-près à celle du lin; pour fe la procurer, il faut faire rouir, broyer, ferancer & préparer cette plante, comme on le pratique pour le chanvre. On a préfenté à la Société d'Agriculture du Bureau du Mans trois efpeces de filaffe de l'apocyn. La premiere étoit très-fine; la feconde moins: on en a fabriqué de la toile; la troifieme, qui eft le déchet des autres, a été employée en gros cordages, qui avoient plus de nerf & de force que ceux qu'on fait avec le chanvre ordinaire. M. Gelot, Membre de l'Académie de Dijon, a pareillement tiré de l'apocyn une filasse fort longue, très-fine & d'un blanc luisant. On trouve aussi dans les porte-feuilles de l'Académie de Dijon, différens Mémoires sur l'usage qu'on pourroit faire du coton, du chamænerion & du peuplier; mais ce n'est pas ici, Monsieur, le lieu de vous en parler.

Vous voyez, Monsieur, par les avantages que nous pouvons tirer de l'apocyn, que cette plante est plus intéressante qu'on n'a pensé jusqu'à présent. Nous pouvons la cultiver dans les terres incultes & stériles; elle peut devenir une nouvelle branche de commerce. M. la Rouviere l'achete un écu la livre; ainsi, vous pouvez être assuré de son débit. Il est vrai qu'en cultivant beaucoup d'apocyn, il peut baisser de prix; mais en baissant de prix, il fera baisser celui des étoffes dans lesquelles il entrera, & c'est seulement pour lors qu'on s'appercevra de l'utilité de cette plante.

Vous devez être convaincu, Monsieur, par la lecture de mes Lettres, que mon seul objet dans l'Agriculture est la culture des mauvaises terres; car à quoi bon parler des bonnes? elles n'exigent aucune industrie dans le Cultivateur. Il n'en est pas de même des sols ingrats; souvent le meilleur Econome se trouve fort embarrassé pour les faire produire. Je prétends, Monsieur, si vous suivez exactement mes conseils, ne pas laisser dans tous vos Domaines, même dans les terreins les plus stériles, un seul pouce de terre qui ne vous soit d'un grand rapport.

Je suis, &c.

Paris, ce 17 Janvier 1769.

LETTRE IV.

Sur l'Arbre aux Pois.

J'AI découvert depuis peu, Monsieur, un arbre dont la possession vous fera sans contredit plaisir : il réunit l'agréable à l'utile, deux qualités qui le rendent très-recommandable. On peut se servir de son fruit en guise d'aliment : ses feuilles & ses racines sont très-estimées pour le bétail ; on le recherche encore pour la Teinture & les ouvrages du Tour ; son écorce s'emploie pour faire des cordes. Tels sont en deux mots les avantages que nous procure cet arbre, & dont je vais vous donner le détail dans cette Lettre.

Il se nomme arbre aux pois, *pisorum ferax*, & approche beaucoup de l'acacia. Il nous vient de Sibérie, & conséquemment d'un pays beaucoup plus froid que le nôtre ; circonstance qui n'est pas à négliger. Quelques Auteurs lui ont donné le nom de *pseudo-acacia*. Il s'en trouve aussi d'autres qui le désignent sous le nom de *caragagne de Sibérie*. Cependant il est plus connu sous celui de *robinia* que sous aucun autre : ses synonymes sont *robinia pedunculis simplicibus, foliis abruptè pinnatis. Linn. Sp. Plant.* 1044. *aspalathus arborescens, pinnis foliorum crebrioribus oblongis. Amm. Ruth.* 285. *Caragana Sibirica. Roy. Lugd.* 537.

Du nom de cet arbre je passe à sa description, pour vous mettre à même de le connoître plus facilement. Ses feuilles sont conjuguées, c'est-à-dire, composées d'un nombre de folioles simples, ovales, rangées par paire sur une nervure commune : ses fleurs sont légumineuses, disposées en forme de grappes sur un filet ; chaque fleur est formée par un calice entier, petit, en guise de clochette ; elle est partagée en quatre parties par le bord ; sa partie supérieure est un peu plus large ; sa nacelle est petite, ayant le pavillon ouvert, de figure presque ronde ; ses aîles sont grandes, ovales, un peu relevées : l'intérieur de la fleur renferme dix étamines réunies par le bas, se courbant vers le haut, & arrondies au sommet. Au milieu d'une gaîne formée par les filets des étamines, on apperçoit le pistil composé par un embryon oval, terminé par une espece de bouton : cet embryon devient une silique alongée, platte & bossue, qui contient quatre ou cinq semences, d'une grandeur & rondeur irréguliere & inégale, à-peu-près de la grosseur & de la forme d'une lentille.

L'arbre que je viens, Monsieur, de vous décrire croît naturellement dans les pays les plus froids, dans les climats rigoureux de l'Asie Septentrionale, dans un terrein sablonneux, mêlé de terre noire & légere. On en voit surtout en quantité le long des grandes rivieres de ce pays : les rivages de l'*Oby*, du *Jenisia*, &c. en sont fournis. Il vient rarement dans les contrées habitées : jamais l'hiver, quelque glacé qu'il foit, ne peut l'endommager. L'endroit de la Sibérie où M. Gmelin, célebre Botanifte de Ruffie, en a le plus découvert, eft aux environs de Tobolsk. Quand il en a remarqué, il étoit pour lors en partie caché fous près de quinze pieds de glace & de neige, fans néanmoins qu'il en eût fouffert le moindre mal.

M. le Comte de Bielke, fi connu en Suede par fon goût pour l'Agriculture & l'Hiftoire Naturelle, fe trouvant à Péterfbourg en 1744, obtint de la graine de cet arbre qui mûrit ordinairement dans la Ruffie au commencement de Juillet. A fon retour en Suede, vers le milieu de l'automne, il ne manqua pas de faire femer cette graine. dans fes terres. Dès le printemps fuivant, elle leva & profita fi bien, qu'en 1748. il fe trouva déja en fleurs quelques arbres qui en provenoient, & l'année fuivante 1749, tous ceux qui étoient accrus fe trouverent même déja affez forts pour donner des filiques en abondance. Ce grand Cultivateur a éprouvé que l'arbre aux pois vient fort mal dans une terre argilleufe; ce dont on s'apperçoit facilement, quand on en plante dans un jardin où l'argille eft mêlée d'engrais; les feuilles marquent, pour ainfi dire, leur mécontentement; elles y viennent d'un verd fombre & d'une rodeur qui les rend femblables à du parchemin, tandis qu'elles font d'un très-beau verd clair, fur-tout vers le milieu de l'été, dans les endroits où cet arbre fe plaît. Il ne réuffit pas non plus dans un fable pur & fans aucun mélange de terre noire. Il fe plaît néanmoins affez bien dans les marais defféchés, pourvu qu'il y ait un peu de bonne terre : mais il craint principalement

cipalement les lieux froids, marécageux & trop détrempés, quoiqu'il aime néanmoins le voisinage des eaux vives & claires.

D'après ces observations, il vous sera facile, Monsieur, de tirer des conséquences que vous pourrez poser comme principes pour sa culture. Vous semerez donc & vous planterez cet arbre dans une terre un peu graveleuse, & qui ne soit pas absolument fumée. Vous choisirez pour son emplacement le voisinage d'une riviere, d'un ruisseau ou d'une fontaine : vous éviterez de le planter dans les endroits où l'eau croupit ; car il périroit infailliblement. Si vous le placez dans un bon fonds de terre bien cultivée, vous aurez le plaisir de le voir parvenir, en peu de temps, à plus de vingt pieds de hauteur ; égaler, par sa grosseur, un bouleau ordinaire. Mais si au contraire vous n'avez pas égard au terrein, & si vous le plantez dans un mauvais fonds, vous n'aurez alors qu'un arbre languissant, ou plutôt un mauvais arbuste dont les branches seront tortues & irrégulieres.

L'ennemi domestique & le plus grand fléau de cet arbre est la taupe. Il y a plusieurs moyens de se défaire de cet animal si détesté par les Jardiniers. Quand l'arbre aux pois est jeune, il faut encore le mettre à l'abri du bétail ; la plupart de nos bestiaux sont fort avides de ses jeunes branches & de ses feuilles, qui sont pour eux un aliment délicieux. Les porcs lui font aussi la guerre ; ils recherchent sur-tout ses racines dont la douceur leur plaît beaucoup. Ce sont-là les principales raisons pour lesquelles l'arbre aux pois se trouve si rarement dans les contrées habitées, étant de sa nature exposé à être détruit par nos animaux domestiques. Au reſte, ſa culture eſt la même que celle que l'on donne à toutes les plantes qui nous viennent de graines. Outre ſa reproduction par la ſemence, on le multiplie encore de boutures & de drageons en racine. Il vient également bien de toutes les manieres ; & même, de tous les arbres, c'eſt celui qui réuſſit le mieux.

Vous ſavez, Monſieur, la maniere de cultiver cet arbre : voyons actuellement les avantages que vous en pourrez retirer pour l'économie champêtre ; ils ne ſont pas de peu de conſéquence, & méritent bien de nous tous les ſoins qu'il peut exiger pour ſa culture.

Les Tartares Tonguſes & les habitans de la Sibérie Septentrionale recherchent beaucoup ſes fruits ; ce ſont preſque les ſeuls légumes dont ils ſe ſervent pour leur nourriture. M. Strahlemberg, Auteur eſtimé d'une Relation de Sibérie, aſſure que les fruits de l'arbre aux pois ſont un aliment aſſez bon & très-nourriſſant, quand, paſſés par l'eau bouillante pour leur ôter une certaine âcreté, ils ſont cuits & apprêtés comme les pois ordinaires & les feves de marais ; &, ſi on les réduit en farine, on en peut faire d'aſſez bons gâteaux. Voyez, Monſieur, de quelle utilité deviendroit un pareil arbre pour nos campagnes, ſi on le multiplioit. Les fruits légumineux qu'il nous fourniroit ſerviroient de nourriture pour le moins aux deux tiers de leurs habitans. M. le Comte de Bielke, que je cite toujours ici, en fit faire l'eſſai. Il fit cuire en guiſe de lentilles ces légumes qui furent trouvés fort bons. Il en fit pareillement moudre : les gâteaux qu'on prépara ſous ſes yeux avec cette farine furent généralement approuvés de ceux qui en mangerent. On peut dire de ces pois qu'ils font d'une fubftance plus légere, & qu'ils fe cuifent plus facilement que les nôtres. Ils chargent auffi bien moins l'eftomac, & ne font pas fi flatueux : ils font même plus nourriffans, & fi oléagineux, qu'on en pourroit auffi extraire beaucoup d'huile ; objet qui les rend encore plus recommandables.

L'arbre aux pois, outre les alimens qu'il nous procure, en fournit encore aux animaux ; rien n'eft meilleur pour engraiffer la volaille que les fruits de cet arbre. On les fait tremper dans l'eau, tant pour les renfler que pour les rendre plus tendres. On en donne fur-tout aux cochons, auxquels ils procurent un bon engrais. Le lard des cochons qui en ont mangé eft très-ferme. On affocie auffi pour l'engrais de ces animaux aux fruits de cet arbre les racines qui font douces & fucculentes, & dont ils font fort friands. On pourroit fubftituer dans la Médecine au lieu de régliffe, ces mêmes racines qui en ont toute la vertu. Quant aux feuilles ou pouffes tendres de l'arbre aux pois, elles fervent d'excellent fourrage pour diverfes efpeces de bétail. Ce fourrage eft pour eux fi tendre & fi délicat, que les beftiaux le préferent au meilleur foin.

L'écorce de cet arbre eft plus fine & plus mince que celle du tilleul : on peut donc, par cette raifon, l'employer par préférence pour faire des cordes : fon bois eft d'un très-beau jaune. Il mérite d'être recherché par les Tourneurs, qui peuvent l'employer à de fort jolis ouvrages : ils trouveront dans ce bois les pores fi ferrés, que peu d'arbres lui reffemblent pour fa dureté, joint à cela qu'il n'a prefque point de moëlle. Plufieurs effais qui ont été faits fur

les feuilles de l'arbre aux pois, nous ont fait
découvrir en elles une matiere propre à la teinture qui ne le cede pas à l'anil ou l'indigo, par
le beau bleu qu'on en retire. Pour extraire cette
couleur des feuilles, on les prépare par l'infufion & la putréfaction, ainfi & de même que
celles de l'anil.

La beauté charmante du feuillage de ce robinia, jointe à l'agrément de fes jolies fleurs
jaunes, doit le faire rechercher pour l'ornement
des bofquets, & pour former promptement de
belles paliffades. Entre toutes ces belles qualités, cet arbre a l'avantage (ce qui eft très-
rare) de croître avec une vîteffe furprenante,
& de pouvoir être tranfplanté avec facilité fans
être aucunement altéré. On trouve peu d'arbres
qui, comme lui, produifent, dès la quatrieme
année après avoir été femés, du fruit en abondance, & qui parviennent en auffi peu de temps
à acquérir une hauteur au moins de quinze
pieds & une circonférence de cinq à fix.

Après tout le détail des avantages que nous
pouvons tirer d'un arbre auffi utile, différerez-
vous long-temps, Monfieur, d'en introduire la
culture dans vos terres ? Vous en avez quelques-unes fituées dans nos Provinces fepten-
trionales, & arrofées par des rivieres & des
ruiffeaux qui y décrivent différens circuits pour
donner plus de fécondité. Qui vous empêche,
Monfieur, de placer le long de ces rivieres &
ruiffeaux des rangées d'arbres aux pois ? Ils y
viendront à merveille; &, quoique vos terres
foient dans la partie boréale de la France, vous
n'aurez rien à craindre de ces arbres, puifqu'ils
viennent d'un pays plus froid. Quelle reffource
ne procurerez-vous pas à vos vaffaux ? Vou

leur fournirez des alimens pour eux & pour leurs beftiaux, & vous les mettrez à l'abri des années de difette, tandis que leurs voifins s'arracheront, pour ainfi dire, un morceau de pain pour leur nourriture. Vos villageois la trouveront en abondance dans les fruits de l'arbre aux pois. On trouve de grandes plantations de ces arbres dans la Suede, la Norwege, la Laponie & l'Iflande. Le célebre M. de Linnée affure qu'après le *pinus foliis quinis*, nommé fauffement le cedre de Sibérie, cet arbre eft de tous ceux de la Sibérie celui qui mérite le plus d'être cultivé.

On voit encore en Sibérie deux autres efpeces de *robinia*, qui ne font pas moins agréables pour l'ornement de nos bofquets. L'une eft connue fous le nom de *robinia pedunculis fimpliciffimis, foliis quaternis, fubpetiolatis*. Linn. *Hort. Upf. 212. Afpalathus frutefcens, major, latifolius, cortice aureo. Amm. Ruth. 283*. Cette efpece croît auffi dans la Tartarie, & l'autre efpece eft défignée fous le nom de *robinia pedunculis fimpliciffimis, foliis quaternis, feffilibus. Hort. Upf. 212. Afpalathus frutefcens, minor, anguftifolius, cortice aureo. Amm. Ruth. 282. T. 35*.

On cultive au Jardin Royal des Plantes de Trianon une autre efpece de robinia à fleurs purpurines. Cet arbufte mérite une place diftinguée dans les bofquets du printemps, à caufe de la beauté de fes fleurs; & entremêlé avec le robinia de Sibérie à fleurs jaunes de la petite efpece, il produit le plus bel effet.

Je fuis, &c.

Paris, ce 24 Janvier 1769.

LETTRE V.

Sur une nouvelle Eau vulnéraire, & sur les Boules balsamiques de Lorraine.

L'EAU vulnéraire est, Monsieur, d'un si grand secours dans les campagnes, que je ne crains pas de vous en entretenir aujourd'hui, comme d'un objet digne de votre attention. Chacun la fait à sa façon : vous avez peut-être aussi votre méthode particuliere. Elle est connue plus communément sous le nom d'*eau d'arquebusade*. C'est une eau distillée, dans laquelle on fait entrer un grand nombre de plantes, la plupart vulnéraires, & d'autres céphaliques & odorantes. Cette eau s'emploie à l'extérieur pour bassiner les plaies & les ulceres, & même pour seringuer, quand les plaies sont profondes. On l'emploie aussi à l'intérieur, dès l'instant qu'on soupçonne du sang caillé, occasionné par la rupture de quelques vaisseaux.

Parmi les dispensations différentes d'eau vulnéraire, la plus utile & la meilleure sans contredit est celle qu'a adoptée M. Chomel. On prend, dit-il, des racines & feuilles de grande consoude, des feuilles de bugle, de brunelle, de sanicle, de plantain, d'œil-de-bœuf, de millepertuis, de véronique, de millefeuille, de sauge, d'origan, de calament, d'hyssope, de menthe, d'armoise, d'absynthe, de bétoine, de grande scrophulaire, d'aigremoine, de sca-

bieufe, de verveine, de fenouil, de petite centaurée, de nicotiane, d'ariftoloche, de clématite & d'orpin, de chacune, toutes épluchées,
deux ou trois poignées ; racines d'ariftoloche
ronde & longue concaffées, de chacune une
once. On hache les herbes & les fleurs, & on
met le tout dans un vaiffeau : on verfe pardeffus
fuffifante quantité de bon vin blanc, en forte
qu'il furnage de deux ou trois doigts ; on laiffe
les herbes en digeftion dans un lieu chaud pendant deux ou trois jours ; on les fait enfuite
diftiller, jufqu'à ce qu'on ait retiré environ le
tiers de la liqueur qu'on y a employée, & on
la garde dans une cruche bien bouchée. Plufieurs perfonnes choififfent le temps des ven-
danges pour faire leur eau vulnéraire, elles mêlent leurs herbes avec du raifin, & les laiffent
fermenter enfemble environ pendant un mois.
Souvent elles y ajoutent, pour rendre la liqueur
plus forte, quelques pintes d'eau-de vie ; après
quoi elles diftillent le tout. La premiere eau
qu'on retire par la diftillation de ce mélange
eft très-fpiritueufe : on la nomme *eau vulnéraire double*.

Celle qui vient fur la fin de l'opération eft
moins chargée de principes volatils & fulfu-
reux, & on l'appelle par cette raifon *eau vulnéraire fimple* : il faut avoir grand foin de ne
la pas mêler. Si on veut avoir une eau vulnéraire plus déterfive, on peut diffoudre dans
cette eau le fel fixe tiré par la lixiviation du
marc des herbes feches & réduites en cendres:
par ce moyen on a une eau excellente pour les
ulceres & les vieilles plaies ; mais il n'en faut
pas prendre alors intérieurement. L'eau vulné-

raire faite avec le vin blanc eſt recommandée pour l'intérieur : ſa doſe eſt d'une ou de deux onces dans les chûtes conſidérables pour prévenir les dépôts intérieurs.

L'eau vulnéraire dont je viens, Monſieur, de vous donner la compoſition, eſt, comme vous pouvez le voir, chargée d'une quantité de plantes dont les vertus ſont à la vérité bien conſtatées, mais dont quelques-unes ſuffiroient pour produire le même effet en augmentant leur doſe. Mon pere ne ſe ſervoit que de quatre plantes pour faire ſon eau vulnéraire : cependant j'ai vu opérer, par le moyen de cette eau, une infinité de cures chirurgicales. On venoit en chercher chez lui de toute part, & toujours gratuitement. On ſait que les pauvres gens ſont ſujets à mille accidens auxquels ne ſont pas expoſés les riches. On appelloit cette eau dans le Pays Meſſin *l'eau de Buc'hoz*. Combien de gens dans un état déſeſpéré n'y ont-ils pas trouvé leur guériſon !

Cette eau ne s'emploie pour l'ordinaire qu'à l'extérieur. Vous ne pouvez, Monſieur, en faire aſſez de cas. C'eſt par amitié pour vous & par amour pour mes ſemblables que je vais vous donner ſon procédé chymique. Que d'autres cherchent à s'enrichir par leurs découvertes, quant à moi, le bien de l'humanité eſt ce qui m'eſt le plus cher ; j'y ſacrifierai toujours mes intérêts. *L'Eau de Buc'hoz*, je la nomme ainſi du nom de mon pere, qui en faiſoit uſage, ſuivant la dénomination qu'on lui avoit donnée dans le pays, eſt très-bonne contre toutes ſortes de plaies, de bleſſures, de contuſions, contre les ulceres, tant invétérés que nouveaux, & même contre la gangrene ; elle ſeroit par conféquent d'une grande utilité dans les Armées & les Hôpitaux militaires. Voici la méthode pour préparer cette eau.

On prend des feuilles de nicotiane, d'ariftoloche, d'illecebra & de morelle, de chacune parties égales : on mêle & on hache le tout enfemble ; enfuite on le met dans un vafe bien bouché, & on l'imbibe de vin blanc, en forte que le vin furnage d'un bon pouce : on laiffe ce mêlange en digeftion pendant quinze jours, & on le diftille fuivant l'art. La premiere eau qui en provient eft très-fpiritueufe, vulnéraire, antifeptique & très-propre à être employée dans les cas indiqués.

Vous connoiffez, Monfieur, les vertus vulnéraires & antifeptiques de la nicotiane, une des plantes qui entrent dans cette eau. Elle eft ainfi appellée du nom de M. Nicot, Ambaffadeur de France en Portugal, qui le premier l'a fait connoître. Il fit femer en 1561 de la graine de cette plante dans fon jardin de Lifbonne ; elle y crut parfaitement bien, & s'y multiplia beaucoup. Un des Pages de cet Ambaffadeur fit par hafard l'effai de cette plante ; il en appliqua le jus & le marc fur un ulcere malin, connu fous le nom de *noli me tangere*, qu'un de fes parens avoit au nez. Cette guérifon fe fit même fous les yeux de l'Ambaffadeur & des plus habiles Médecins du pays, qui en voulurent être les témoins oculaires.

Le Cuifinier du même Ambaffadeur fe coupa prefqu'entiérement le pouce avec un grand couteau de cuifine ; il eut recours à cette plante, & fa plaie fut bientôt guérie. Ces deux cures mirent la nicotiane en réputation à Lifbonne : on ne parloit plus que d'elle, ainfi qu'il eft

O v

d'ordinaire en pareil cas. Un Gentilhomme de campagne ayant depuis deux ans des ulceres à la jambe, en fit ufage pendant dix à douze jours, & il fut radicalement guéri. Une femme dont le vifage étoit entiérement couvert d'une dartre en croûte, fut aufli guérie par cette plante, en appliquant le jus & le marc fur la partie affectée. Le fils d'un Capitaine ayant les écrouelles fit ufage de l'herbe miraculeufe qu'on cultivoit dans les Jardins de l'Ambaffadeur : aufli-tôt qu'il en eut appliqué fur les endroits fcrophuleux, il s'apperçut du changement de mal en bien, & enfin il fut radicalement guéri. Depuis ce temps, Monfieur, les vertus de cette plante ne fe font pas démenties. On en cultivoit quelques pieds dans la maifon de campagne de mon pere, au Village de Marly : il employoit cette plante en herbe; lorfqu'elle étoit fraîche, il en exprimoit le jus, & il appliquoit le marc pardeffus. En hiver, il fe fervoit de l'eau diftillée : il préparoit aufli avec cette plante des baumes, des onguens, des poudres, &c. De quelque façon qu'on emploie cette herbe, rien ne peut lui réfifter, contufions, plaies, bleffures, ulceres, charbons, gangrene, écrouelles & autres maladies chirurgicales & de la peau. Cependant, pour procéder avec méthode dans la cure de cette maladie, il eft à propos d'employer les remedes généraux pour éviter les métaftafes, furtout quand ce font des dépôts, abcès, ulceres invétérés.

La nicotiane eft annuelle; elle croît naturellement dans l'Amérique ; c'eft une efpece de tabac. Celle qu'on doit cultiver par préférence pour la Médecine, eft celle dont les feuilles

font épaisses, obtuses, glutineuses, couvertes
d'un duvet, & dont la corolle est d'une couleur jaune & pâle. Les Botanistes la nomment
nicotiana minor. *Pin*. *Nicotiana rustica*. *Linn*.,
herbe à la Reine. Il seroit à souhaiter que
l'usage de cette plante se rétablît; il n'y auroit pas tant d'amputations, & ce n'est qu'au
détriment de l'humanité qu'elle a été totalement négligée.

L'illecebra, *sedum minus*, *acre*, *flore luteo*,
Tourn. ou la petite joubarbe, est aussi une des
plantes qui entrent dans l'eau *vulnéraire de
Buc'hoz*; elle n'est pas moins bonne que la
précédente : c'est une petite plante qui croît
par toute la France, aux lieux pierreux, sablonneux, & sur les vieilles murailles ; on en
voit beaucoup en Lorraine. Le Docteur Marquet, ce Théophraste de la Lorraine, a prouvé,
par une infinité d'expériences & d'observations,
à la Société Royale des Sciences & Belles-
Lettres de Nancy, que l'illecebra est un vrai
spécifique contre le cancer, le charbon & la
gangrene ; maladies d'autant plus terribles,
qu'on n'avoit encore pu avant lui y trouver
des remedes convenables. *Voyez* le Mémoire
de M. Marquet sur cette plante ; vous trouverez dans ce Mémoire une suite de cures mer-
veilleuses opérées par l'usage de l'illecebra.
Rien n'est actuellement si commun à Nancy
que l'emploi de cette plante pour les plaies &
ulceres invétérés.

L'aristoloche, *aristolochia clematitis dicta*,
Pin. qu'on trouve dans quelques endroits de
la France, est aussi une excellente plante vulnéraire. M. Doron, Médecin de Saint-Dié &

de la Principauté de Salm, l'affocioit avec l'Illecebra, pour les plaies, ulceres & abcès.

La morelle eft la derniere de celles qui entrent dans notre eau vulnéraire : on ne s'en fert pas intérieurement pour l'ordinaire, mais elle eft excellente à l'extérieur. On vante beaucoup fon fuc agité dans un mortier de plomb, pour calmer les douleurs de cancer, tant ulcéré que non ulcéré. On applique auffi avec fuccès cette herbe pilée fur les hémorrhoïdes irritées ou enflammées. Cette plante fe nomme *folanum officinarum, acinis nigricantibus. Pin.* Elle eft annuelle, & croît dans les endroits incultes, dans les vignes, aux bords des chemins.

Une eau vulnéraire, compofée de plantes dont la vertu eft fi certaine, peut-elle être dénuée de mérite ? La raifon dicte le contraire, quand bien même l'expérience ne l'auroit pas démontré. Que fera-ce donc, quand l'expérience le confirme, comme dans le cas préfent ? Vous ne pouvez donc mieux faire, Monfieur, que d'en faire diftiller pour vos campagnes. Si elle eft utile pour les hommes, elle ne l'eft pas moins pour les beftiaux ; ils font fujets à des plaies, ulceres, bleffures & contufions. Quel meilleur remede peut-on employer pour lors que cette eau vulnéraire !

La feconde difpenfation que je vous ai, Monfieur, promife, eft celle des boules compofées & balfamiques de Lorraine. Pour les faire, vous prenez de la limaille de fer & de la pierre hématite pulvérifée, de chacune trois onces ; de la crême de tartre, fix onces ; vous en faites une pâte avec le vin, que vous ferez

dïgérer & fécher, comme la boule vulnéraire
fimple ; vous réitérez les digeftions & les ex-
ficcations jufqu'à ce qu'on n'apperçoive plus
de fer ; vous mettez pour lors votre pâte fécher en poudre fort fubtile ; vous y mêlez exactement du maftic en larmes & du fafran oriental bien pulvérifé, de chacun une demi-once ;
vous faites diffoudre dans le vin une once d'a-
loës, autant de myrrhe ; vous arrofez vos poudres de cette diffolution, & vous verfez pardeffus du vin de la hauteur de quatre doigts ;
vous laiffez le tout en digeftion, remuant de
temps en temps, puis évaporez la liqueur jufqu'à ficcité : vous remettez la pâte en poudre ;
vous l'humeſtez avec de l'eau-de-vie, & vous
en formez des boules, que vous faites fécher
pour garder. Dans ces boules, le tartre di-
.vife le fer & la pierre hématite, qui eft elle-
même un fer ouvert. La partie huileufe du
vin raréfie le bitume du fer, & le rend par-là
plus en état de confolider les plaies & de les
raffermir. Les gommes & les réfines qu'on y
joint ne peuvent encore qu'étendre le bitume
de fer & augmenter la vertu balfamique de
cette boule par la leur propre.

Cette boule balfamique eft un excellent
fondant ; elle convient dans les obftructions du
foie, de la rate & des autres ulceres ; elle eft auffi
très-bonne dans la dyffenterie, les ulceres internes, les points & les douleurs qui furviennent
après les chûtes. On peut encore l'employer
en cas de putridité. Pour la prendre intérieurement, on la délaie trois ou quatre fois dans
de l'eau fraîche, jufqu'à ce que cette eau ait
pris une couleur de vin. On boit cette eau
tous les matins en guife d'eau minérale : on peut

même mêler cette eau avec du vin dans ses repas. On délaie cette boule dans l'eau vulnéraire & double de M. Chomel, dont je vous ai entretenu, Monsieur, dès le commencement de cette lettre. Dans les cas de chûtes & d'ulceres internes, elle diffout le fang coagulé, & lui rend fa circulation ordinaire. Rien n'est meilleur que cette boule délayée dans notre eau vulnéraire pour les plaies extérieures, coupures, brûlures & contufions, en en baffinant fouvent la plaie.

De tous les remedes connus, peut-être n'en a-t-on jamais trouvé de plus efficace dans la fuppreffion menftruelle & dans le chlorofis, que l'ufage de la teinture aqueufe de cette boule tous les matins. Elle fait encore de très-bons effets dans la jauniffe. Les Religieux de Molfcheim ont fait une efpece de fecret de ces boules. Quand on en achete, il faut examiner fi le fer eft bien divifé, & fi on n'a pas employé de la lie au lieu de tartre, comme cela arrive ordinairement à la plupart de celles qu'on vend à Nancy. Cette boule compofée n'eft pas moins bonne dans les pertes de fang & dans toute forte d'hémorrhagies, que la boule vulnéraire fimple; elle a toutes les qualités de cette derniere, fans en avoir les défauts. On peut pareillement s'en fervir pour les beftiaux; il eft Monfieur, indifpenfable, comme vous voyez, à tout Econome champêtre d'avoir de l'eau vulnéraire & de la boule d'acier.

Je fuis, &c.

Paris, ce 31 Janvier 1769.

LETTRE VI.

Sur les Plantes qui peuvent servir dans les Maladies Vénériennes.

LES Sauvages de l'Amérique, sont, Monsieur, fort sujets aux maladies vénériennes; mais ils ont pour s'en débarrasser des secrets beaucoup plus sûrs & moins dangereux que les frictions mercurielles, ou que les préparations du mercure, dont on a coutume de faire usage pour la guérison de ces maux. M. Kalm, de l'Académie Royale de Suede, ayant voyagé dans cette partie du monde, est parvenu à découvrir le remede dont ces Peuples se servent, & qu'ils cachoient avec le plus grand soin aux Européens. Ils emploient pour cet effet la racine d'une plante que M. le Chevalier de Linnée a décrite sous le nom de *lobelia*, & que Tournefort appelle *rapuntium Americanum, flore dilutè-cæruleo;* en François, la cardinale bleue. On prend cinq ou six de ces racines, soit fraîches, soit seches; on en fait une décoction, qu'on fait boire abondamment au malade le matin & pendant le cours de la journée. Cette boisson purge à proportion de la force de la décoction, que l'on fait moins forte, lorsqu'elle agit trop vivement. Le malade s'abstient pendant la cure de liqueurs fortes & d'alimens trop assaisonnés. Lorsqu'il obſerve bien ce régime, il ſe trouve pour l'ordinaire guéri en quinze jours ou trois ſemaines. On ſe ſert de la même décoction pour laver les ulceres vénériens qui peuvent s'être formés ſur les parties de la génération. Les Sauvages deſſechent auſſi les ulceres avec une racine ſéchée & pulvériſée, que l'on répand ſur les parties affligées. Cette racine eſt celle d'une plante que M. le Chevalier de Linnée appelle *geum floribus nutantibus, fructu oblongo ſeminum, caudâ molli plumoſâ. Flor. Suec. p.* 424. C'eſt la même que J. Bauhin déſigne ſous le nom de *cariophyllata aquatica, nutante flore. Pin.* 321 ; en François, benoitte de riviere.

Lorſque le malade a fait uſage pendant quelques jours de la décoction du *lobelia*, ſans que l'on s'apperçoive d'aucun changement, on prend quelques racines d'une plante que Gronovius appelle *ranunculus foliis radicalibus, reniformibus, crenatis, caulinis, digitatis, petiolatis. Gron. Flor. Virg.* 166 ; en François, Renoncule de Virginie. Après avoir lavé ces racines, on en met une petite quantité dans la décoction de *lobelia* ; mais il faut en uſer avec précaution, de peur d'exciter des irritations, des purgations trop vives & des vomiſſemens. Toutes ces plantes ſe trouvent en Europe, ou peuvent s'y multiplier avec facilité. M. Kalm nous apprend que d'autres Sauvages d'Amérique ſe ſervent encore avec plus de ſuccès, pour la même maladie, de la décoction d'une racine, déſignée par M. le Chevalier de Linnée ſous le nom de *ceanothus*, ou de *celaſtus inermis, foliis ovatis, ſerratis, trinerviis. Hort. Cliff.* 73. *Gron. Flor.*

Virg. 23. Cette plante eſt plus difficile à avoir que les autres ; cependant, il y en a des pieds au Jardin Royal des plantes de Paris. M. Bernard de Juſſieu ſoupçonnoit que cette racine eſt la même qu'une racine inconnue, qui lui fut donnée, il y a quelques années, & dont la décoction guériſſoit en trois jours les gonorrhées les plus invétérées. Jamais il n'a pu découvrir le lieu naturel de cette plante ſi efficace, quelque peine qu'il ſe fût donnée pour cela. Ce ſavant Botaniſte croit que le *ceanothus* eſt la plante appellée *evonymus novi Belgii, corni fœminæ foliis.* Hort. Amſt. 1. p. 161. Tab. 86. M. Kalm dit que cette décoction eſt d'un beau rouge, & ſe fait de même que celle du *lobelia :* il ajoute que, lorſque le mal eſt fort enraciné, on joint à la décoction de *ceanothus* celle du *rubus caule aculeato, foliis ternatis. Linn. Flor. Suec.* 410. C'eſt le *rubus vulgaris, fructu nigro,* de Gaſp. Bauh. 479 ; en François, ronce. M. Kalm aſſure, de la façon la plus poſitive, qu'il n'y a point d'exemple qu'un Sauvage n'eût point été ſoulagé & parfaitement guéri de la vérole la plus invétérée, en faiſant uſage de ces remedes.

Le premier remede, tiré du Regne végétal, dont on ſe ſervoit en France pour guérir les maladies vénériennes, fut le bois de gayac : on l'y apporta de l'Amérique ; & comme tout remede nouveau, il opéra pour lors des miracles, ſi l'on en doit juger par les recettes des Médecins & Hiſtoriens de ce temps-là : mais comme ce bois étoit d'une cherté exceſſive, on s'attacha à lui ſubſtituer d'autres bois du même pays, qui fuſſent plus communs. On remarqua que la vertu du gayac étoit d'être ſudorifique : on tourna en conſéquence les vues du côté de nos plantes fudorifiques ; c'eft ce qui a donné lieu à différentes tifanes faites avec le bois de citronnier, de cyprès, de pin, de térébinthe, de cornouiller, de noifettier, de genievre, avec les racines de bardane, &c. On rapporta auffi en même temps de la Chine la racine de fquine ; du Mexique, du Bréfil, la racine de falfepareille ; de la Floride, le bois de faffafras, toutes plantes qui ont eu leur vogue & leur réputation. Si vous voulez, Monfieur, traiter des malades avec les tifanes fudorifiques, c'eft-à-dire, avec la décoction des quatre bois, commencez d'abord par les faire faigner une ou deux fois, s'ils font fanguins ; enfuite purgez-les avec la médecine fuivante : Faites bouillir légérement pour cet effet, dans fix onces d'eau de riviere, deux gros de follicules de féné, & deux gros de fel d'epfom.

Faites enfuite fondre dans cette décoction deux onces de manne graffe, & retirez le pot du feu ; paffez par un linge avec expreffion. Vous ajouterez, fi vous fouhaitez, dans cette colature, deux cuillerées d'eau de fleurs d'orange double.

Vous pouvez fubftituer à cette partie cathartique les pilules ci-après fpécifiées : Prenez des trochifques d'Alhandal & de la fcammonée pulvérifée, de chacun huit grains ; incorporez dans fuffifante quantité de confection hamech, & partagez en deux bols ou fix pilules à prendre dans du pain à chanter.

Vous ferez réitérer l'un ou l'autre de ces remedes deux jours après ; pendant ce temps, qui peut être appellé celui de la préparation, vos malades obferveront un régime très-léger & peu nourriffant. Le foir même de la derniere médecine, après avoir fait coucher vos malades, & les avoir bien fait couvrir, vous leur ferez prendre, le plus chaud qu'ils pourront, afin de provoquer les fueurs, en un ou deux verres, une chopine de tifane fudorifique, préparée de la façon fuivante :

Prenez de la racine de fquine, de celle de falfepareille, de la rapure de gayac, & du bois de faffafras, de chacun deux onces; faites infufer le tout à froid dans cinq pintes d'eau de riviere, pendant vingt-quatre heures; fermez le vafe exactement avec fon couvercle, & faites bouillir jufqu'à diminution d'un tiers. En retirant le pot du feu, vous jetterez dedans une demi-once ou une once de racine de réglifle ratiffée. Vous pouvez ajouter à ces bois deux onces d'antimoine crud & pulvérifé, enfermé dans un linge fin ; vous y ajouterez, fi vous voulez, un pareil morceau de mercure crud.

Le lendemain matin, vos malades prendront, avec les mêmes précautions, pareille dofe de la même tifane, & ils refteront encore deux bonnes heures au lit ; après quoi, s'étant bien effuyé le corps, & ayant changé de linge, ils fe leveront, & pourront fortir pour vaquer à leurs affaires, pourvu néanmoins que le temps foit très-doux, & qu'ils fe tiennent bien garnis ; autrement, ils garderont la chambre. Pendant la journée, ils boiront abondamment de la même tifane, coupée avec les trois quarts d'eau chaude ou froide, à leur volonté ; ils continueront cette maniere de fe traiter pendant quinze ou vingt jours, pendant lefquels ils mangeront très-fobrement, & ils ne prendront que des alimens de facile digeftion & peu nourriffans.

Pendant le cours de ces traitemens, vous purgerez exactement vos malades tous les six jours, avec deux gros de follicules de séné & deux gros de sel d'epsom, que vous ferez infuser pendant la nuit dans le verre de tisane que les malades doivent avaler le matin ; vous aurez soin de leur entretenir pendant les autres jours le ventre libre par les lavemens. Tel est, Monsieur, le traitement des maladies vénériennes par les tisanes sudorifiques ; mais les succès de ces remedes sont, pour l'ordinaire, beaucoup moins constans que ceux du mercure.

Le traitement par la salsepareille seule n'est pas, Monsieur, plus difficile que par les tisanes sudorifiques. Ce traitement consiste à prendre en vingt-quatre heures une pinte de la tisane de salsepareille en deux ou trois doses ; l'une le matin à jeun, l'autre à midi, & la troisieme le soir, en se mettant au lit. Cette décoction se prépare de la maniere suivante.

Mettez dans trois pintes d'eau de riviere trois onces de racines de salsepareille la plus fraîche & de la meilleure qualité ; faites bouillir ce mélange dans un vaisseau couvert, jusqu'à la diminution d'un tiers. En retirant le pot du feu, vous y mettrez un peu de racine de réglisse affilée ; vous passerez la liqueur à travers un linge, & vous la garderez dans une bouteille de verre, pour l'usage.

Les malades pourront vaquer à leurs affaires, & observeront leur régime ordinaire, pourvu qu'il soit régulier. Ce traitement réussit ordinairement, lorsque les frictions mercurielles ont été administrées précédemment, & qu'elles n'ont fait que pallier la maladie.

(M. Villemette, Apothicaire à Nancy, vient

de faire connoître, d'après les renfeignemens de M. Chevreufe, Botanifte de Lorraine, les racines de houblon & de perficaire amphibie, propres à remplacer la falfepareille. Je vous donnerai dans la fuite, Monfieur, des détails plus particuliers fur ces deux plantes).

M. Bouillet fils, dans un Mémoire qu'il a prononcé à l'Académie de Beziers en 1766, prétend que les racines de bardane & de dent de lion, ou piffenlit, qui croiffent fans culture dans nos campagnes, font préférables, dans les maladies vénériennes, à la fquine & à la falfepareille, qui nous viennent de cantons fort éloignés. Ordinairement, dit M. Bouillet fils, on eftime les chofes, d'autant qu'il en coûte davantage pour les acquérir, & ce qu'on peut avoir fans peine & à vil prix ne paffe jamais pour fort précieux dans l'efprit du vulgaire. C'étoit autrefois, ajoute-t-il, un préjugé naturel à prefque tous les Peuples, & dans tous les pays où l'efprit philofophique n'avoit point pénétré. Heureufement en France & dans prefque toute l'Europe, on n'apprécie gueres les chofes que par leur valeur intrinfeque. Pour juger de la nature d'une plante & du plus ou moins d'efficacité qu'elle peut avoir pour la guérifon de telles maladies, nous n'avons, Monfieur, que deux moyens, fuivant M. Bouillet ; l'expérience, c'eft-à-dire, l'obfervation des effets que cette plante produit dans le corps de ceux qui en ufent ; & l'analyfe chymique ou phyfique, c'eft-à-dire, l'examen des principes ou des parties effentielles dont elle eft compofée, & dont l'expérience nous a fait connoître les propriétés. Or, fi nous confultons l'expérience, continue

M. Bouillet, nous avouerons 1°. qu'un grand **Roi** fut guéri d'une maladie secrette, dont il étoit attaqué, par la décoction des racines de bar-dane, que lui conseilla le Médecin Pena; 2°. si nous voulons nous en rapporter au témoi-gnage de Simon Pauli, nous serons persua-dés que la décoction des racines de bardane est beaucoup plus efficace pour la cure des maux vénériens, que celles de la salsepareille & des autres drogues étrangeres; 3°. nous pourrions encore nous appuyer, ajoute-t-il, de l'auto-rité de MM. Tournefort & Geoffroy, qui re-commandent les racines de bardane & de pis-senlit contre les maladies secrettes ; 4°. enfin, si nous en croyons Cartheuser, nous ne ferons point de difficulté de proscrire entiérement la squine & la salsepareille, & de lui substituer dans toutes les occasions les racines de bar-dane & de pissenlit, qu'il juge beaucoup plus efficaces.

M. Bouillet fils n'a pu recueillir autant d'ob-servations qu'il auroit desiré sur les racines de ces deux plantes, parce que, dit-il, par un reste de barbarie bien odieux, on ne reçoit point certaines maladies dans l'Hôpital de Beziers confié à ses soins. Il a observé néanmoins que la décoction de bardane & de pissenlit a été d'un grand secours à quelques personnes atta-quées fortement du mal vénérien, qu'elle les soulageoit beaucoup, & qu'il étoit bien plus aisé de les guérir par le moyen de quelques légeres frictions. Mais il y a tout lieu d'espérer, c'est le souhait de M. Bouillet fils, que d'autres Mé-decins voudront bien faire eux-mêmes l'expé-rience de ce remede, & communiquer au Pu-blic leurs observations. M. Bouillet passe en-

fuite à l'analyfe, foit chymique, foit phyfique,
des plantes en queftion ; & par la comparaifon
qu'il fait des fubftances qu'on en tire par l'un
ou l'autre de ces moyens, il n'héfite point à
donner la préférence à ces deux plantes fur la
fquine & la falfepareille, drogues, ajoute-t-il,
affez cheres, qui, dans le tranfport, fe gâtent
& fe carient, & qu'on ne peut pas avoir récentes toutes les fois qu'on en a befoin.

Le mezereon, ou bois-gentil, eft auffi anti-
vénérien ; fa décoction eft finguliérement vantée
par les Anglois, comme un remede efficace
pour détruire les nodus vénériens. J'ai ouï-dire
qu'elle avoit quelquefois réuffi dans des cas
où les mercuriaux adminiftrés avec foin, tant
à l'intérieur qu'à l'extérieur, n'avoient point
eu de fuccès.

Si vous prefcrivez, Monfieur, cette racine,
vous pouvez la faire felon la formule fuivante ; elle eft tirée de la Pharmacopée de
William Lewis : prenez racine de mezereon
concaffée, ou réduite en poudre groffiere,
trois onces ; de l'eau commune, fix livres :
faites bouillir à petit feu & réduire aux deux
tiers ; paffez : vous en faites prendre la colature à la dofe de quatre onces, trois fois par
jour.

Les Charlatans d'Andaloufie ordonnent,
dans les maladies vénériennes, la décoction
d'alype ou globulaire en arbre, arbriffeau qui
croît dans le Languedoc. Ce remede a été
fouvent très-heureux dans ce cas; mais il eft
un peu trop violent. Plufieurs Auteurs attribuent
au bois de buis la même vertu qu'au gayac
pour les maladies fufdites; mais l'effet n'en eft
pas toujours fûr. Le frêne eft furnommé le

gayac des Allemands ; ils le regardent comme
fudorifique , & lui attribuent les mêmes propriétés qu'on a découvertes dans le gayac ; aussi le
recommandent ils dans la vérole. Le bois de
genievre est aussi fudorifique. On prétend
qu'il est doué des mêmes propriétés que le
gayac & le saffafras ; sa sciure peut pareillement s'employer en décoction contre les maladies vénériennes ; la seconde écorce de paliu-
vre est très-bonne, à ce qu'on dit, prise intérieurement en décoction, pour guérir les gonorrhées : on en pile aussi toute la plante, excepté le fruit, & on l'applique en cataplasmes
pour les clous, furoncules & autres tumeurs de
ce genre, même les vénériens, qui s'élevent
à la superficie de la peau. Il y a encore, Monsieur, plusieurs autres plantes, même dans ce
Royaume, dont on pourroit faire usage pour
les maladies vénériennes ; mais elles ne sont
pas aussi nombreuses que l'a prétendu M. Mit-
tié, dans la Dissertation qu'il vient de publier.
Si vous voulez connoître plus particuliérement,
Monsieur, les différentes plantes qui peuvent
convenir contre les maladies vénériennes, vous
pouvez consulter mon Dictionnaire des plantes,
arbres & arbustes de la France, & mon Histoire universelle du Regne Végétal, dont le
treizieme volume in-fol. du texte se trouve
imprimé actuellement, & le quatorzieme est
sous presse. Quelques-unes de ces plantes entrent dans la composition anti-vénérienne de
Marquet.

Je suis, &c.

Paris, ce 7 Février 1769.

LETTRE VII.

LETTRE VII.

Sur l'utilité des fumigations végétales dans la Phthisie & dans plusieurs autres maladies.

JE vous ai développé, Monsieur, dans une de mes Lettres, une nouvelle méthode pour traiter la pulmonie par le moyen de la fumigation humide & végétale ; je vous ai rapporté l'histoire d'un jeune homme, qui a été guéri par cette fumigation d'une phthisie contre laquelle tous les remedes ordinaires & usités avoient échoué. Cette cure, jointe à deux autres, qui ont été connues dans le temps, a engagé plusieurs personnes, même de cette Capitale, d'avoir recours à un moyen aussi salutaire ; différentes personnes m'ont consulté à cette occasion. Parmi celles auxquelles je l'ai conseillé, plusieurs ont été guéries, d'autres en ont reçu simplement quelques soulagemens, & il s'en est trouvé quelques-unes auxquelles ce remede n'a servi de rien. Voilà, Monsieur, l'exacte vérité ; c'est le résultat de plusieurs observations. J'ai trop le charlatanisme en horreur pour chercher à vous en imposer ici ; mais dans le grand nombre de personnes qui se trouvent attaquées de la phthisie, maladie que tous les Médecins regardent comme incurable, quand il ne s'en trouveroit que quelques-unes de guéries , ne seroit-ce pas toujours beaucoup que de sauver ce petit nombre ? & peut-on se refuser valablement à un remede, qui, loin de nuire , peut peut-être devenir salutaire au malade quelquefois même le plus désespéré? L'exemple d'une personne qui vient d'être guérie tout récemment par le moyen de la fumigation humide & végétale, ou, pour parler plus expressément, de ce remede vraiment physique, ne servira pas peu, à ce que j'espere, pour vous convaincre, Monsieur, de la vérité de ce que je viens de mettre en question.

Au mois de Novembre dernier, sur le bruit qui se répandit à Paris de ma méthode physique pour traiter la pulmonie, je fus appellé pour avoir soin du rétablissement de la santé de la nommée * * *, veuve d'un Marchand. La malade étoit âgée d'environ trente-trois ou trente-quatre ans, d'un tempérament vif, ayant depuis long-temps une poitrine fort délicate ; elle ressentoit de grandes douleurs entre les épaules, ne dormoit presque point, touffoit continuellement la nuit, crachoit des matieres purulentes, même du sang, avoit beaucoup de peine à respirer, & étoit attaquée d'une fievre lente: on remarquoit sur ses joues un coloris d'un rouge fouetté. Tous ces symptômes réunis, caractérisoient parfaitement bien une phthisie pulmonaire. Je commençai la cure de cette maladie par une saignée du bras. Ce qui m'y détermina d'autant plus, c'est que la malade, depuis peu, avoit craché du sang. Après un jour d'intervalle, je la purgeai uniquement avec la manne délayée dans un bouillon de veau. Cette médecine fit

plus de mal à la malade que de bien ; les douleurs du dos augmenterent, & la fievre devint
même un peu plus forte. Je pris alors le parti
de lui faire prendre, pendant quinze jours, trois
fois par jour, des bouillons pectoraux & béchiques avec le mou de veau coupé par tranches, & réduit en pâte, les carottes & les navets : le tout étant bien cuit, on en exprimoit
fortement le jus. Je recommandai à la malade,
pendant l'usage de ces bouillons, une diete
humectante & adoucissante. L'usage continué
de ces bouillons ne lui procura aucun soulagement ; je lui prescrivis pour lors l'opiat de Marquet. Ce Docteur assure avoir guéri avec cet
opiat une infinité de phthisiques. La malade en
prit, pendant trois semaines ou un mois, sans
néanmoins aucun changement manifeste. La
maladie paroissoit plutôt faire des progrès de
bien en mal, ou, pour mieux dire, de mal en
pis ; la fievre devenant de jour en jour plus violente , même avec redoublement , nul repos
pendant la nuit, la respiration plus difficile,
les douleurs du dos augmentant journellement.
Dans ces circonstances, je conseillai à la malade, pardessus son opiat, en qualité de véhicule, l'usage théiforme de petite centaurée coupée avec du lait. Cette infusion fit très bien ;
la fievre diminua un peu. Je profitai de ce moment pour mettre la malade totalement au régime laiteux, ce qui lui fit même plaisir. Elle
ne prenoit pour toute boisson, même pendant
la nuit, que du lait coupé avec de l'eau d'orge.
Ce régime calma un peu les douleurs ; mais
la malade étant devenue extrêmement foible,
je crus cependant être obligé, au bout d'un
mois de ce régime laiteux, de la purger avec

deux onces de manne. Tous ces médicamens, tout ce régime ne foulagerent pas la malade; les fymptômes reftoient toujours les mêmes, quoique dans un degré un peu inférieur. J'eus recours pour lors à mon moyen phyfique, comme au dernier remede. Je fis faire à la malade une machine propre aux fumigations humides & végétales; je lui fis avoir moi-même les plantes néceffaires pour cette fumigation, enfemble le baume & la térébenthine; je lui indiquai la maniere de faire cette fumigation; je lui recommandai expreffément de refpirer de quatre en quatre heures, au moyen de cette machine, une demi-heure chaque fois, la fumée de ces plantes & baumes, en bouchant bien fes narines, afin d'empêcher l'entrée de l'air extérieur, autant que faire fe pourroit. La malade fuivit exactement ce que je lui prefcrivis, & elle s'en trouva parfaitement bien; la fievre difparut infenfiblement; le fommeil fuccéda aux veilles; la toux ceffa & les douleurs du dos diminuerent ; le teint & l'embonpoint lui revinrent , comme à fon ordinaire ; elle eft actuellement affez bien portante : mais de peur de quelques récidives, qui font toujours à craindre dans ces maladies, je lui ai confeillé l'air de la campagne, l'ufage du lait d'âneffe pendant le mois de Mai, & la continuation de fa fumigation. La defcription de la machine propre aux fumigations humides fe trouve détaillée tout au long dans cet Ouvrage. Cependant, j'y ai fait quelques légers changemens, qui m'ont paru néceffaires dans la pratique; j'ai ajouté à côté de la machine, entre les deux anfes, un petit tuyau d'environ un pouce de diametre à l'intérieur, qui prend du fond d

la machine, & qui se termine aux deux tiers de
sa hauteur, en se recourbant un peu vers sa
partie supérieure. Ce tuyau est muni de sa cou-
verture, & est très-utile pour donner passage à
l'air. L'air extérieur qui pénetre dans la machine, par le moyen de ce tuyau, pousse la
fumée de la décoction chaude, vers l'orifice
supérieur de cette machine, auquel est appliquée la bouche du malade, ce qui rend la fumigation plus facile. Si l'on pouvoit avoir à
Paris du lait assez naturel pour remplacer l'eau
dans cette fumigation, elle n'en seroit que
plus béchique.

Puisque la fumigation humide convient dans
la phthisie, ne peut-on pas, à plus forte raison, la conseiller dans la toux? Rien ne soulage plus que d'avoir recours à cet expédient
le soir en se couchant. Au commencement
d'un rhume, lorsque la salive & les phlegmes
sont encore clairs, on parvient, par le moyen
de la fumigation, à rendre sa salive au point
de pouvoir facilement s'expectorer. Il faut
avoir soin, en faisant usage de la machine,
que la liqueur qui sert à la fumigation, ne
soit pas trop chaude, en sorte qu'on puisse
aisément supporter la fumée; car si cette liqueur
étoit trop chaude, elle pourroit causer quelques douleurs dans l'estomac. Le degré de chaleur qui lui convient est celui qu'a le sang,
lorsqu'il circule dans les veines. Quand la décoction est trop chaude, il faut la laisser refroidir, & couvrir bien pendant ce temps la
machine, afin d'empêcher l'évaporation des
parties volatiles des plantes; les mêmes herbes
ne peuvent servir qu'une ou deux fois au plus.

M. Lewenhoëck, grand Physicien, a imaginé

une méthode pour faire paſſer dans les pou‑
mons les particules balſamiques des baumes.
Notre machine eſt proprement la perfection
de cette méthode. Il eſt impoſſible, dit ce Sa‑
vant, & tout bon Praticien en Médecine doit
être de ſon avis, de trouver aucun véhicule
capable de faire paſſer réellement les baumes
dans les poumons, après qu'ils ont été reçus
dans l'eſtomac. Il n'y a point d'onguent, appli‑
qué extérieurement ſur la poitrine & ſur l'eſ‑
tomac, qui puiſſe auſſi atteindre aux poumons.
Pour que quelque remede parvienne de l'eſ‑
tomac ou des inteſtins aux poumons, il faut
qu'il paſſe par le cœur, par la voie de la cir‑
culation. L'onguent, appliqué extérieurement,
ne peut parcourir cette route. M. Lewenhoëck
a donc mis dans un morceau de toile fine
une petite quantité de cannelle forte & bien
broyée; l'ayant liée, il l'a placée dans un
tuyau de verre; puis appuyant ſa bouche à l'ex‑
trémité du tube, & tirant ſa reſpiration, il
s'eſt apperçu que les parties imperceptibles de
la cannelle deſcendoient dans ſes poumons,
d'où il a conclu qu'on pouvoit employer, pour
tranſmettre efficacement à la partie affectée
des poumons, les corpuſcules balſamiques &
médicinaux, la méthode ſuivante:

Prenez, dit-il, une piece d'argent, de la
grandeur d'un ſchelling; faites-y un petit trou,
& le rempliſſez d'un baume propre pour les
poumons. Le meilleur eſt celui du Pérou. Le
malade mettra cette piece ſous ſa langue, &
bouchant bien ſes narines, il attirera l'air dans
ſes poumons par la bouche; l'eſprit ou les
parties ſubtiles du baume s'exhaleront & deſ‑
cendront dans ſes poumons. La machine dont

il eſt ici queſtion pour la fumigation végétale, a, au premier coup-d'œil, un avantage bien ſupérieur à la méthode de M. Lewenhoëck, perſonne n'en peut douter : il ſuffit uniquement de la voir pour en être perſuadé ; l'expérience journaliere en eſt une preuve certaine. On ne peut donc aſſez en recommander l'uſage dans les maladies du poumon. Il n'y a point de partie du corps humain, de l'aveu même de tous les Médecins, qui ſoit expoſée à tant de maladies que ces viſceres. Il ne faut, dit M. Lewenhoëck, que paſſer dans un air froid, pour que cet air engendre des phlegmes, irrite les poumons, excite la toux. Le froid coagule aiſément les globules de ſang qui ſe trouvent dans les vaiſſeaux délicats du poumon ; ce ſont toujours les propres termes de ce Philoſophe profond. Ce fait, dit-il, eſt prouvé par bien des expériences anatomiques ; il prétend même que la plupart des maladies des moutons ne ſont occaſionnées que par un air froid ; ſes expériences, ſes obſervations, & les éclairciſſemens qu'il a tirés des Bouchers, lui en ont ſervi de preuves.

La machine pour la fumigation végétale n'eſt pas ſeulement propre pour les maladies du poumon, mais elle convient encore en pluſieurs autres circonſtances. Ceux qui ont le malheur d'avoir une haleine forte & puante, trouveront une grande reſſource dans cette machine ; une fumigation humide de plantes, aromatiques adoucira cette haleine. Cette machine peut encore être très-avantageuſe en temps de peſte contre les infections de l'air, en reſpirant par ſon moyen, pluſieurs fois le jour, la fumée humide de la rhue, de l'abſynthe & d'autres plantes ameres, qu'on regarde comme ſouveraines dans les cas peſtilentiels.

On ſe garantira par ce moyen de toute infection : on ne fera pas obligé d'avoir recours au tabac, ſoit pour fumer, ſoit pour mâcher, ce que bien des gens n'aiment pas. Les Mineurs & autres Ouvriers, qui, par leur état, ſont abſolument obligés de reſpirer un mauvais air, pourroient fort bien s'en garantir, ou du moins en éviter les mauvaiſes ſuites, en ſe muniſſant dans leurs mains d'une de ces machines, & en la rempliſſant juſqu'à moitié de vinaigre chaud; cela ne ſeroit pas pour eux ſi diſpendieux que la machine de M. Haller. J'ai vu, Monſieur, des perſonnes être guéries du mal de dents, en reſpirant uniquement, par le moyen de cette machine, la fumée du lait. Rien actuellement n'eſt plus en uſage à Paris que notre machine; ſon uſage ne peut être qu'utile à tous ceux qui ont des poitrines délicates : c'eſt un meuble en quelque façon de toute néceſſité pour les toilettes des Dames, qui ont pour la plupart une poitrine foible. La fumigation ne nuit à perſonne, ſoulage beaucoup les poitrinaires, & en guérit pluſieurs. Ne recourez pas, Monſieur, dans ces maladies, aux remedes pharmaceutiques; une diete convenable, un exercice modéré, une fumigation béchique, un air ſain & balſamique lui ſont infiniment ſupérieurs; c'eſt à la campagne qu'il faut aller au printemps, pendant la ſaiſon des fleurs, reſpirer un air ſalubre. Combien de maladies rebelles à tous les remedes, dit M. Andry, Médecin de Paris, dans une de ſes Theſes, ont été guéries par l'air de la campagne, principalement

au renouvellement des faifons! Tout revit pour
lors dans la nature; les prairies font émaillées
d'une infinité de fleurs, qui fe difputent à
l'envi leurs belles nuances & leurs odeurs;
les arbres éblouiffent par leur éclat, l'air re-
tentit de la douce mélodie des oifeaux, les
animaux fe careffent les uns les autres, & font
uniquement occupés de la reproduction de leurs
efpeces. C'eft dans cette charmante faifon que
s'émanent des fleurs continuellement des cor-
pufcules qui fe mêlent avec l'air que nous ref-
pirons, pénetrent même dans la propre fubftance de nos poumons, & s'infinuent à travers
les pores de la fuperficie de notre corps, ce
qui ne peut fe faire fans que le fang n'en circule
plus librement, que les efprits animaux n'en
foient plus animés, & que le fuc digeftif
n'en foit plus énergique, fi l'on peut fe fervir de ce terme métaphyfique.

Rien n'eft plus commun que de voir des perfonnes prêtes à mourir, récupérer une fanté
parfaite par une fimple promenade dans les
jardins garnis de fleurs odoriférantes; elles y
refpirent un air chargé de l'efprit recteur des
plantes. Combien de malades ne voyons-nous
pas tous les jours que les Médecins envoient
aux eaux, pour des affections très-graves, récupérer une fanté parfaite, en fortant même de
la Ville, par la refpiration de l'air pur & balfamique de la campagne!

Je fuis, &c.

Paris, ce 14 *Février* 1769.

LETTRE VIII.

Sur le changement à la construction de la Machine pour la Phthisie pulmonaire, & nouvelles vues & réflexions sur cette Maladie.

JE vous observerai ici, Monsieur, qu'outre la petite addition que j'ai été obligé de faire à ma machine pour la fumigation dont il est parlé dans la Lettre précédente, j'ai cru depuis devoir encore faire un autre petit changement, tant pour la commodité du malade que pour la réussite du remede. J'ai dit qu'en respirant par la bouche la fumée des plantes béchiques, il falloit boucher les narines, pour empêcher la communication de l'air extérieur. Je me suis apperçu que les malades en étoient fort génés. Pour obvier à cet inconvénient, j'ai fait joindre, à l'embouchure supérieure de la machine, une espece d'étui, pour y insérer le nez, & je me suis servi, pour l'ajoutoir, de fer blanc au lieu d'ivoire; par le moyen de cet étui, le nez ne respire aucun air, ou, s'il en respire, c'est l'air balsamique des plantes. J'ai indiqué, Monsieur, plusieurs fois & avec avantage, pour la cure de la phthisie, l'exercice modéré, l'équitation, un air épais & vaporeux : on feroit par conséquent très-bien d'avoir toujours dans la chambre du malade des baquets d'eau bouillante, d'où s'éleveroient continuellement des vapeurs, qui rendroient l'air plus épais : on pourroit aussi ajouter dans les baquets d'eau quelques scrupules d'essence de térébenthine & de baume ; l'air que le malade respirera continuellement en fera pour lors balsamique. Si la saison des fleurs regne dans le temps de la maladie, on fera bien d'en orner la chambre du malade ; j'en ai expérimenté plusieurs fois le succès : c'est la méthode des Médecins Allemands. Le lait est encore une excellente nourriture dans les cas de phthisies, sur-tout celui que nous fournissent les animaux au printemps, lorsque toutes les plantes sont en fleurs. De tous les laits, le meilleur est celui de femme, si on pouvoit procurer au malade une bonne nourrice bien constituée, exempte de passions, de tout vice & de toute maladie. Mais comme de pareilles nourrices sont souvent fort rares, on remplace leur lait par celui d'ânesse, qui n'a pas néanmoins la même analogie avec notre constitution ; & à défaut de lait d'ânesse, on a recours à celui de vache. Cependant, le lait ne convient pas à tous les phthisiques. Il y a de certains cas dans lesquels le lait, loin de procurer du soulagement au malade, lui devient nuisible ; c'est à la prudence du Médecin qu'on doit s'en rapporter pour le prescrire ou l'interdire, suivant les circonstances : quelquefois même un régime laiteux nuit, affoiblit trop le malade, qui est déja assez foible de lui-même. Quand, dans cette maladie, on est obligé d'avoir recours aux amers, pour donner le ton à l'estomac, il ne faut pas avoir recours au quinquina ; c'est un remede plus nuisible que salutaire : on fera mieux d'employer le bois de quassi. Ce bois est un excellent remede balfamique, propre à remplir cette indication; il a toutes les vertus du quinquina, fans en avoir les défauts. Les purées d'haricots, qu'on ordonne quelquefois aux phthifiques pour nourriture, font très-indigeftes; je n'en ai pas vu d'auffi bons effets que je m'y étois attendu: je penfe même que ces purées doivent être bannies du nombre des alimens qu'on confeille à ces fortes de malades.

Je fuis, &c.

Paris, ce 21 Février 1769.

LETTRE IX.

Sur la Flammule, efpece de clématite, re-
connue comme fpécifique dans plufieurs
maladies.

Vous connoiffez, Monfieur, les découvertes intéreffantes que M. Storck, Doyen de la Faculté de Médecine de Vienne, a faites fur différentes plantes qui avoient paffé jufqu'à préfent pour vénéneufes, & qui cependant, grace à cet habile Médecin, font devenues des remedes falutaires dans des maladies regardées jufqu'à préfent comme incurables. Ces plantes font la grande ciguë, l'aconit, le colchique automnal, la jufquiame & le ftramonium.

Une autre plante que M. Storck nous offre à préfent pour remede eft la flammule : fon ufage a paffé anciennement pour très-dangeteux ; cependant rien n'eſt plus efficace que cette plante pour pluſieurs maladies : les expériences ſuivantes pourront vous en convaincre. Les Botaniſtes l'appellent *clematis recta. Linn. Flammula recta. Pin. & flammula Jovis Off. veterum.* Elle croît aux environs de Montpellier. On en trouve en quantité, ſuivant M. Storck, dans les bois de la baſſe-Autriche, principalement parmi les brouſſailles. La flammule eſt vivace ; ſa tige eſt droite, ferme, rameuſe par le bas, haute de trois ou quatre pieds, & d'une couleur ſouvent rougeâtre ; ſes feuilles, de même que ſes rameaux, ſont placées à l'oppoſite : elles ſont grandes, aîlées, & ſe terminent par une foliole impaire ; ces folioles ſont oppoſées, au nombre de deux de chaque côté, ovalement lancéolées, très-entier, pétiolées, d'un verd foncé, un peu plus pâle à leur revers, d'une ſaveur âcre & brûlante : ſes fleurs paroiſſent au haut de la tige ; elles ſont nombreuſes, odorantes, & ont les mêmes caractéres que les fleurs de la clématite.

Si on les goûte ſimplement, elles excitent à l'inſtant une grande ardeur dans la bouche & ſur la langue ; & ſi on les y laiſſe un peu plus de temps, elles occaſionnent de l'inflammation, font élever de petites veſſies, & ulcerent les parties. Ces mêmes feuilles, lorſqu'elles ſont ſeches, ont une ſaveur acide, douceâtre, légérement aſtringente & un peu brûlante : les fleurs de la flammule mâchées produiſent pareillement une ardeur qui dure même très-long-temps ſur la langue & les parties voiſines. Cependant, malgré ces qualités cauſtiques, M. Storck prépare avec cette plante d'excellens remedes. Il en fait faire des infufions, un extrait & une poudre tant des feuilles que des fleurs. Voici, Monfieur, les formules fous lefquelles il les preferit.

Prenez feuilles feches de flammule, deux gros; hachez-les, & les faites infufer pendant un quart d'heure dans une fuffifante quantité d'eau chaude pour pouvoir en tirer une livre de co-lature, ayant l'attention de tenir bien fermé le vafe où vous les infufez, & de les laiffer bouillir un inftant fur la fin. On peut infenfi-blement rendre cette infufion plus forte en y mettant, au lieu de deux gros de feuilles, trois gros, & même une demi-once.

Quant à l'infufion des fleurs, elle fe fait à-peu-près de même. Prenez fleurs de flammule un gros; faites-les infufer pendant un demi-quart d'heure dans une fuffifante quantité d'eau chaude pour pouvoir en tirer une livre de co-lature. Si vous ajoutez le double ou le triple des fleurs, l'infufion en devient plus foncée: elle brûle légèrement la langue & la bouche; elle n'en eft pas néanmoins plus défagréable, fur-tout fi elle eft adoucie avec du fucre ou quelque firop. On fait prendre aux malades, dans les cas indiqués ci-deffous, deux, trois ou quatre fois par jour, de cette infufion, à la dofe de quatre onces chaque fois. L'extrait de flammule fe fait avec la plante en fon entier lorfqu'elle eft fraîchement cueillie. On en peut donner par jour depuis un grain jufqu'à trois, & même davantage, mais néanmoins toujours avec gradation. C'eft avec cet extrait qu'on pré-pare la poudre de flammule fuivant M. Storck. Prenez pour cet effet un gros de fucre blanc & trois grains d'extrait de flammule; triturez le tout dans un mortier de marbre pour le réduire

en poudre, que vous diviferez en fix dofes égales
pour prendre en deux jours trois fois chaque
jour.

Quand on veut fe fervir des feuilles de flammule pour pulvérifer, il faut prendre garde
que cette poudre ne fe porte vers les narines,
car elle y exciteroit non-feulement une grande
ardeur, mais encore dans la bouche & la poitrine. La poudre de ces feuilles peut néanmoins
très-bien fe prefcrire intérieurement, & même
avec toute fûreté. Vous prenez trois grains de
cette poudre, fix grains de fucre blanc ; vous
mêlez bien le tout dans un mortier de marbre,
& vous prefcrivez cette poudre à vos malades,
en deux ou trois prifes, dans l'efpace de vingt-
quatre heures. M. Storck a augmenté infenfiblement la dofe de la poudre de flammule, jufqu'à en faire prendre, tous les jours à fes malades, dix grains dans trois prifes, fans qu'il
leur en foit furvenu aucun accident.

Avant de faire ufage de cette plante pour
les hommes, notre Médecin de Vienne s'en eft
fervi, fuivant fa louable coutume, pour les
animaux. Il a donné à un petit chien, dans une
feule dofe, un gros entier de la poudre de
flammule : le chien, après en avoir pris, a dormi
plus d'une heure ; après quoi, il a rendu des
excrémens très-liquides, & il a beaucoup uriné.
Auffi-tôt il eft devenu fort gai, s'eft bien porté,
& dévoroit même tout ce qu'on lui préfentoit
à manger.

Un oifeau très-délicat avoit fur le fommet
de la tête une excroiffance fongueufe & ulcérée
de la groffeur d'une moyenne feve. M. Storck
répandit fur cet ulcere de la poudre de flammule. Dans moins d'un jour & demi toute l'ex-

croiſſance fut conſommée, & le petit oiſeau ne paroiſſoit pas en ſouffrir davantage; il mangea même fort bien.

Un porc d'un an étoit malade depuis huit jours : il ne mangeoit plus; il agitoit continuellement ſa tête, & en frappoit les murs; nuit & jour il ne faiſoit que crier. Le Pâtre qui en avoit ſoin avoit déja employé différens remedes pour le traiter, mais ſans aucun ſuccès. Il en déſeſpéroit même, diſant que tous les porcs qui avoient eu cette maladie en étoient morts. Cela ne rebuta pas M. Storck; il lui fit avaler ſoir & matin, à chaque fois, treize feuilles fraîches de flammule, ſans néanmoins remarquer aucun changement dans la bête malade. Il lui en fit enſuite donner vingt, & ce, trois fois par jour. En moins de trois jours le porc fut en parfaite convaleſcence. Il commença d'abord par devenir plus tranquille; enſuite il but; après quoi, il avala, même avec avidité, tout ce qu'on lui donna. Après quelques ſemaines il reprit ſon embonpoint ordinaire.

Telles ſont, Monſieur, les expériences que fit M. Storck ſur les animaux; mais ces expériences, toutes utiles qu'elles ſoient en pareil cas, ne le ſont pas encore ſuffiſamment, ſi elles ne peuvent s'appliquer avec les mêmes ſuccès aux maladies des hommes. On trouve dans le petit Traité de M. Storck ſur la flammule vingt-quatre obſervations faites ſur des perſonnes qui en ont fait uſage en différentes maladies. Je vais, Monſieur, vous les rapporter dans cette Lettre. Vous vous intéreſſez trop au bien de l'humanité, pour ne pas vous en faire part à l'inſtant.

Une femme, âgée de 57 ans, avoit un ulcere vénérien, accompagné de carie des os voisins, & étoit affligée d'un mal de tête des plus violens & des plus opiniâtres. On lui fit prendre du mercure sublimé avec l'esprit-de-froment. La partie cariée de l'os se sépara, & l'ulcere se cicatrisa : mais la douleur de la tête demeura toujours la même ; & aucun remede, quoique très-fort, & continué pendant long-temps, ne put l'appaiser. Le 16 Juillet 1768, la malade commença à faire usage de l'infusion de feuilles de flammule, & elle en prit trois fois par jour un verre de quatre onces. Trois jours se passerent sans aucun changement notable, sinon que l'urine fut chez elle plus copieuse. Le 19 Juillet la douleur de tête diminua pendant le jour ; elle revint néanmoins sur le soir aussi vivement : mais le 21 du même mois elle cessa entiérement. La malade commença à jouir d'un sommeil tranquille pendant toute la nuit, chose qu'elle n'avoit pu faire auparavant, malgré la quantité d'opium qu'elle avoit pris jusqu'alors. Elle eut pendant cette nuit une abondante sueur ; ce qui lui procura une guérison complette.

Une femme, âgée d'environ 30 ans, ressentit la même efficacité de l'infusion susdite dans un mal de tête des plus opiniâtres. Ce remede fit suer abondamment la malade, & elle s'en trouva bien vîte soulagée.

Un homme de 31 ans avoit, dans la levre supérieure de la bouche, un chancre des plus mauvais, ulcéré & fongueux : le volume de ce chancre étoit considérable & d'un fort vilain aspect. Depuis près d'un an ce Particulier faisoit usage de toutes sortes de remedes, même des plus accrédités, qui lui apporterent à la vérité un peu de foulagement, mais qui ne firent pas néanmoins diminuer le chancre. Le mal augmentoit même peu-à-peu, & il n'y avoit prefque plus d'efpérance de guérifon. J'ai voulu expérimenter, dit M. Storck, quel effet pourroit produire dans cette maladie la flammule. On donna en conféquence intérieurement au malade de l'infufion de cette plante, & on répandit deux fois par jour extérieurement de fa poudre fur la partie chancreufe. Dans les premiers jours la douleur augmenta, & il fortoit de la partie affectée une plus grande quantité de matiere ichoreufe; mais enfin peu-à-peu la maffe entiere du chancre fut confommée, & l'ufage, tant intérieur qu'extérieur de cette plante, cicatrifa entiérement la partie ulcérée.

Un homme, âgé d'environ 30 ans, ayant négligé un mal vénérien dont il étoit attaqué, fe trouva tout-à-coup couvert d'ulceres ichoreux, fétides, traçans & des plus mauvais fur le vifage, fur tous les membres, en général fur tout le corps. La levre inférieure de fa bouche étoit enflée, ulcérée profondément & chancreufe, & il reffentoit des douleurs très-vives, quoique momentanées. Bientôt après l'ulcere fe nettoya; la matiere ichoreufe commença à moins puer; la partie de l'os carié vacilla un peu, & la chair baveufe & pourrie fe confomma entiérement par l'ufage continué de ce remede. Le pus devint louable; les levres de l'ulcere, autrefois enflées, inégales & d'une très vilaine couleur, défenflerent & prirent une forme naturelle : enfin la grande partie de l'os carié tomba, la cicatrice fe forma peu-à-peu, & l'ulcere difparut.

Voilà, Monfieur, bien des obfervations qui

doivent nous faire regretter de ne nous être pas servis plutôt de cette plante : mais ce n'est pas encore toutes celles qu'a publiées M. Storck. Une femme, dit-il, âgée de 27 ans, avoit, dans la cuisse gauche, une excroissance chancreuse, ulcérée & très distendue : on appliqua dessus extérieurement de la poudre de flammule, & on lui donna intérieurement de l'infusion de la même plante. L'usage extérieur de cette poudre occasionna d'abord une grande cuisson à la malade, comme elle le fait pour l'ordinaire, & son infusion la fit uriner copieusement. Dans l'espace de quelques semaines, plus de la moitié de la partie carcinomateuse fut consommée, & le pus devint louable : après quoi, la malade ne voulut pas rester plus long-temps à l'Hôpital, & elle en sortit sans être guérie.

Un homme, âgé de 36 ans, avoit, sur le dos de la main droite, une excroissance fongueuse, ronde, large de trois pouces, & élevée de plus d'un pouce, qui étoit entiérement ulcérée. L'application de la poudre de flammule en fit sortir à l'instant une matiere ichoreuse très-abondante & d'une puanteur énorme. Elle consomma ensuite toute l'excroissance, même sans douleur, & l'ulcere devint net, applati, & se cicatrisa parfaitement.

Un jeune homme, âgé de 17 ans, avoit été attaqué d'une gale humide depuis un an : la peau de tout son corps en étoit entiérement dévorée. On lui donna de l'infusion de flammule, & on le lava en même temps, deux fois par jour, avec la même infusion. Dans l'espace de six semaines, la gale disparut entiérement, & les érosions de la peau furent totalement consolidées. Tous les autres remedes qu'il avoit pris auparavant n'avoient pu rien faire sur son état.

Une fille, âgée de 25 ans, avoit, depuis plusieurs années, des ulceres en quantité qui se répandoient sur son col, sur son visage & sur une partie chevelue de la tête. Ces ulceres n'étoient pas à la vérité profonds ; mais il en distilloit continuellement une humeur ichoreuse très-âcre & très-abondante, & la malade ressentoit aussi dans ces parties une grande cuisson. On lava tous les jours deux fois l'endroit affecté avec l'infusion de flammule, & on lui en fit prendre en même temps intérieurement : elle s'est rétablie très-bien & insensiblement.

Un homme, âgé de 63 ans, ayant eu une gonorrhée qui avoit été mal traitée, étoit tourmenté de grandes douleurs dans les membres depuis près de 12 ans. Il prit de l'infusion de flammule : les douleurs diminuerent ; mais le testicule droit enfla, & lui fit beaucoup de douleur. On appliqua les cataplasmes émolliens, & on lui donna des purgatifs. Cette tumeur a disparu ; il a rendu par les urines une matiere en forme de pus, & la douleur des membres cessa totalement.

Un homme, âgé de 68 ans, avoit une maladie à-peu-près semblable à celle qui se trouve rapportée dans la premiere observation sur cette plante. Il prit l'infusion de flammule ; mais il n'en ressentit aucun soulagement , quoiqu'il rendît copieusement de l'urine.

Une fille, âgée de 32 ans, étoit tourmentée, depuis près de 7 ans, d'une douleur de tête continuelle & très-violente : elle étoit même souvent obligée de rester pendant plusieurs jours au lit. Elle fit usage de l'infusion de fleurs de flammule, & elle s'en trouva beaucoup soulagée. Enfin la douleur entiere cessa, & déja, depuis plusieurs semaines, sa tête paroît entiérement libre.

Une femme, âgée de 46 ans, avoit, depuis un an, dans la jambe gauche, un ulcere putride qui répandoit une odeur très-puante, & qui étoit plein de chair fongueuse. On appliqua dessus de la poudre de flammule. Le premier jour la douleur en fut si grande, que la malade tomba presque évanouie : cependant cette douleur ne fut que momentanée. Un autre jour cette poudre occasionna une grande cuisson, & l'ulcere rendit une quantité de sérosités. Les jours suivans la flammule ne causa presque plus aucune douleur ; il distilla seulement de l'ulcere une quantité d'humeur qui étoit d'abord très-puante & fort âcre ; ensuite la chair fongueuse se consomma insensiblement, l'ulcere se nettoya, les levres calleuses de la plaie devinrent molles, & enfin tout se cicatrisa parfaitement.

Une fille, âgée de 32 ans, avoit, sur la partie antérieure du col, une excroissance charnue & excoriée. On saupoudra cette excroissance de flammule pulvérisée. Il se fit sentir pour lors une légere cuisson dans la partie affectée, & il en sortit les quatre premiers jours une quantité abondante de matiere ichoreuse. On ne s'apperçut plus ensuite d'aucun autre effet, & le mal n'augmenta ni ne diminua, quoiqu'on ait appliqué de ce remede pendant plusieurs semaines.

Un jeune homme, âgé de 20 ans, avoit l'ex-

trémité de la partie enflée ; ſes yeux étoient
enflammés, élevés & opaques ; les paupieres
étoient rongées profondément, & diſtilloient
une humeur ſéreuſe très-âcre ; ſa ſalive étoit
en outre claire, menue, putride, très-âcre, &
couloit continuellement de ſa bouche : en un
mot, perſonne ne pouvoit rencontrer ce miſé-
rable ſans en avoir horreur. Pendant deux années entieres on lui appliqua toute ſorte de
remedes tant internes qu'externes ; & comme
on n'en remarquoit aucun effet, on le regardoit déja comme incurable. Comme j'avois remarqué, dit M. Storck, quelques bons effets
de la flammule, je voulus encore l'eſſayer ſur
ce malheureux.

Le 16 Juillet 1768, il commença à uſer de
l'infuſion de cette herbe, & on répandit en
même temps de la poudre de la même plante
ſur le chancre de la levre & ſur les autres ulceres du corps où la chair ſe trouvoit corrompue
& les bords calleux. Quant aux autres ulceres
qui n'étoient pas ſi profonds, & d'où découloit néanmoins une humeur ichoreuſe, fétide,
on les lava pluſieurs fois par jour avec l'infuſion de flammule.

Le 20 du même mois, c'eſt à-dire, quatre
jours après, l'urine coula plus abondamment,
& la ſalive, qui diſtilloit de la bouche du malade, n'étoit plus ſi âcre, ni ſi fétide, ni ſi
diviſée ; mais elle commençoit déja à filer : les
ulceres étoient en outre de meilleure nature,
& les forces étoient un peu revenues.

Le 24e, le chancre, qui étoit ſur la levre
de la bouche, ne s'élargit plus ; la chair baveuſe & pourrie fut conſommée entiérement

dans tous les ulceres sans douleur ; les ulceres même se nettoyerent, & les forces devinrent encore meilleures.

Le 28, la salivation cessa entiérement ; le flux assez copieux d'urine continua, & les bouches calleuses du chancre se dissiperent. Quelques ulceres se cicatriserent ; les forces du malade augmenterent toujours de plus en plus : il put s'asseoir librement dans son lit ; il se leva même sur son séant sans aucun aide, & il mangea avec appétit tous les mets qu'on lui présenta.

Le premier Août, les forces lui revinrent si grandes, qu'il put se lever de son lit & se promener, quoique lentement, à l'aide d'un autre. Les ulceres se cicatriserent ; la chair baveuse fut presqu'entiérement consommée ; les levres calleuses s'évanouirent totalement, & déja dans la circonférence on remarquoit une cicatrice prochaine ; les paupieres des yeux commencerent à se guérir ; la rougeur de ces mêmes yeux fut beaucoup diminuée, & ils devinrent même luisans, d'opaques qu'ils étoient.

Au commencement du mois de Septembre, le chancre de la levre de la bouche fut entiérement guéri par l'usage continué de notre remede, & presque tous les ulceres du corps disparurent ; l'ophtalmie cessa entiérement ; les yeux furent dans leur état naturel ; les forces & l'appétit se maintinrent, & les nuits furent tranquilles.

Le 24 Septembre, il s'éleva sur tout le corps du malade des pustules qui tenoient de la gale, & à l'aîne gauche il parut un bubon considérable & dur. On appliqua sur ce dernier les remedes émolliens & suppuratoires. On ne fit prendre au malade aucun remede intérieur que l'infusion de flammule : le bubon ne put venir en suppuration, malgré tous les remedes extérieurs, mais il a disparu peu à-peu ; les pustules se sont aussi desséchées. On a toujours continué de donner chaque trois jours au malade de l'infusion de flammule : on le purgea fortement, & il récupera enfin sa santé. Peut-on, Monsieur, trouver une cure plus merveilleuse ?

Un autre homme, âgé de 40 ans, à la suite d'une gonorrhée mal traitée, se trouva attaquée de la vérole. Il s'est formé sur tout son corps des ulceres vénériens assez profonds, fétides, distillant une matiere ichoreuse & âcre, dont plusieurs avoient les levres dures, corrodées : il s'accrut encore dans la plupart une chair fongueuse. Le malade se trouvoit dans une espece de phthisie, & il passoit de très-mauvaises nuits. Depuis six mois, on employoit pour la guérison de cet homme, tant intérieurement qu'extérieurement, les remedes qu'on croyoit les plus efficaces. Il en paroissoit d'abord soulagé : mais bientôt après la maladie reparoissoit plus que jamais ; elle augmentoit même considérablement. On donna à ce malade, trois fois par jour, un verre d'infusion de flammule ; on saupoudra les ulceres avec cette même plante desséchée trois fois par jour : on ne tarda pas long temps à en voir de bons effets. En peu les ulceres se nettoyerent ; la chair fongueuse se consuma, les forces revinrent, l'appétit prit le dessus, les nuits furent tranquilles, & dans l'espace de deux mois, ce malade fut si parfaitement guéri, qu'il se trouva en état de travailler pour gagner sa vie. Cependant il ne

laissa

laiſſa pas de continuer l'uſage de cette infuſion pendant quelques ſemaines, pour détruire tout le levain qui pourroit être reſté d'un pareil mal.

Une femme, âgée d'environ 20 ans, avoit à la cuiſſe gauche un grand ulcere putride, & rempli inégalement de chairs fongueuſes. Après avoir employé toutes ſortes de remedes, elle eut recours à notre flammule : on répandoit à l'extérieur ſur cet ulcere la poudre de cette plante, & on lui en faiſoit prendre à l'intérieur l'infuſion. Les premiers jours cette poudre excita une ardeur fort vive, & il ſortit du ſang de l'ulcere : enſuite elle ne procura plus aucune douleur, & l'humeur ſanieuſe ſe changea en pus louable; la chair fongueuſe diſparut peu-à-peu, & l'ulcere devint très-rouge, & ſemblable à une plaie récente. On continua intérieurement & extérieurement l'uſage de la flammu'e, juſqu'à ce que l'ulcere fût entiérement cicatriſé. Une choſe, Monſieur, qui mérite ſpécialement votre attention dans cette obſervation, c'eſt que la poudre de flammule, qu'on répandit ſur l'ulcere lorſqu'il fut nettoyé, n'occaſionna plus aucune douleur, & ne conſuma pas la chair ſaine, comme elle avoit conſumé auparavant la baveuſe.

Une femme, âgée de 30 ans, dit M. Storck, depuis plus d'un an avoit dans chaque jambe des eſpeces de nœuds vénériens : la partie des os la plus prochaine de l'articulation du coude droit étoit prodigieuſement groſlie; elle ne pouvoit remuer les mains, ni fléchir le bras; elle étoit en outre chargée d'ulceres d'un très mauvais caractere ſur le viſage, les bras & tout le corps; elle ſouffroit encore violemment, ſurtout pendant la nuit, de tous ſes membres.

La grande quantité de remedes qu'elle prit, & dont la plupart étoient très-vantés dans de pareilles maladies, l'affoiblirent confidérablement fans la guérir; elle devint au contraire extrêmement maigre, & le mal alla toujours de mal en pis. Elle prit en cet état de l'infufion de flammule : cette infufion lui occafionna d'abord une fueur très-copieufe pendant la nuit; après quoi, elle en prit pendant quinze jours fans s'appercevoir d'aucun changement. La quinzaine paffée, fes douleurs diminuerent un peu : enfin elles cefferent tout-à-fait; les prétendus nœuds difparurent, les ulceres fe confoliderent, & les forces revinrent : mais fon coude droit demeura toujours immobile, & la tumeur de cette partie étoit toujours la même. On lui donna pour lors, outre l'infufion de flammule, le foufre doré d'antimoine, & elle parvint par là infenfiblement à pouvoir remuer fon bras.

Un homme, âgé d'environ 50 ans, continue M. Storck, avoit à la cuiffe droite un ulcere putride des plus fordides, invétéré, ferpentant, confidérable & plein de chair fongueufe inégale. On faupoudra cet ulcere deux fois tous les jours avec de l'herbe de flammule defféchée & pulvérifée. Les premiers jours le malade reffentit une grande cuiffon & douleur dans la partie affectée, qui ne duroit pas néanmoins plus d'un quart d'heure; enfuite la chair fongueufe commença à fe confumer, & dans l'efpace d'environ douze jours l'ulcere fe nettoya, devint plat & d'une couleur vive. On eut beau enfuite répandre deffus de la poudre de flammule, elle n'y occafionna plus aucune douleur, & enfin, par ce feul remede extérieur, la cicatrice fe forma très-bien, & le malade fut guéri.

Un homme, âgé de 40 ans, attaqué de maladies vénériennes, avoit sur la levre supérieure un cancer d'une très-mauvaise espece, ulcéré, fongueux; son nez étoit en outre couvert de tubercules grands, calleux, douloureux, qui insensiblement devinrent ulceres, & d'où distilloit une humeur ichoreuse, âcre & puante. On administra à ce malade, comme il est d'usage en pareil cas, les anti-vénériens : mais ces remedes lui devinrent inutiles; le cancer s'étendit même davantage. On eut pour lors recours à la flammule ; on en saupoudra l'ulcere, & on en fit prendre intérieurement au malade l'infusion. Les premiers jours le malade ressentit à chaque pansement avec la poudre une douleur très-vive qui cessoit néanmoins après quelques minutes. Au bout de quinze jours, l'ulcere de la levre se nettoya, & il ne fit plus de progrès en serpentant; la douleur cessa ensuite entiérement : enfin les levres calleuses de la plaie disparurent, & en moins d'un mois & demi le malade fut parfaitement guéri. Quant aux tubercules qui occupoient le nez, ils étoient plus opiniâtres; & quoique les petits ulceres paroissoient se cicatriser de temps en temps, ce n'étoit que légérement ; bientôt après ils s'ouvrirent, & il en découloit une sérosité âcre : d'ailleurs, la dureté de ces tubercules paroissoit tenir de celle des cartilages ; c'est pourquoi il fallut beaucoup plus de temps pour les guérir.

Un homme, âgé d'environ 20 ans, avoit, aux environs du malléole extérieur de la jambe gauche, un ulcere gangreneux considérable & très-fetide : l'os de la cuisse étoit aussi beaucoup endommagé ; il y avoit même carie. On prescrivit au malade tout ce qu'on crut de plus

efficace dans pareil cas, & qui foulageoit ordinairement les autres. On appliqua auffi extérieurement les plus forts antifeptiques. On parvint, il eft vrai, à empêcher le progrès de la
gangrene ; mais les chairs gangrenées ne fe fé-
parerent point, & l'ulcere demeura toujours
dans le même état avec une pareille fétidité.
On appliqua en conféquence deux fois par jour
fur cet ulcere de la poudre de flammule : elle
occafionna les premiers jours des hémorrhagies
légeres, & accompagnées d'excroiffances fon-
gueufes à demi-pourries. On appliqua deffus
de la poudre de flammule : elle caufa d'abord
une grande cuiffon qui fut fuivie d'hémorrhagie légere ; & dans l'efpace de quelques femaines, le mal fut entiérement guéri par ce
feul remede. Dans les ulceres de l'uretre, l'infufion de flammule prife intérieurement, & in-
jectée dans la partie affectée, a fouvent très-
bien réuffi.

Un enfant, âgé de 7 ans, avoit, depuis 3
ans, une tumeur confidérable, dure, qui occu-
poit toute l'articulation fupérieure de l'os de la
cuiffe droite ; le fémur en étoit devenu immobile, & la douleur en étoit fi continuelle, que
l'enfant ne pouvoit dormir : il commençoit déja
même à devenir en chartre. On remarquoit
en outre, dans la partie inférieure de cette
tumeur, un ulcere finueux d'où diftilloit toujours une humeur ichoreufe fort âcre. Il fit
ufage de l'infufion de flammule ; la douleur diminua infenfiblement ; la tumeur fe diffipa : il
remua fa cuiffe ; & au lieu de liqueur ichoreufe, il fortoit de la tumeur un pus louable.

Une perfonne avoit fur la levre inférieure
un cancer très-mauvais & ulcéré. On y appliqua

de la poudre de flammule ; le mal diminua
visiblement ; la salivation, qui avoit affoibli
beaucoup le malade , cessa ; & il n'y a point
de doute, disoit pour lors M. Storck, qu'elle
ne récupérât en très-peu de temps une santé
parfaite.

Enfin , M. Rechberger, Chirurgien de l'Hôpital Saint-Marc, se servit avec beaucoup de
succès de la poudre de flammule pour guérir un
cancer fongueux & ulcéré aux mamelles. La
chair fongueuse se consuma totalement sans
douleur , & la cicatrice se forma parfaitement.

De toutes ces observations , vous devez,
Monsieur, conclure avec M. Storck , 1°. qu'on
peut donner en toute sûreté la flammule aux
malades ; 2°. que la poudre de cette herbe,
employée extérieurement, est très-efficace dans
les maladies chroniques, puisqu'elle consume
les excroissances fongueuses & charnues, qu'elle
nettoie les ulceres sordides , & qu'elle les guérit
peu-à-peu ; 3°. que , quoique cette poudre consume les chairs fongueuses, elle ne corrode pas
néanmoins celles qui sont vives & saines ; mais
elle les couvre d'une petite peau, ce qui est
surprenant ; que la poudre de flammule doit
être préférée à tout remede caustique usité &
connu jusqu'à présent, toutes les fois qu'il
se trouve des chairs fongueuses ; 5°. que souvent la poudre de flammule guérit seule un cancer ulcéré ; 6°. que souvent aussi elle guérit
les ulceres malins ; 7°. que néanmoins cette
poudre n'est pas un remede universel pour tous
les chancres & ulceres ; 8°. que l'infusion de
flammule donnée intérieurement fait quelquefois
très-bien dans les douleurs continuelles de la
tête ; 9°. que cette même infusion guérit les

douleurs les plus opiniâtres des os, & que quelquefois elle diffipe les reftes des maladies vénériennes qui ont réfifté à tous les remedes qu'on auroit pû employer; 10°. qu'elle fait encore un très-
grand bien dans la gale & gratelle les plus opiniâtres, & dans les ulceres ichoreux; 11°. qu'elle
corrige les différentes âcretés du corps, & que
dans quelques maladies elle provoque l'urine,
dans d'autres la fueur, & que rarement elle fait
aller à la felle; 12°. que l'effet de cette plante
eft le même, foit qu'on l'emploie en poudre
ou en extrait; 13°. que la flammule n'a produit
aucun mauvais effet, & qu'elle n'a jamais trou-
blé, en aucune façon, les fonctions du corps,
foit vitales, foit animales; 14°. enfin, que la
poudre de flammule, répandue fur les ulceres,
y occafionne les premiers jours une grande
cuiffon; mais peut-être qu'elle ne feroit pas fi
grande, fi on l'employoit en plus petite quantité.

Après des obfervations auffi conftatées, pour-
riez-vous encore douter, Monfieur, un inftant
de l'efficacité des plantes? Où trouver dans les
préparations chymiques & dans les fubftances
minérales des remedes auffi efficaces que dans
les végétaux?

Je fuis, &c.

Paris, ce 28 Février 1769.

LETTRE X.

Sur la Ciguë.

LA ciguë est actuellement, Monsieur, si connue dans la République Médicinale, qu'elle mérite d'occuper la premiere place parmi les plantes qui passent pour vénéneuses. Nous ne devons pas nous contenter de la connoissance de celles qui sont salutaires; il se trouve dans le regne végétal des poisons, je ne dis pas absolus, mais relatifs du moins quant à nous. Nous avons un instinct très-marqué à les éviter; motif sans contredit bien puissant pour nous faire annuller toutes les observations qui décelent ou qui vérifient les mauvais effets des plantes nuisibles. Deux observations sur ce genre vont faire pour la plus grande partie le sujet de cette Lettre.

La premiere est de M. Riviere, & a été communiquée par ce savant Médecin à l'Académie de Montpellier le 28 Mai 1708. Elle roule sur la ciguë ordinaire, si commune dans nos jardins, qui a une ressemblance parfaite avec le persil, & à qui Gaspard Bauhin a donné le nom de *cicuta minor, petroselino similis*. Le fait dont il est question dans cette observation, est arrivé à Servian, Diocese de Béziers. En voici le détail.

Une fille de 8 à 9 ans fit bouillir, sans la connoître, une poignée de ciguë qu'elle avoit coupée menue pour en faire, avec de la mie de pain & des œufs, une farce. Le pere & la mere venant de leur travail, en mangerent avec leur famille, fans y trouver néanmoins aucun mauvais goût. Le lendemain le pere fut incommodé d'un grand mal de tête, avec affoupiffement : il ne pouvoit dormir debout. Cet accident fut fuivi d'un vomiffement & d'un flux de ventre ; le pouls étoit petit & fréquent. Tous les autres fe trouverent en même temps plus ou moins malades ; les remedes qu'ils prirent ne les foulagerent point, & le furlendemain une petite fille de 7 à 8 ans mourut la premiere : le pere, âgé de 45 ans ou environ, ne lui furvécut que d'un jour. Il eut, avant de mourir, les extrémités froides & le pouls prefqu'imperceptible. On ouvrit le cadavre, & on trouva une férofité noirâtre dans l'eftomac ; le foie dur & tirant fur le jaune, & la rate de couleur livide ; le corps n'étoit point enflé ; la bouche étoit noire. Le lendemain de cette mort, une autre fille de 16 à 18 ans mourut auffi, après avoir fouffert de grandes inquiétudes, & avoir eu le mal de tête, le vomiffement & la fievre comme les autres. La mere & trois autres enfans qui lui reftoient, dont elle nourriffoit le plus jeune, éprouverent les mêmes accidens ; mais ils eurent le bonheur d'y réfifter : ils avoient fans doute moins mangé du fatal ragoût. Quoi qu'il en foit, ils furent guéris tous quatre par une prife de bonne thériaque, mêlée avec de l'eau-de-vie ; remede affez connu, qu'une perfonne charitable leur donna. Peut-être que les autres fe feroient pareillement tirés d'affaire, s'ils euffent pris le même contre-poifon.

M. Riviere, qui étoit entré dans les détails de ce fait, en fit dans cette même Séance Aca-

démique le parallele avec les obfervations qui
fe trouvent rapportées dans les Auteurs fur les
mauvais effets de la petite ciguë. Pre'que tous
affurent, dit-il alors, qu'elle trouble l'efprit,
excite des vertiges, des délires, des accès de
phrénéfie ou de manie; qu'elle rend les extrémités froides; qu'elle donne le hocquet, le
cholera-morbus, la diarrhée. Les Ephémér. des
des Curieux d'Allemagne font pleines d'obfervations qui conftatent tous ces fymptômes.

Cependant il ne faut pas s'imaginer, ajoute
M. Riviere, que tous ces funeftes effets que
je viens de décrire d'après ces Auteurs, carac-
térifent effentiellement par leur réunion l'état
des perfonnes empoifonnées avec cette perni-
cieufe plante. Tout ce que je prétends, c'eft
que la plupart de ces perfonnes ont au moins
éprouvé, comme dans l'obfervation que je viens
de donner, une partie de ces fymptômes dangereux, ou d'autres fymptômes analogues fort
approchans.

Le Rédacteur des Mémoires de l'Académie
de Montpellier d'où cette obfervation eft extraite, remarque très-judicieufement qu'elle eft
actuellement bien moins intereffante qu'elle ne
l'étoit du temps que l'Obfervateur en fir part.
Des recherches plus approfondies ce font, Monfieur, les propres termes de cet Auteur érudit)
nous ont fait connoître, avec plus de précifion
& de fûreté, la maniere d'agir de la plupart
des poifons; & on fe garde bien maintenant
de chercher à prouver, par exemple, que la
cigue, comme beaucoup d'autres plantes auffi
nuifibles, n'eft pas un poifon froid; qu'elle
agit en diffolvant, & non en coagulant: mais,
dans le temps de l'obfervation de Servian, cette

vérité, qu'on a mife depuis hors de doute, étoit fort conteftée. Il n'eft donc pas étonnant que M. Riviere qui la connoiffoit, ait faifi tout ce qu'il jugeoit pour lors propre à l'établir. C'eft principalement dans cette vue qu'il fit part à fa Compagnie de cette obfervation, & que l'ayant rapprochée de ce qu'on trouve là-deffus dans les Auteurs, il en tire les conféquences qui vont affez directement au but qu'il s'étoit propofé.

La deuxieme obfervation que je vous ai promife, Monfieur, fur cette plante, eft du Docteur Marquet, Médecin Lorrain; mais, comme il en eft fuffifamment queftion dans quelques-autres de mes Ouvrages, il eft inutile de la rapporter ici. Ces deux obfervations doivent effentiellement vous convaincre du danger de la petite ciguë parmi vos alimens. Vos Cuifiniers ne peuvent affez prendre de précautions lorfqu'ils emploient le perfil, pour ne pas la confondre avec lui, auquel elle reffemble fi fort, & parmi lequel elle croît communément. Ils doivent encore veiller à ce que la racine de cette plante ne fe trouve mêlée avec d'autres racines qu'ils fervent quelquefois fur votre table. C'eft à vous-même, Monfieur, fi vous ne voulez courir aucun rifque de ce poifon, de porter votre attention à cet objet.

La grande ciguë n'eft pas moins vénéneufe que la petite; elle a caufé quelquefois la mort par un fimple affoupiffement, ce qui fait conjecturer que le fuc de la grande ciguë entroit dans le breuvage employé communément fous ce nom, dont les Athéniens étoient en ufage de fe fervir pour donner la mort aux criminels: & en effet vous pouvez remarquer, par le récit de la mort de Socrate, que les personnes qui avoient avalé ce fatal breuvage, mouroient fort doucement, sans convulsion & sans douleur. Cependant il paroît plus probable que cette ciguë qu'on faisoit boire aux criminels n'étoit pas le simple suc d'une seule plante, mais un breuvage composé, qui devoit son nom à la grande ciguë, dont le suc étoit, selon toutes les apparences, un des principaux ingrédiens.

La grande ciguë, malgré cette qualité vénéneuse, peut nous rendre de grands services. Appliquée extérieurement, elle est résolutive, & produit souvent de bons effets : son extrait, pris intérieurement à très-petite dose & avec beaucoup de précaution, est un excellent remede contre plusieurs maladies. C'est ce qui résulte des observations de M. Storck, qui a fait sur d'autres plantes non moins dangereuses des expériences semblables avec la même circonspection.

M. Storck recommande sur-tout l'extrait de ciguë dans les cancers & les tumeurs glanduleuses. Il rapporte différentes cures opérées par ce remede : plusieurs Médecins, qui ont eu le courage de marcher sur les pas de M. Storck, ont eu le bonheur de réussir quelquefois comme lui. Je ne vous rapporterai ici qu'une cure opérée par cet extrait ; elle a été dirigée par M. Cupers, Médecin Lorrain. La personne sur laquelle s'est opérée cette cure, étoit une demoiselle de Nancy, d'une famille illustre dans la Robe, âgée d'environ 40 ans. Elle avoit depuis long-temps une tumeur au sein qui menaçoit d'un cancer. Elle fit usage, pendant 5 ou 6 mois, de l'extrait de ciguë, à la dose prescrite par M. Storck, & suivant les conseils de ce Médecin. Elle obferva pendant ce temps le régime le plus ftrict ; mais elle en fut bien dédommagée par la diminution infenfible de fes glandes engorgées qui difparurent entiérement, & qui n'ont plus reparu depuis près de 4 ans qu'elle eft guérie (année 1769) Je me rappelle auffi avoir ouï dire par M. Roquille, Chirurgien-Major des Grenadiers de France, qu'il avoit guéri, par le moyen de l'extrait de ciguë, un grenadier dont les glandes du cou étoient confidérablement tuméfiées. Cependant cet extrait n'eft plus d'ufage dans cette Capitale. Les Médecins de Paris prétendent qu'elle n'y produit aucun effet fenfible Cela provient peut être de ce que les malades ainfi que j'en ai été témoin plufieurs fois, ne veulent pas s'aftreindre à un régime auffi gênant & auffi long qu'on eft obligé de le garder lorfqu'on prend ce remede ; car il n'agit qu'à la longue. Un fait tout récemment arrivé, prouve la vérité de cette propofition.

Un Graveur de Paris, ami de M. Machy, Apothicaire de cette Ville, avoit la plus grande partie de fes glandes toutes engorgées & extrêmement tuméfiées. Le fieur Machy lui indiqua pour remede les pilules de M. Storck. Ce Graveur en fait ufage depuis près de 2 ans avec toute la conftance poffible & le plus grand régime ; mais ce n'eft pas infructueufement : les tumeurs font actuellement difparues prefqu'entiérement. Le récit de cette cure m'en a été fait par une perfonne de probité, & même de l'art.

La feconde raifon qu'on pourroit encore fonner, & bien valablement, du peu d'effet le la ciguë dans cette Capitale, c'eft que plufieurs

Herboristes n'ont pas connu cette plante, & lui ont souvent substitué le myrrhis sauvage, avec lequel elle a beaucoup d'affinité.

Par l'usage de la ciguë dans le cancer, & par les autres remedes que M. Storck a tirés de la plupart plantes vénéneuses, vous devez nécessairement conclure que les poisons se présentent actuellement avec des titres qu'on ne leur connoissoit point anciennement, & vont faire oublier, en quelque sorte, leurs mauvaises qualités. Il est certain que notre plane, dans tous les cas, à parler rigoureusement, ne mérite pas ce nom. Il faut, pour en éprouver les mauvais effets, en avoir pris une certaine quantité. Vous n'ignorez pas sans doute que les purgatifs les plus usités peuvent devenir même des poisons, si on les prend à trop forte dose. De même les plantes qui passent avec le plus de raison pour être des poisons, peuvent devenir à très petites doses des médicamens salutaires. Il n'est donc pas étonnant, Monsieur (& c'est d'après le célebre Rédacteur des Mémoires de l'Académie Royale de Montpellier que je parle ici), que la pratique de la Médecine les réclame quelquefois pour l'usage intérieur. N'employons ces nouveaux remedes, je ne saurois trop le répéter, qu'avec la plus grande circonspection ; gardons-nous de nous y livrer indiscrettement. Ils nous puniroient infailliblement de notre aveugle confiance, semblables en quelque sorte à ces animaux naturellement malfaisans qui, plus traitables en apparence, parce qu'on les a privés en grande partie du pouvoir de nuire, ne laissent pas même dans cet état de nous faire éprouver qu'il n'est pas trop sûr de se jouer avec eux. Au reste, M. Storck n'est pas le premier qui a fait l'expérience fur lui-même, & enfuite fur fes femblables, de l'ufage intérieur de la ciguë. Si vous avez lu, Monfieur, les Mêlanges curieux de la Nature, qui font imprimés en Latin, vous avez dû y voir ce que rapporte George-Sebaftien Jungius, d'un certain homme de Lettres Cet homme, pour appaifer l'effervefcence de fon fang, & pour faire paffer la trop grande rougeur de fon vifage, crut qu'il pouvoit avoir recours au fuc de ciguë, comme le meilleur remede pour remplir fes vues. Il en but pendant huit jours tous les matins trois onces, qu'il adoucit néanmoins avec un peu de fucre, & il ne lui eft furvenu aucun accident fâcheux. Ce fait vous paroîtra fans doute bien furprenant; mais tous les jours, fi vous pratiquiez la Médecine, vous verriez des cas qui ne vous occafionneroient pas une moindre furprife. La nature des chofes nous eft encore fi peu connue, qu'à chaque inftant nous fommes obligés d'avouer notre ignorance fur cet objet comme fur une infinité d'autres.

Les remedes contre le poifon de la ciguë, & c'eft par où je finis, Monfieur, cette Lettre, font d'abord les vomitifs, ou les purgatifs & les lavemens, enfuite les alexipharmaques, tels que la rhue, le dictamne de Crête, les feuilles tendres de laurier, la gentiane, les femences de daucus de Crête, celles d'ortie, l'amomum, l'abfynthe, le caftoreum pris dans du bon vin, la thériaque, la mithridate & la terre figillée.

Je fuis, &c.

Paris , ce 7 Mars 1769.

LETTRE XI.

Sur le Dictamne blanc.

LA Médecine Végétale fait de jour en jour, Monsieur, de nouveaux progrès ; les Ouvrages Périodiques sont remplis d'observations, qui constatent les bons effets des plantes dans les maladies les plus incurables. Je vous en ai déja fait connoître plusieurs dans notre commerce épistolaire ; je vais aujourd'hui vous faire part de nouvelles découvertes, extraites d'un Ouvrage de M. Storck. Les observations de ce Médecin tendent à prouver que la racine de fraxinelle, connue dans les boutiques sous le nom de dictamne blanc, a beaucoup plus de vertus pour guérir les maladies chroniques, qu'on ne se l'est imaginé jusqu'à présent.

Vous n'ignorez pas, Monsieur, que la principale vertu de cette plante consiste dans sa racine : on la met en poudre ; on prépare une essence. Prenez, dit M. Storck, deux onces de racines fraîches de dictamne blanc ; coupez-les par petits morceaux ; jettez pardessus quatre onces d'esprit-de-vin bien rectifié ; laissez le tout en digestion, jusqu'à ce que votre essence soit faite ; agitez pendant le temps de la digestion plusieurs fois le vase dans lequel vous aurez mis ces deux substances différentes.

Le vin médicamenteux des racines de dictamne blanc réussit souvent dans les pâles couleurs & dans la suppression menstruelle : on le prépare ainsi : Prenez deux onces de racines de dictamne blanc pulvérisées, trois gros de limaille de fer non rouillé, une livre d'excellent vin ; mêlez & faites digérer le tout pendant vingt-quatre heures, passez. On donne chaque deux heures au malade une cuillerée de cette colature.

Telles sont, Monsieur, les deux formules sous lesquelles M. Storck prescrit le dictamne blanc. Voyons actuellement les cas dans lesquels il les a employés, & les effets qui en ont résulté.

Un enfant de dix ans étoit tourmenté depuis plusieurs années, tous les trois ou quatre jours, d'un paroxisme d'épilepsie très-violent ; la cause en étoit inconnue. Je l'ai d'abord purgé, dit M. Storck, avec vingt grains de racines de jalap pulvérisées, & autant de sel de polichreste, ce qui l'a fait beaucoup évacuer par les selles ; je lui ai ensuite prescrit le matin vingt gouttes d'essence de racines de dictamne blanc, pareille dose sur le midi, & autant vers le soir. Le premier paroxisme, qui est revenu le troisieme jour après l'usage de ce remede, a été de beaucoup plus long qu' n'avoient coutume de l'être les précédens. L'enfant fut pendant tout le jour sans sentiment, & sa mere le regardoit même comme mort Le lendemain du paroxisme, la mere vint me trouver, continue M. Storck ; & toute en pleurs, elle me raconta l'état dangereux où s'étoit trouvé son fils. J tâchai de la consoler, & je lui persuadai de donner trois fois le jour au malade trente gouttes chaque fois de l'essence de dictamne, au lieu de vingt. Après plusieurs jours que l'enfant eut fait usage de ce remede à la dose prescrite, la mere me dit que le paroxisme étoit à la vérité revenu le quatrieme jour à son enfant, mais qu'il avoit été de beaucoup moins mal. Je lui ordonnai pour lors de continuer à la même dose l'usage de ce remede; il en est résulté que les intervalles des paroxismes ont été plus longs, & que chaque paroxisme étoit moins violent. L'enfant prit le même remede à la même dose pendant l'espace de deux mois & demi, & il recouvra la santé. Pendant le temps qu'il en a fait usage, il ne s'est apperçu d'aucun changement dans ses différentes fonctions, sinon qu'il en urinoit davantage.

Je passe à la seconde Observation de M. Storck. Une jeune fille de 15 ans, dit ce Médecin, avoit depuis deux ans des attaques violentes d'épilepsie, qui reparoissoient même sur la fin réguliérement tous les jours; elle prit par mon conseil, trois fois par jour, de l'essence de racines de dictamne blanc; le mal commença un peu à diminuer, & la malade n'avoit plus à la suite de paroxismes que de trois jours l'un, & même de quatre jours. Je fis augmenter la dose du remede, & je le partageai jusqu'à quarante gouttes, trois fois par jour. Les forces parurent revenir peu-à peu à la malade, & il y avoit grande espérance d'une parfaite guérison; mais aussi-tôt tout changea de face, & la maladie empira; le paroxisme redevint tous les jours aussi violent qu'au commencement. Cette observation paroît, Monsieur, contredire la premiere cause de l'épilepsie, qui, dans l'une ou l'autre de ces malades, n'étoit pas sans doute la même.

Une femme de 36 ans (*troisieme Observation*) tomba dans une grande mélancolie : elle se croyoit damnée, & elle s'imaginoit voir continuellement autour d'elle mille spectres horribles ; elle ne pouvoit dormir pendant la nuit, & elle avoit perdu l'appétit, ce qui l'avoit réduite à un état de maigreur considérable, & avoit occasionné un dérangement dans ses regles. Elle étoit dans cette triste situation depuis plus de sept mois, lorsque M. Storck fut appellé pour avoir soin de son rétablissement ; il lui prescrivit trois fois par jour quarante gouttes de teinture de racines de dictamne blanc ; elle urina fort copieusement par l'usage de ce remede, & après quelques jours, elle s'apperçut d'un grand soulagement ; elle fut fort gaie pendant plusieurs heures, & elle s'entretenoit tranquillement & même très-agréablement avec sa famille & ses amis ; ses idées mélancoliques ne lui revinrent que par intervalles ; l'appétit prévalut, & ses nuits furent plus tranquilles. Il lui prescrivit ensuite trois fois par jour soixante gouttes de la même teinture, ce qui causa à la malade une perte qui la soulagea beaucoup. Cela n'empêcha pas néanmoins M. Storck de lui faire continuer, malgré la perte, l'usage de ce remede à la même dose. Cependant, la perte cessa totalement le neuvieme jour ; les urines en devinrent plus abondantes ; les symptômes de la maladie diminuerent : mais au bout de vingt-un jours, la perte reparut abondamment, & cela affoiblit beaucoup la malade, qui ne discontinua pas néanmoins l'usage de son remede. Cette perte ne dura que quelques jours, après quoi la malade eut l'esprit tranquille ; les forces &

l'appétit lui revinrent, & le sommeil succéda aux veilles. Cependant M. Storck avoit voulu lui faire continuer pendant quelques semaines le même remede, pour rendre la guérison plus complette : mais comme à la suite l'hémorrhagie utérine menaçoit d'une récidive, il le lui fit entiérement discontinuer ; & depuis près de huit mois qu'elle n'en prend plus, elle s'est toujours très-bien portée. Jugez, Monsieur, d'après cette observation, de l'efficacité de l'essence de dictamne blanc.

Un enfant de 10 ans est tourmenté d'une fievre tierce ; on le purge avec le sel polycreste & le syrop de manne : la fievre n'en est pas moins violente. Il prend ensuite trois fois par jour cinq grains de racine de dictamne blanc : en moins de douze jours la fievre disparoît entiérement. Il est à remarquer que depuis long-temps le ventre de cet enfant étoit gonflé & tendu : ce remede le rétablit dans son état naturel par l'évacuation des vents qu'il procura, & il le guérit en même temps de sa cachexie. M. Storck dit avoir donné à deux autres enfans la même poudre contre la fievre intermittente, & cela avec le même succès que dans l'observation précédente.

Une petite fille de 6 ans avoit le ventre dur & enflé depuis plus d'un an ; elle rendoit souvent par les selles des vers longs & ronds, & elle étoit dans un vrai état de marasme. On lui donna réguliérement, trois fois par jour, neuf grains de racines de dictamne blanc. L'appétit lui revint aussi-tôt ; elle rendit beaucoup de vers, & elle recouvra une santé parfaite par le seul usage de cette poudre.

J'ai donné, dit M. Storck, le même remede

à un enfant de 8 ans qui étoit tourmenté de vers ; mair cela ne lui a servi de rien. Loin d'aller à la selle, comme dans les cas précédens, il en fut au contraire tout constipé : en conséquence je lui prescrivis la poudre suivante.

Prenez racines de dictamne blanc, sept grains ; racines de jalap, trois grains : mêlez ; faites une poudre pour une seule dose qu'on réitérera trois fois par jour. Ce remede fit évacuer au malade par les selles plusieurs matieres tenaces & glutineuses, dans lesquelles se trouvoient enveloppés une infinité de petits vers : il rendit même deux gros lombrics. Comme les évacuations devinrent à la suite trop copieuses, je me contentai, continue M. Storck, de lui faire prendre, une fois par jour, de la poudre ci-dessus prescrite. Dans l'espace d'un mois, l'enfant se porta très-bien. J'ai donné plusieurs fois, ajoute cet Auteur, la même poudre composée à des enfans tourmentés de vers, & j'en ai toujours vu résulter de bons effets.

Une femme de 35 ans étoit attaquée, depuis deux ans, d'une suppression menstruelle qui lui avoit été occasionnée par une épouvante dans ses temps périodiques. Elle employa les bains & plusieurs autres remedes emménagogues, sans s'appercevoir d'aucun soulagement ; au contraire elle avoit une tension continuelle dans la région hypogastrique, & en la tâtant, on s'appercevoit d'un embarras considérable dans l'utérus & dans les parties voisines. Je lui fis prendre tous les matins, dit M. Storck, vingt grains de poudre de racines de dictamne blanc, & autant le soir. Les premiers jours elle urina beaucoup, & elle ressentit de grandes démangeaisons aux environs des vaisseaux hémorrhoïdaux. Enfin elle commença à rendre, par l'ouverture du vagin, en abondance, une matiere adipeuse, muqueuse, qui d'abord étoit rousse, ensuite blanche, & qui se trouva enfin mêlée de petits filets sanguins. La tension diminua pour lors, & tous les embarras de l'utérus disparurent. La malade, qui auparavant étoit triste & mélancolique, devint gaie. Elle usa de cette poudre pendant sept semaines, & elle s'en trouva bien : elle fut purgée sur la fin, & son flux menstruel reparut comme avant sa maladie.

Une femme de 25 ans (*derniere observation*) étoit tourmentée depuis fort long-temps de fleurs blanches : elle se plaignoit d'une grande tension douloureuse dans toute la région hypogastrique. Elle n'avoit ses regles qu'irréguliérement & en petite quantité ; elle prit tous les matins vingt grains de poudre de racines de dictamne blanc & autant le soir. Les fleurs blanches augmenterent d'abord , & elle urina beaucoup; mais elle avoit le ténesme qui cessa néanmoins après quelques jours : les fleurs blanches couloient toujours en quantité, & la matiere en étoit de plus en plus âcre ; elle corrodoit même les parties par où elle passoit. Je fis laver ces parties avec de l'eau tiede & du lait, & les grandes ardeurs se calmerent. L'usage de la poudre de dictamne blanc ne laissa pas d'être continué, & peu-à-peu les fleurs blanches cesserent; la malade ne ressentit plus aucune pesanteur dans la région hypogastrique, & ses matieres devinrent plus régulieres.

Telles sont , Monsieur, les différentes observations qu'a publiées M. Storck sur cette racine importante. On ne sauroit trop louer cet habile Médecin de sa constance & de ses découvertes journalieres. On n'auroit guere imaginé avant lui d'employer le dictamne blanc contre l'épilepſie, les vers, la fievre intermittente, la mélancholie, la ſuppreſſion menſtruelle & les fleurs blanches. Cela nous prouve ſuffiſamment l'utilité des végétaux pour les maladies les plus incurables, & le cas que nous devons faire de ceux qui s'appliquent plutôt à connoître leurs propriétés qu'à chercher leur nomenclature.

Je ſuis, &c.

Paris, ce 14 Mars 1769.

Fin du Tome premier.

TABLE
DES MATIERES.

ANNÉE 1768.

Année 1769.

Fin de la Table.